全国电力行业“十四五”规划教材

中国电力教育协会高校能源电力类精品教材

电厂热能动力工程实验

主编　苏桂秋

参编　姜铁骝　关跃波

主审　靳光亚

中国电力出版社

CHINA ELECTRIC POWER PRESS

内 容 提 要

本书共六章，主要内容包括实验基础、火力发电厂生产过程模型、泵与风机实验、锅炉实验、燃煤电厂污染物控制、汽轮机实验等内容，针对36个实验项目进行了理论课程和实验指导。

本书作为普通高等教育实验教材，主要面向本科能源与动力工程专业、建筑环境与能源应用工程，高等职业教育本科热能与发电工程类、新能源发电工程类相关专业的必修课实验教学，可作为独立实验课程的综合使用教材，也可作为相关专业课程的实验教学指导教材，同时可为在相关领域从事实践工作的工程技术人员提供实验学习的技术参考。

图书在版编目（CIP）数据

电厂热能动力工程实验/苏桂秋主编．—北京：中国电力出版社，2023.4（2024.5 重印）

全国电力行业“十四五”规划教材

ISBN 978-7-5198-7314-1

Ⅰ.①电… Ⅱ.①苏… Ⅲ.①火电厂-热能-动力工程-实验-教材②热电厂-热能-动力工程-实验-教材 Ⅳ.①TM621-33

中国版本图书馆 CIP 数据核字（2022）第 233171 号

出版发行：中国电力出版社
地　　址：北京市东城区北京站西街 19 号（邮政编码 100005）
网　　址：http：//www.cepp.sgcc.com.cn
责任编辑：吴玉贤（010-63412540）
责任校对：黄　蓓　于　维
装帧设计：张俊霞
责任印制：吴　迪

印　　刷：北京天宇星印刷厂
版　　次：2023 年 4 月第一版
印　　次：2024 年 5 月北京第二次印刷
开　　本：787 毫米×1092 毫米　16 开本
印　　张：13
字　　数：320 千字
定　　价：48.00 元

本书总码

前 言

本书是贯彻新时代全国高等学校本科教育工作会议的精神，以“大实践观”为教育指导理念，编写完成的能源与动力工程专业必修实验课程的教材。

本书以培养学生实践技能，优化实践教学内容为重点，以强化学生专业实验操作技能，提高实验安全素质，提升工程实践能力为宗旨。在东北电力大学实验教师长期实验教学积累的基础上，突出专业特色及工程实际应用，致力为能源与动力工程、建筑环境与能源应用工程及火电厂集控运行等专业的本（专）科生实验课程，以及在此领域开展科学实践及研究的工程技术人员提供实验技术指导。

本书涵盖了泵与风机、燃烧学、电厂锅炉原理、燃煤电厂污染物控制、汽轮机原理、电厂热力设备等专业课程的相关实验内容。为了强化阅读效果，本书部分图片增加了彩图资源，请扫描二维码获取。

全书共六章，由东北电力大学苏桂秋老师负责编写第一、二、四、五章和附录以及全书的统稿工作，关跃波老师负责编写第三章，东北电力大学姜铁骝老师负责编写第六章，本书在编写过程中得到张超、秦梅、梁超、朱玉鹏、张静等诸多同仁的支持与帮助，在此深表谢意。

本书由华北电力大学靳光亚教授担任主审，靳教授对本书提出了许多宝贵的意见和建议，衷心感谢！同时，本书编写的相关内容还借鉴了兄弟院校、电力生产企业、设计院所的资料和经验，也在此致以深深的谢意！

由于编者水平所限，本书仍存在不足之处，恳请广大师生给予指正。

编　者

2023 年 3 月

目　录

第一章　实　验　基　础

第一节　实验室通用规则

一、实验室通则

(1) 实验前应做好实验预习，携带实验教材以及实验报告纸、笔进入实验室参加实验。

(2) 参加实验的学生要遵守实验室安全管理制度，保持室内整洁，严禁在实验室内打闹、喧哗、吸烟、吃东西，并在指定的实验记录簿上签名，登记本人相关信息。

(3) 爱护仪器设备，对实验仪器设备应先仔细阅读操作规程，听从教师指导方可接触。未经允许不得随意动手，以防仪器设备损坏，以免造成接触误伤。

(4) 实验过程中要保持安静，细致观察，周密思考，听从教师指导，遵循实验操作规程，正确操作。使用精密仪器时，更要严格遵守操作规程。仪器使用完毕后，必须将仪器各部分及开关等旋钮恢复到原来的位置状态，关闭电源。

(5) 独立完成实验过程中，要合理安排顺序，紧张而不慌乱、细心沉稳地操作，及时发现并妥善解决实验中出现的各种问题现象，并作出必要的记录和说明。

(6) 正确读取原始数据，认真如实记录，实验过程中对已记下的实验数据要纠正、修改时，要在原数据上划一道线，将改正数据写在旁边。

(7) 实验过程若发生事故，要保持冷静，采取正确的应急措施，防止事故扩大，如切断电源、切断气源等，并迅速报告及时处理。

(8) 实验结束后，复原仪器，做好器皿清洗工作，如：洗刷干净所用玻璃、陶瓷器皿，干燥并烧灼使用过的坩埚等。

(9) 整理好实验台面，保证干净、整齐，所用实验用品整理到指定位置，打扫实验室卫生；关好水、电、煤气；关好门、窗、灯，方可离开实验室。

二、实验报告要求

(1) 实验完成后，需要用统一规范的报告纸完成实验报告，写明实验名称及本人信息及同组人姓名，于实验结束后1周内，将实验报告以班级为单位提交给任课老师。

(2) 实验报告需简明地写清实验目的、原理及实验方法和步骤，记录实验原始数据。

(3) 根据实验记录数据，写出数据处理方法及计算结果，根据需要绘制图、表，并分析及回答相应的思考题。

(4) 如果实验出现意外现象，要在实验报告上写明原因，同时提出分析改进措施。

第二节　实 验 室 安 全

高校实验室是教学、科研的重要基地，由于实验室中不乏易燃、易爆、辐射、腐蚀、含毒、大功率电器等危险源，很容易导致爆炸、火灾、触电、中毒等实验事故发生。在实验室实验人员即是安全的守卫者，又可能是实验事故的导火索和受害者，有效地掌握实验室安全知识，熟知实验室安全规定，才能担负起保障实验室安全的责任和义务，才能在实验进程中监督、预防、减少实验事故发生，并对实验室突发意外状况做出正确科学的处理反应。

一、实验室安全防火和灭火

1. 火灾分类

我国对火灾的分类采用国际标准化组织的分类方法，根据燃烧物的性质将火灾分为A、B、C、D、E、F六类。

(1) A类火灾是指由固体物质燃烧产生的火灾。发生A类火灾的物质包括木材、棉、麻等纤维材料，丝、毛等含蛋白材料，合成纤维、塑料、橡胶等。

(2) B类火灾是指由液体物质和在燃烧条件下可熔化的固体物质燃烧所产生的火灾。产生B类火灾的物质包括：石油及石油工业产品，如原油、汽油、煤油、柴油、燃料油、苯等；含有烷烃的有机液体，如醇、酯、醚、酮、胺等极性液体；沥青、石蜡、油脂等固体材料。

(3) C类火灾是指由气体物质燃烧造成的火灾。常见产生C类火灾的气体有煤气、天然气、乙烷、丁烷、乙烯、氢气等。

(4) D类火灾是指由金属燃烧产生的火灾，常见产生D类火灾的物质有镁、钠、钾等碱金属或轻金属。

(5) E类火灾是指带电物体和精密仪器等物质产生的火灾。带电火灾包括家用电器、电子元件、电气设备（计算机、复印机、打印机、传真机、发电机、电动机、变压器等）及电线电缆等在燃烧时仍带电的火灾。

(6) F类火灾是指烹饪器具内的烹饪物（如动、植物油脂）产生的火灾。

2. 各类火灾适用的灭火器

实验室应配备灭火器，实验人员应熟知灭火器的使用方法，能够及时处理火灾隐患苗头，并应定期检查灭火器材，按有效期及时更换灭火器材。因各种灭火器适用的火灾类型及场所不同，所以实验室应该根据实验室易发生火灾类型和实验目标对象，选择适用的灭火器，常用的灭火器及其适用范围见表1-1。

表1-1 常用灭火器及适用范围

灭火器	灭火作用	适用范围
二氧化碳灭火器	当燃烧区二氧化碳含量达到30%～50%时，能使燃烧熄灭窒息，同时二氧化碳在喷射灭火过程中吸收一定的热能，也有一定的冷却作用	适用于扑救600V以下电气设备、精密仪器、纸质材料的火灾，以及范围不大的油类、气体和一些不能用水扑救的物质着火
干粉灭火器	ABC型为内装磷酸铵盐干粉灭火剂，以氮气为驱动气体，消除燃烧物产生的活性游离子，使燃烧的连锁反应中断；同时干粉遇到高温分解时吸收热量放出蒸气和二氧化碳，达到冷却和稀释燃烧区空气中氧的作用	适用于扑救可燃液体、气体、电气火灾以及不宜用水扑救的火灾。AC干粉灭火器可以扑救带电物质火灾和A、C、D类物质燃烧的火灾
1211灭火器	主要是抑制燃烧的连锁反应，中止燃烧，同时兼有一定的冷却和窒息作用	适用于扑救易燃、可燃液体、气体以及带电设备的火灾，也能对固体物质表面火灾进行扑救（如纸、织物等），尤适用于扑救精密仪表、计算机及贵重物资仓库的火灾

（1）扑救A类火灾：可选择水型灭火器、泡沫灭火器、磷酸铵盐干粉灭火器、卤代烷灭火器。

（2）扑救B类火灾：可选择泡沫灭火器（化学泡沫灭火器只限于扑灭非极性溶剂）、干粉灭火器、卤代烷灭火器、二氧化碳灭火器。

（3）扑救C类火灾：可选择干粉灭火器、卤代烷灭火器、二氧化碳灭火器等。

（4）扑救D类火灾：可选择粉状石墨灭火器、专用干粉灭火器，也可用干砂或铸铁屑末。

（5）扑救E类火灾：可选择干粉灭火器、卤代烷灭火器、二氧化碳灭火器等。

（6）扑救F类火灾：可选择窒息法，隔绝氧气进行灭火，忌用水及含水性物质。

3. 防火与防爆

（1）实验室内应备有灭火用具和防护器材，如灭火器、灭火毯、防火锹、砂土等物品，实验人员要熟知这些器材的使用方法。

（2）使用石油液化气的实验室，要经常检查燃气炉、燃气灯及燃气管道是否漏气。如果在实验室闻到燃气的气味，应立即关闭阀门，打开门窗，不要接通任何电器开关（以免产生火花），用洗涤剂水或肥皂水来检查漏气点，禁止用火焰在燃气管道上寻找漏气点。

（3）点燃燃气灯时，必须先关闭风门，划着火柴，再开燃气，最后调节风量；停用时先关闭风门。不按次序有发生爆炸和火灾的危险，使用燃气灯还要防止燃气灯内燃。

（4）燃气炉、燃气灯、电炉周围严禁有易燃物品。电烘箱周围严禁放置可燃、易燃物及挥发性易燃液体，也不能烘烤能放出易燃蒸气的物料。

（5）使用酒精灯时，注意酒精切勿装满，应不超过容量的2/3，灯内酒精不足1/4容量时，应灭火后添加酒精。熄灭燃着的酒精灯焰时应用灯帽盖灭，不可用嘴吹灭，以防引起灯内酒精起燃。酒精灯应用火柴点燃，不可用另一个正燃烧的酒精灯来点火，以防失火。

（6）严禁可燃物与氧化剂一起研磨，工作中不要使用不知其成分的物质，因为反应时可能形成危险的产物（包括易燃、易爆或有毒产物）。在必须进行性质不明的实验时，应尽量先从最小剂量开始，同时要采取安全措施。身上或手上沾有易燃物时，应立即清洗干净，不得靠近灯火，以防着火。

（7）加热易燃溶剂必须在水浴或严密的电热板上缓慢进行，严禁用火焰或电炉直接加热。

（8）在进行页岩类的相关蒸馏、干馏实验时，应先通冷却水后再通电。时刻注意仪器和冷凝器的工作是否正常。如需往蒸馏器内补充液体，应先停止加热，放冷后再进行。

（9）在科研实验中，如需使用易爆炸类药品，如高氯酸、高氯酸盐、过氧化氢等，药品应在低温处保管，不得和其他易燃物放在一起。进行易发生爆炸的操作时不得对着人进行，必要时操作人员应戴面罩或使用防护挡板进行实验。

（10）在科研实验中，使用易燃液体后产生的废液应设置专用储器收集，不得倒入下水道，以免引起燃爆事故。操作倾倒易燃液体时应远离火源，瓶塞打不开时切忌用火加热或贸然敲打，倾倒易燃液体时要有防护措施。

4. 灭火技能

燃烧必须具备着火源、可燃物、助燃剂（如氧气）三个要素，灭火是要灭掉其中一个因素。水是最廉价的灭火剂，适用于扑灭一般木材、各种纤维及可溶（或半溶）于水的可燃液体着火。砂土的灭火原理是隔绝空气，用于不能用水灭火的着火物。实验室具备干燥的砂箱或石棉灭火毯也是利用其隔绝空气的原理，用来扑灭局部以及人身上燃着的火焰。进入实验室，防火是头等大事，灭火是必须掌握的一项实验技能。

(1) 平时要注意偶然着火的可能性，明确电源箱的位置，掌握灭火器的使用方法。

(2) 加热试样或实验过程中，必须有人值守。危险操作及大功率电器设备使用操作时，必须两人在场，一人操作一人监督防护。时刻注意发现意外隐患，避免发生火灾。

(3) 一旦发生火灾，实验人员要临危不惧、沉着冷静，及时采取灭火措施。若局部起火，应立即切断电源，关闭燃气阀门，用湿抹布或石棉灭火毯覆盖起火处，熄灭火源。

(4) 电线着火时须立即关闭总电闸，切断电流，再用四氯化碳灭火器熄灭已燃烧的电线，并及时通知值班电气人员检修，不许用水或泡沫灭火器熄灭燃烧的电线。

(5) 衣服着火时应立即用灭火毯子蒙盖在着火者身上，以熄灭燃烧着的衣服，不要慌张跑动，否则会加强气体流向燃烧着的衣服，会使火焰加大。

(6) 若火势较猛，应根据具体情况，选用适当的灭火器灭火，并立即拨打火警119电话请求救援。

二、电器设备的安全使用

(1) 使用电器设备前，需要认真阅读使用说明书，掌握操作注意事项，操作过程必须严格遵守操作规定的要求。

(2) 使用电插座前，需了解额定电压和功率，不得超负荷使用电插座，大型仪器设备需要使用独立的插座。

(3) 使用电动设备时，必须先检查设备的电源开关，电动机和机械设备各部分是否安置妥当。打开电源之前，认真思考30s，确认无误时方可送电。设备在使用动力电期间，室内不可离人。

(4) 电动设备（如小型破碎机）发生过热现象应立即停止运转，进行冷却降温并检修，以免设备烧毁，设备不可以长时间在过热状态下运转。

(5) 工业分析仪、碳氢分析仪、定硫仪等大功率电加热器设备，电炉安全罩和高温硅碳棒端的安全罩严禁随意撤掉，以免发生无安全罩的触电事故。

(6) 实验室内严禁私拉电线，更不得用电线直接插入电源插孔接通电灯、仪器进行使用，以免引起事故。接电必须由专业人员规范取电。

(7) 插线板上禁止再串接插线板，同一插线板上不得长期同时使用多种电器。

(8) 临时停电时要关闭一切电器设备的电源开关，待恢复供电时再重新启动，仪器使用完毕要及时关掉电源。

三、石油液化气的安全使用

(1) 使用钢瓶装石油液化气时，液化气钢瓶必须垂直放置在通风良好的地方，不准卧放或倒置。严禁用火、蒸汽、开水对钢瓶加热，以免钢瓶压力急剧上升发生意外事故。

(2) 使用钢瓶装石油液化气时，应在灶具关闭状态下，开启气瓶阀门，然后开启灶具点火开关；停用时，应先关闭气瓶阀门，让管内余气燃尽灶具熄火后，再关闭灶具开关。

(3) 如发现瓶阀、调压阀有问题应及时送维修点维修，严禁乱拧和拆卸瓶阀、调压阀。

(4) 注意要经常检查钢瓶与灶具胶管，不应接触高温物体或热辐射，发现胶管老化及时更换，为避免胶管老化一般使用2年就需要更换。

（5）点燃的液化气炉附近，不得放置易燃物品（如抹布、毛巾、易燃易爆的化学药品和试剂等），使用燃气时室内不可以离人。

（6）如室内发现气体泄漏时，须立即关闭气源开关，开启门窗通风，切不可动用明火（包括开/关电灯、开启排风扇等电源设备），待故障排除后方可恢复使用。

（7）装有气瓶和气罐的实验室，应经常注意检查气瓶阀门和连接件的严密性，避免漏气。

四、化学药品的安全使用

电厂热能实验也涉及一些化学分析的实验内容，如何保证实验室化学分析工作安全有效地进行、保护实验人员的安全健康以及防止环境污染都是实验室工作的责任。除防火、防爆、防水外，实验室还要加强化学药品安全管理，防毒、防腐、防伤害、防污染。

（一）防止化学伤害

（1）化学药品和试剂要有与其内容相符的标签，有毒药品应严格遵守保管领用制度，发生撒落时，应立即收起并做解毒处理。

（2）取有毒试样时必须站在上风口。进行下列有毒物质实验时，要在通风橱内进行，并保持室内通风良好：

1）处理有毒的气体，如脱硫实验以及制备或反应中产生具有刺激性的、恶臭的或有毒的气体（如 H_2S、NO_2、CO、SO_2 等）；

2）加热或蒸发 HCl、HNO_3、H_2SO_4 或 H_3PO_4 等溶液时；

3）强酸溶解或消化试样（页岩和煤）时。

（3）取用腐蚀性药品，如强酸、强碱、浓氨水、浓过氧化氢、氢氟酸、冰乙酸及溴水等，尽可能戴上防护眼镜和手套，操作后应立即洗手。倾倒液体如瓶子较大应一手托住底部，一手拿住瓶颈，避免脱手洒落。

（4）浓酸和浓碱具有腐蚀性，配制溶液时，如稀释硫酸，必须在烧杯等耐热容器中进行，在玻璃棒的不断搅拌下，缓慢地将酸加入水中，**不得将水注入浓酸中！**溶解氢氧化钠、氢氧化钾等物质时，会释放出大量的热，也必须在耐热的容器中进行，浓酸和浓碱必须在各自稀释以后再进行中和。

（5）严禁试剂入口以及用鼻子直接接近瓶口进行气味鉴别。如需用嗅觉检查和鉴别时，应将试剂瓶口远离鼻子，用手小心地把气体或烟雾轻轻扇向实验者的鼻子方向，稍闻即止，绝不能向瓶口猛吸。

（6）加热或进行激烈化学反应时，人不得离开以防意外，在实验中取下盛有沸腾的水或溶液的玻璃容器时，需先用夹子夹住容器稍微摇动后再取下，以防使用时液体突然剧烈沸腾溅出伤人。

（7）切割玻璃管（棒）及将玻璃管、温度计插入橡皮塞时容易受割伤。应按操作规程，垫以厚布。向玻璃管上套橡皮塞时，应选择合适直径的橡皮塞打出与玻璃管直径相同的孔，玻璃管口先烧圆滑并以肥皂水润湿。把玻璃管插入橡皮塞时，应握住塞子的侧面进行。

（8）妥善处理无用的试剂，固体弃于废物缸内，无环境污染液体用大量水冲入下水道。

（9）有机溶剂的蒸气多属有毒物质，只要实验允许，应依次选用毒性较小的溶剂使用，如按乙醇、石油醚、丙酮、乙醚、苯的顺序选用；使用有机溶剂时，一定要远离火焰和热源，用后应将瓶塞盖紧，放在阴凉处保存。

(10) 如遇化学灼伤应立即用大量水冲洗皮肤，同时脱去污染的衣服；如烫伤，可在烫伤处抹上黄色的苦味酸溶液或烫伤软膏，严重者应立即送医院治疗。

(二) 实验人员的防护

1. 眼睛及脸部的防护

(1) 眼睛和脸部是实验室中最易被事故所伤害的部位，实验室的实验人员在有必要时，需戴安全防护眼镜加以防护。

(2) 当化学物质溅入眼睛后，应立即用水彻底冲洗。冲洗时，应将眼皮撑开，小心地用自来水冲洗数分钟，再用蒸馏水冲洗，然后去医务室进行治疗。有条件的情况下眼睛受化学灼伤或异物入眼，可以立即将眼睁开用洗眼器清洗，使用洗眼器不可正对着水龙头冲洗眼睛。

(3) 为了防止实验可能产生的有害气体、粉尘及爆炸的伤害，可选用面部防护用具用于保护脸部和喉部，如在制煤粉的操作过程中可佩戴有机玻璃防护面具或呼吸系统防护用具。

2. 手的防护

在实验室中为了防止手受到伤害可根据需要选戴各种手套。当接触腐蚀性物质、边缘尖锐的物体（如碎煤、木材、金属片）、过热或过冷的物质时，均须戴手套以起到有效的防护作用，手套每次使用前都必须查看以确保无破损，防护手套主要种类和适用场所见表 1-2。

3. 身体和脚的防护

(1) 不得穿凉鞋、拖鞋及高跟鞋进入实验室进行实验工作。应穿平底防滑的不露脚趾的满口鞋，防止脚部受伤。

(2) 进入实验室进行实验操作人员最好穿工作服，不得穿裙子及背心和短裤进行实验操作，避免暴露胳膊和腿，防止身体皮肤外露受到高温、粉尘和化学药品的损伤。

表 1-2 防护手套主要种类和适用场所

手套种类	适 用 场 所
帆布手套或纯皮手套	用于高温物体实验操作，如工业分析实验必须用纯皮手套
薄布手套	在操作分析天平、物化仪器等精密仪器时使用
橡胶手套	橡胶手套较医用乳胶手套厚，适于较长时间接触化学药品
医用乳胶手套	该类手套由乳胶制成，经处理后可重复使用。由于这种手套较短，应注意保护手臂，适用配制药品等多种场合使用
聚乙烯一次性手套	用于处理腐蚀性固体药品和稀酸（如稀硝酸）。但该手套不能用于处理有机溶剂，因为许多溶剂可以渗透聚乙烯，在缝合处产生破洞

(三) 实验室化学废品的处理

一般有化学药品的实验室都会产生废弃物：废液、废气、废物。虽然实验室排放的废弃物相对于生产车间要少得多，但是作为实验人员，必须从我做起，从点滴做起，保护我们生存的自然环境，减少并防止化学药品对环境的污染。

实验室产生最多的废弃物是废液，实验完成后的废液不能直接排放到废液池中，需要先用废液桶收集起来集中处理。如想调废液的 pH 值，可以将含有重金属的碱性废液用另一种酸性废液进行置换中和后再排放到废液池，这样会减轻污水处理的难度进而减少处理成本，同时也保护了环境；废弃物包括废弃的药品、废弃的试剂瓶等，废弃的药品要集中收集起来再处理而不能直接丢到垃圾桶，废弃的试剂瓶应当用水冲洗干净后再丢掉。

废气的处理难度较大一些，但是有一些简单的方法也可以保护环境，比如在实验室放置活性炭、放置一些吸收废气的花卉盆景等也能为保护环境做贡献。

五、实验室液氮的安全使用

在实验室的工作中经常会使用到液氮，液氮常用作制冷剂。制冷剂属于低温产品，会引起冻伤，少量制冷剂接触眼睛会导致失明，液氮产生的气体快速蒸发可能会造成现场空气缺氧。为确保安全，在液氮的存放与使用的过程中必须要注意以下几点：

（1）液氮必须使用专业液氮储存罐储存，搬运时轻装轻放。

（2）液氮罐要存放在通风良好的房间，避免造成缺氧窒息。液氮储存环境温度不宜超过50℃，存放与运输过程中应保证气罐垂直，避免阳光照射，并且不可密闭，必须开设排气口，用玻璃棉等作塞子，以防爆炸。液氮罐的盖塞要留有一定缝隙，避免人为堵塞，造成爆炸。液氮存放区域要做好标识，非实验工作人员不得触碰液氮罐。

（3）常压下液氮温度低于77K（−196℃），转移液氮及处理液氮瓶时，操作必须熟练，一般要由两人以上进行操作，操作液氮瓶时，要轻、快、稳，初次使用时必须在有经验人员的指导下进行。

（4）实验人员使用液氮需采取必要的防护措施，佩戴防护面具或防护眼镜，佩戴绝缘皮手套，穿长裤及长袖的实验服，不得穿暴露脚面的鞋，以免液化气体直接接触皮肤、眼睛或手脚等部位引起冻伤。

（5）如果液氮沾到皮肤上，要脱去湿衣服，把冻伤部位放入不超过40℃的温水中浸润20～30min，再把冻伤部位抬高，在常温下不包扎，保持安静状态待恢复。冻伤部位不便浸水时，可用体温将其暖和，也可适量饮用酒精饮料以暖和身体，但不可做运动或进行摩擦取暖。严重冻伤时，要请专业医生治疗。

（6）如果操作人员发生窒息，要立刻把受伤人员移到空气新鲜的地方进行人工呼吸，并迅速寻找医生进行抢救。

六、实验室安全策略

安全事故几乎都是实验安全知识不足，安全意识淡薄造成的。在实验室，无论是常规教学实验还是研究类科研实验，首先必须杜绝由人的安全意识淡薄造成的事故起因。

（1）实验人员不应该存有的心理意识：

1）侥幸心理。觉得一次不执行规定，一次不做防护，不一定会发生实验事故，而安全事故常发生在某一次的侥幸当中。

2）冷漠心理。实验室安全都是他人的事，与自己无关，谁出事故谁倒霉，但“实验室杀手”出现是不挑选伤害对象，城门失火殃及池鱼，切莫作冷漠的安全旁观者。

3）麻痹心理。实验室从未发生过事故，潜在安全危险也没那么可怕，当前没有隐患不代表与安全隐患的隔绝，必须随时防患于未然。

4）自私心理。只想着自己安全方便而不顾他人的安全，甚至为了私利给他人留下隐患，转嫁潜在的隐患危险。

5）凑趣心理。别人做实验跑去凑热闹或乱动他人实验器材等行为，实验不是游戏，没有前期预备不可随意参与加入其他人的实验操作。

（2）实验安全是重中之重的大事，尤其在实验室开展科研类实验工作，实验前必须思考如下问题：

1）是否了解实验项目的危险因素？这项实验可能会出现哪些事故？

2）是否具备完成这项实验的知识与技能，特别是安全知识与技能？

3）实验安全防护是否充分合理，万一发生事故，如何处理？

4）该如何防止实验操作出现失误？

（3）在实验中应注意以下问题：

1）进入实验室成员必须遵守各项实验室规章制度与安全操作规范，对所接受的实验室安全规定、标识、指令，要认真理解后严格执行。

2）对即将开展的实验任务、实验操作、实验设备、实验材料要作足前期准备工作，多查资料、多听、多看、多问，与同组人员进行必要的沟通协商，互相分享、通报、通告实验危险因素，才可以共同开展实验，消除意识不到的安全隐患出现。

3）使用危险含毒实验材料、试剂、和药品，或操作实验设施设备（包括启动与运行），必须明确告知实验同组人员，且保证一人操作，一人在安全区域监督。

4）关注实验室其他成员的不安全行为，并及时提醒制止，冷静处理所遭遇的实验室突发安全事件，正确应用所学的安全应急处置知识和技能。

5）一旦发生事故，在保护自己和保证自身安全的同时，要主动尽可能帮助身边的实验室其他成员摆脱危险，重大事故必须及时报警。

（4）实验结束应注意的问题如下：

1）在实验结束后，要将使用过的仪器设备按要求归位，清理环境卫生。

2）本科毕业设计及研究生科研搭建的实验台，在实验结束后要及时拆除，还原实验场地。对于暂时不适合拆除的实验台、实验装置和实验原料、实验物品必须留下清晰的文字标识和相关说明，供他人鉴别处理，避免留下隐患。且标识中必须明确指出实验中潜在的危险及安全防护措施，警醒他人在保管、拆除时，能够传递到安全信息。

3）未用尽的化学药品试剂瓶标签用塑料胶带保护好，避免腐蚀造成日后无法识别名称。拧紧试剂瓶口，用透明塑封包裹试剂瓶，保证在倾斜、倒置时均无药品外溢，方可送入药品库房存放。

4）对实验中使用过的仪器设备要记录交接状态，仪器设备曾使用人要有可追溯的联系方式。

第三节　实验室用水规则

在实验中经常要用到水，分析实验项目要求不同，对水质纯度的要求也不同。自来水是将天然水经过初步净化处理制得，它仍然含有各种杂质，主要有各种盐类、有机物、颗粒物质和微生物等，因此只能用于初步洗涤仪器，作冷却或加热浴用水，不能用于配制溶液及分析实验。

一、实验用水要求

实验室分析用水一般需要先将水经过纯化再使用。采用不同纯化方法制备的能满足实验室分析工作要求的纯水被称为“分析实验室用水”简称“纯水”。

分析实验室用水有相应的国家标准规定了其质量且具有一定的级别，是实验中用量最大的试剂。不同的分析方法，如化学分析和仪器分析、常量分析和痕量分析等，要求使用不同级别的分析实验室用水。关于目前市场上出售的作为饮用水的“纯净水”“蒸馏水”达到GB/T 6682—2008《分析实验室用水规格和试验方法》规定的水可用于化验工作。而分析实验室用水并不控制细菌等指标，不能作为饮用水。

二、实验室分析用水的规格

1. 实验室分析用水的规格

依据GB/T 6682—2008将适用于实验室化学分析实验用水分为一级水、二级水和三级水三个级别，各级分析实验用水的规格见表1-3。

表1-3 各级分析实验用水的规格

项目	一级水	二级水	三级水
外观（目视观察）	无色透明液体		
pH值范围（25℃）	—	—	≤5.0～7.5
电导率（25℃）/(mS/m)	<0.01	<0.10	<0.50
可氧化物质（mg/L）	—	≤0.08	≤0.4
吸光度（254nm，1cm光程）	≤0.001	≤0.01	—
蒸发残渣（105℃±2℃）/(mg/L)	—	≤1.0	≤2.0
可溶性硅（以SiO_2计）/(mg/L)	<0.01	<0.02	—

2. 实验室分析用水的储存和选用

经过各种方法制得的各种级别的分析实验室用水，纯度越高要求储存的条件越严格，成本也越高，实验应根据不同分析方法的要求合理选择用水等级。表1-4列出了GB/T 6682—2008中规定的各级水的制备方法、储存条件及使用范围。

表1-4 各级水的制备方法、储存条件及使用范围

级别	制备与储存	使用范围
一级水	可用二级水经过石英设备蒸馏或离子交换混合床处理后，再经0.2μm微孔滤膜过滤制取，不可储存，使用前制备	有严格要求的分析实验，包括对颗粒有要求的实验，如高压液相色谱分析用水
二级水	可用多次蒸馏或离子交换等方法制取储存于密闭的专用聚乙烯容器中	无机痕量分析等实验，如原子吸收光谱分析用水
三级水	可用蒸馏或离子交换等方法制取储存于密闭的专用聚乙烯容器中，也可使用密闭的专用玻璃容器储存	一般化学分析实验

3. 实验室分析用水的制备、储存及使用

（1）储存水的新容器在使用前需用盐酸溶液（20%）浸泡2～3天，再用待储存的水反复冲3次，然后注满，浸泡6h以上方可使用。

（2）一般类热能动力工程分析实验可采用三级纯水、蒸馏水和去离子水进行实验。

（3）蒸馏水制备是将自来水在蒸馏装置中加热汽化，然后将蒸汽冷凝得到的蒸馏水。

（4）去离子水是使自来水或普通蒸馏水通过离子树脂交换柱后所得的水。

第四节 气体钢瓶的使用及注意事项

实验室经常会用到气体钢瓶，因为钢瓶内的气体物质一般处于高压状态，所以当钢瓶跌落、遇热，甚至不规范的操作时都可能会引发危险。由于钢瓶压缩气体除易爆、易喷射外，许多气体易燃、有毒且具有腐蚀性，因此在使用钢瓶时应掌握相关的安全操作基本知识。

一、国家标准规定的常用气体钢瓶标识

常用气体钢瓶是由无缝碳素钢或合成钢制成，适用于承装介质压力在 15.2MPa 以下的气体。不同类型气体钢瓶，其外表所漆的颜色、标记等有统一规定。热能动力工程实验常用高压气体钢瓶的颜色与标志标记见表 1-5。

表 1-5 实验室常用高压气体钢瓶的颜色与标志标记

气瓶名称	瓶外涂色	字样	字样颜色	工作压力（MPa）	性质	瓶内气体态
氧气瓶	天蓝	氧	黑	14.71	助燃	压缩气体
氢气瓶	深绿	氢	红	14.71	易燃	压缩气体
氮气瓶	黑	氮气	黄	14.71	不可燃	压缩气体
氩气瓶	灰	氩	绿	14.71	不可燃	压缩气体
氦气瓶	灰	氦	绿	14.71	不可燃	压缩气体
氯气瓶	草绿	液氯	白	2.0	助燃	液体
氨气瓶	黄	液氨	黑	2.0	助燃	液体
压缩空气瓶	黑	压缩空气	白	14.71	助燃	压缩空气
二氧化碳瓶	铝白色	二氧化碳	黑	12.26	不可燃	液态
乙炔瓶	白	乙炔	红	2.94	可燃	溶解在活性丙酮中
石油液化气	灰	石油液化气	红	1.57	易燃	液态

二、使用钢瓶时注意事项

（1）钢瓶应存放在阴凉、干燥、远离阳光、暖气、炉火等热源的地方。氧气瓶等可燃性气体气瓶离明火要在 10m 以上，室温不要超过 35℃，并有必要的通风设备。最好放在室外，用导管通入。

（2）室内存放气瓶量一般不宜超过两瓶，最好放置在气瓶柜内。充装有互相接触后可能引起燃烧、爆炸的气体的气瓶即为不相容气瓶，不应一起存放，也不能和易爆物品混放。

（3）氧气钢瓶和可燃性气体钢瓶不要存放在一起，氢气钢瓶和氯气钢瓶也不能存放在一起。氢气和空气混合气的爆炸极限是：空气含量为 18.3%～59.0%(体积分数)；存放氢气气瓶的地方，一定要严禁烟火。

（4）搬动钢瓶时要稳拿轻放，并旋上安全帽，以便保护气门，勿使其偶然转动。放置使用时，必须固定好，防止气瓶倒地及互相碰撞引起爆炸。

（5）开启安全帽和阀门时，不能用锤凿或敲打，要用扳手慢慢开启。开启高压气瓶时，操作人须站在侧面，即站在与气瓶接口处成垂直方向的位置上，以免气流射伤人体。

（6）氧气瓶放气和打开减压阀时，动作必须缓慢。放气太快，气体过快地流进阀门时，

会产生静电火花，这也是引起氧气瓶爆炸的原因之一。其他可燃易爆气体如乙炔、氢等开启气瓶时均应如此。

(7) 使用气瓶工作时必须经常注意气瓶压力表的读数，用完后先关闭气瓶气门，放尽减压阀进出口的气体，将调节螺杆 10（见图 1-1）松掉。如不松掉调节螺杆，使弹簧长期压缩，会使减压器疲劳失灵，工作发现气瓶漏气须立即加密封垫以修好。

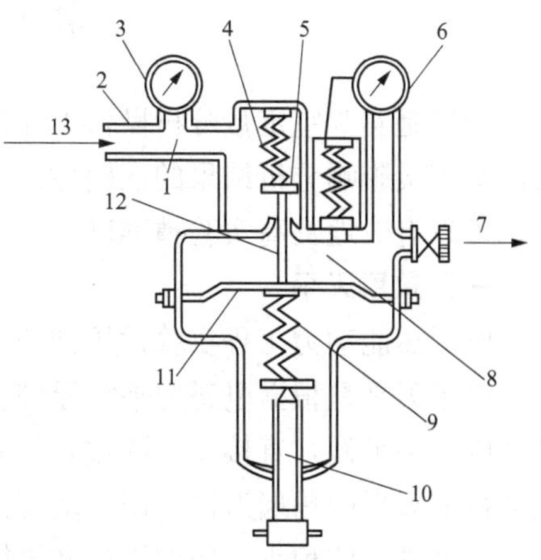

图 1-1 气体减压阀示意

1—高压气室；2—管接头；3—高压表；4——回动弹簧；5—减压活门；6—低压表；7—出气口；8—低压气室；9—调节弹簧；10—调节螺杆；11—薄膜；12—支杆；13—进气口

(8) 钢瓶中的气体不可用尽（尤其是乙炔、氢气、氧气钢瓶），应保留一定的正压力，以便于判断瓶中是何种气体，检查附件的严密性，也防止大气倒灌。

乙炔气瓶要保留 0.2MPa 的表压以上，一般惰性气体应剩余 0.05MPa 以上压力的气体；可燃气体应剩余 0.2MPa 以上压力的气体；氢气体应剩余 2.0MPa 以上压力的气体；钢瓶用完，将阀门关紧，套上安全帽，以防阀门受损，标注“空”，不再使用的钢瓶应立即归还气体仓库。

(9) 高压气瓶使用时要使用专用减压阀（二氧化碳和氨气钢瓶可例外），安装时螺扣要上紧；一般可燃气体的钢瓶气门螺纹是反扣的（如氢气、乙炔、液化气等），腐蚀性气体（如氯气等）一般不用减压阀。

(10) 不同工作气体有不同的减压阀，各种减压阀不能混用！不同的减压阀，外表都漆以不同的颜色加以标志，如用于氧的为天蓝色、用于乙炔的为白色、用于氢的为深绿色、用于氮的为黑色等。

(11) 用于氧气的减压阀可用在装有氮气或空气的气瓶上，而用于氮气的减压阀只有在充分洗除油脂后才可以用在氧气的气瓶上，氧气钢瓶的气门、减压阀严禁沾染油脂，以免引起燃烧。

(12) 钢瓶附件各连接处都要使用合适的衬垫防漏，如铝垫、薄金属片、石棉垫等均可，不能用棉、麻等织物，以防燃烧。检查接头或管道是否漏气时，对于可燃气体可用肥皂水涂于被检查处进行观察，但氧气和氢气不可用此法检查！检查钢瓶气门是否漏气，可用气球扎紧于气门上进行观察。应经常检查钢瓶，特别是氢气钢瓶要经常检查是否泄漏。

(13) 钢瓶上原有的各种标记、刻印等一律不得除去。充装一般气体的钢瓶（如空气、氧气、氮气、氢气、乙炔等）每隔三年进厂检验一次，盛装惰性气体的钢瓶（氩、氦等），每五年检验一次，重涂规定颜色的油漆；装腐蚀性气体的钢瓶，每隔两年检验一次，不合格的钢瓶要及时报废或降级使用。

(14) 钢瓶在使用过程中，发现有严重腐蚀、损伤或对其安全可靠性有怀疑时，应提前进行检验。超过检验期限的气瓶，如库存和停用时间超过一个检验周期的钢瓶，启用前应进行检验。对有缺陷的钢瓶，应与其他钢瓶分开，并及时更换或报废。

(15) 钢瓶在接收、使用过程中，应标识当前状态（满瓶、使用中、空瓶）以及接收日期，便于识别管理。

（16）钢瓶不得存放于走廊与门厅，以防紧急疏散时受阻及其他意外事件的发生。

第五节 天平的使用

天平是实验室定量分析操作中最常用的仪器。常规的分析操作都要用到天平，天平的称量误差直接影响分析结果的准确性。因此了解常见天平的结构，学会正确地使用天平进行称量，可以有效地提高实验精准度。

一、常用天平

电厂热能动力工程实验常用到的天平有托盘天平、机械天平和电子天平。

电子天平是根据电磁力平衡原理直接称量，全量程不需要砝码，放上被测物质后，在几秒钟内达到平衡，直接显示读数，具有称量速度快、精度高的特点。它的支撑点采取弹簧片代替机械天平的玛瑙刀口，用差动变压器取代升降枢装置，用数字显示代替指针刻度。因此电子天平具有体积小、操作简便和灵敏度高的优点，同时还具有自动校正、自动去皮、超载显示、故障报警等功能，此外它的质量电信号输出功能还可以与打印机、计算机联用，进一步扩展功能。使其应用越来越广泛，并逐步取代机械天平。

实验室在称量时，要根据不同的称量对象和不同的精确度要求选用合适的称量天平进行操作使用。对于质量精确度要求不高的一般性称量，可以使用托盘天平，对于质量精确度要求高的样品和基准物质，应使用不同量程和不同精确度的电子天平来称量。

二、托盘天平的称量使用

托盘天平是实验室经常用到的称量物体质量的工具，它采用杠杆平衡原理进行称量。托盘天平示意图如图 1-2 所示。托盘天平称量误差较大，一般用于对质量精度要求不高的场合。使用前须先调节平衡螺母，使天平平衡后再使用。每架天平配一盒砝码，一般调节 1g 以上质量使用砝码，1g 以下使用游标。砝码要用镊子夹住拿取。托盘天平的主要结构有底座、托盘、横梁、标尺、平衡螺母、指针、分度盘、游码。

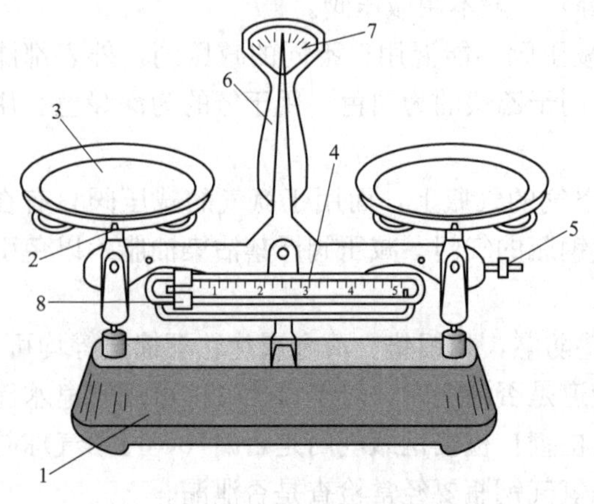

图 1-2 托盘天平示意

1—底座；2—托盘架；3—称量盘；4—标尺；5—平衡螺母；6—指针；7—分度盘；8—游码

1. 托盘天平的主要称量步骤

（1）把托盘天平放置在水平桌面上，将托盘擦干净，按编号置于相应的托盘架上。

（2）称量前，把游码拨到标尺左端的零刻度线处。

（3）调节横梁上的平衡螺母，使指针在停止摆动时正好对准刻度盘的中央红线（或指针在中央刻线处左右摆动的幅度相同），表示横梁平衡。

（4）天平调平后，预估被测物体的质量，然后将待称量的物体放在天平左盘中（需要加称量用纸或玻璃器皿），在右盘中用不锈钢镊子由先大后小的顺序向右盘依次加砝码。当增减到最小质量砝码时，如果仍不平衡，可移动游码使之平衡。

（5）接下来是读数，右盘砝码质量加上游码所对应的刻度值之和等于左盘的物体质量，游码在标尺上读数时，以游码左侧边缘所对应刻度为准。

（6）最后测量完毕，把物体取下，用镊子将砝码放回砝码盒内，把游码拨回左边零刻度处，以备下次使用。

2. 托盘天平称量注意事项

（1）物体和砝码的位置是左物右码，即左侧称量盘放称重物体，右侧称量盘放砝码。

（2）每个天平都有量程和感量，即所称量物体的最大质量和最小质量，超量程使用会损坏天平，过小则无法准确测量物体的质量。

（3）已经调节好的天平如果位置移动则需要重新调节。

（4）潮湿的药品和化学试剂不能直接放在天平的称量盘中，需加入已知重量的称量纸或者称量器皿，然后在其中加入样品称量。

（5）在向盘中加入砝码时不能直接用手拿取，要用镊子，不能把砝码弄脏、弄湿、弄丢。

三、电子天平的称量使用

电子天平可分为若干种类，但在燃料分析中最为常用的是量程为200g的常量电子天平，下面以精确度为万分之一克的FA2004N型电子天平为例，对其称量使用过程予以介绍。

1. 电子天平工作原理

电子天平称量是根据电磁力与物质的重力相平衡的原理，称量是通过支架连杆与一线圈相连，该线圈置于固定的永久磁铁——磁钢之中，当线圈通电时自身产生的电磁力与磁钢磁力作用，产生向上的作用力。该力与称量盘中称量物的向下重力达到平衡时，此线圈通入的电流与该物重力成正比，利用该电流大小就可计量出称量物的重量。

2. 电子天平称量前的检查

（1）取下天平防尘罩叠好，放于天平后方的台面上。

（2）检查天平称量盘内是否干净，必要时需要进行清洁处理。

（3）检查天平内干燥硅胶是否变色失效，若失效应及时更换。

（4）天平开机前，应观察天平水平仪内的水泡是否位于圆环的中央，以确定天平是否保持水平，若不水平，应调节水平方可使用。

3. 电子天平水平调整方法

电子天平在称量过程中会因为摆放位置不平而产生测量误差，称量精确度越高，误差就越大，为此多数电子天平都提供了调整水平的功能。电子天平一般有两个调平底座，旋转这两个调平底座，就可以调整天平水平。电子天平上面有一个水准泡，旋转调平底座，使水准泡位于液腔中央，调好之后应尽量不要搬动，否则水准泡可能发生偏移需要重调，电子天平水平仪调节过程示意如图1-3所示。

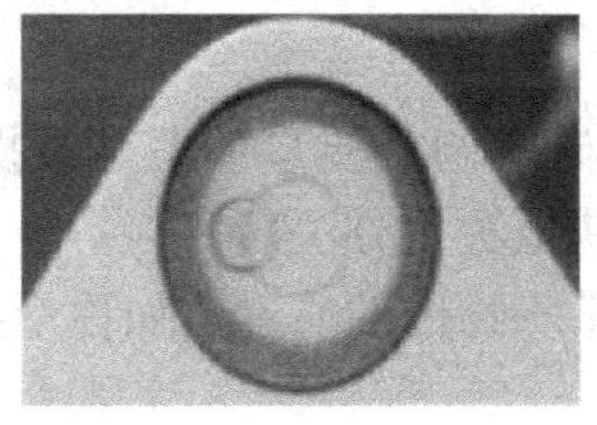
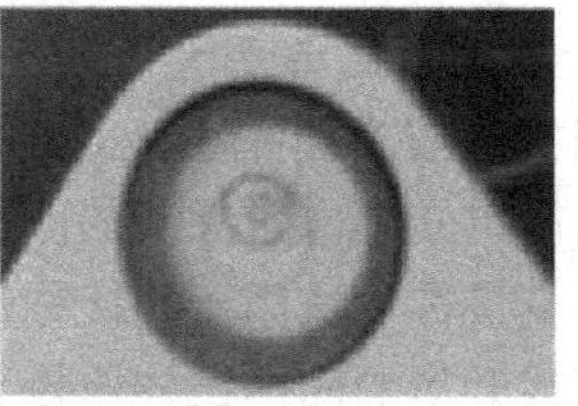

图1-3 电子天平水平调整示意

调整天平底座水平的方法如下：

(1) 旋转左或右调平底座，把水准泡先调到液腔中央线。单独旋转一个左或右调平底座，即调整天平的倾斜度，将水准泡调到中央线。初学者可以先手动倾斜电子天平，使水准泡达到中央线，然后看调平底座，哪一个高（或者低），调整其中一个调平底座的高矮，就可以使水准泡移动到中央线。达到中央线之后，再进行下一个步骤。

(2) 同时旋转电子天平的两个调平底座，幅度一致，都顺时针或者逆时针，让水准泡在中央线移动，最终移动到液腔中央。调平底座同时顺时针或者逆时针旋转，则天平倾斜度不变，这样水准泡就不会脱离中央线，只要旋转方向没有问题，就肯定可以达到液腔中央。也可以手动抬高电子天平底座或另一个支座，使水泡向中央移动，再观察调平底座的位置，看是需要调高还是需要调低。

4. 开机预热

(1) 关好天平门，轻按 ON/OFF 键，接通显示器，等待仪器自检，LED 指示灯全亮，松开手，天平先显示型号，稍后显示为“0.0000g”，自检过程结束天平可进行称量使用。

(2) 天平在初次接通电源或长时间断电后开机时，需要几分钟的预热时间，因此实验室电子天平在通常使用过程中，不需要经常切断电源。

5. 天平的校准

(1) 环境温度发生变化时需要校准。由于环境温度的变化会导致电路中磁通量和流经线圈的电流的变化，影响电子天平的称量结果。温差超过一定限度无法补偿时，需要对天平进行校准。

(2) 移动天平校准。电子天平与机械天平相同之处都是利用平衡原理，不同之处是电子天平用电磁力取代了平衡重力的砝码重量。由于地球引力存在，任何一个有质量的物体其重量都会受到重力加速度的影响，由于重力的影响，移动电子天平称量时就无法得到相同的称量结果，这就需要校准天平。

(3) 天平校准方法。

1) 外校准：轻按“CAL”键当显示器出现“cal－”即松手，显示器就出现“cal－100”，其中“100”为闪烁码，表示校准需用 100g 的标准砝码。此时，把准备好的 100g 校准砝码放上称量盘，显示器即出现“— —”等待状态，经较长时间后显示器出现“100.000g”，拿去校准砝码，显示器应出现“0.000g”，若出现不为零，则再清零，再重复以上校准操作。

2) 内部校准：天平进入校准程序后，通过内置砝码，对天平进行全自动的校准，这个校准程序可以随时进行。

校准程序：CAL→CAL In →CAL…→CAL dn，右边按钮向下旋转，→CAL…→CAL up，按钮回转，CAL…→CAL End→0.0000 自校准结束。

6. 电子天平的一般称量使用方法

电子天平的使用方法较为简单，无须加减砝码调节质量。但称量操作要细致，轻拿轻放，科学准确。下面简单介绍电子天平的两种快捷称量方法。

(1) 直接称量。直接称量法用于直接称量某一物体的质量，如称量某小烧杯的质量或者洁净干燥的不易潮解或升华的固体试样质量。

例如，在 LED 指示灯显示为“0.0000g”时（可以按“TAR”键清零），打开天平侧门，将被测物小烧杯小心置于称量盘中央，关闭天平门，待数字不再变动后即得到被测物的质量，将显示数值精确地记录到实验记录簿上。打开天平侧门取出被测物烧杯，关闭天平门。

（2）去皮称量。将容器置于天平称量盘上，关闭天平门，待天平稳定后按“TAR”键清零，LED指示灯显示质量为“0.0000g”；取出容器，变动容器中物质的量，然后将容器放回托盘，不关闭天平门粗略读数，看质量变动是否达到要求，若在所需范围之内，则关闭天平门，读出质量变动的准确值。以质量增加为正，减少为负。

去皮称量方法举例如下。

1）固定质量称量法。固定质量称量法又称增量法，用于称量某一固定试剂或试样的质量。这种称量操作的速度慢，适用于称量不易吸潮，在空气中能稳定存在的粉末或小颗粒样品，以便精确调节其质量。本操作可以在天平中进行，用左手手指轻轻抠击右手腕部，将右手牛角匙中样品慢慢振落于容器内，当达到所需质量时停止加样，关上天平门，显示平衡后即可记录所称取试样的质量。记录后打开左门，取出容器，关好天平门。

这种振腕的固定质量称量法在煤的工业分析等相关实验中会用到，称取1g±0.1g煤粉样品，煤样的称量要求宽松，允许的质量范围是0.900 0～1.100 0g，超出这个范围的样品均不合格。若加入量超出范围，则需重新称量试样，已用的试样必须弃去，不能放回到试剂瓶中。操作中不能将试剂撒落到容器以外的地方。

2）递减称量法。递减称量法又称减量法，用于称量一定范围内的样品和试剂，主要针对易挥发、易吸水、易氧化和易与二氧化碳反应的物质。

用滤纸条从干燥器中取出称量瓶，用纸片夹住瓶盖柄打开瓶盖，用牛角匙加入适量试样（多于所需总量，但不超过称量瓶容积的三分之二），盖上瓶盖，置入天平中，显示稳定后，按“TAR”键清零。然后用滤纸条取出称量瓶，在接收器的上方倾斜称量瓶身，用瓶盖轻击瓶口使试样缓缓落入接收器中。当估计试样接近所需量时，继续用瓶盖轻击瓶口，同时将称量瓶身缓缓竖直，用瓶盖敲击瓶口上部，使粘于瓶口的试样落入瓶中，盖好瓶盖。将称量瓶放入天平，显示的质量减少量即为试样质量。若敲出质量多于所需质量时，则需重称，已取出试样不能收回，须弃去。

7. 称量结束后的工作

（1）称量结束后，按“OFF”键关闭天平电源，取下称量盘上的称量物和容器，将天平还原，关闭天平门。检查天平上下是否清洁，若有赃物，用毛刷清扫干净。罩好防尘罩。

（2）在天平的使用登记本上记下称量操作的时间和天平状态并签名。清洁整理好台面之后，结束实验。

四、电子天平使用的注意事项

（1）在开关天平门，放取称量物时，动作必须轻缓，切不可用力过猛或过快，也不要用手按压天平称量盘和剧烈振动称量盘，以免造成天平损坏。

（2）对于过热或过冷的称量物，应使其回到室温后方可称量，不得在过热或过冷的状态下称量物体。

（3）称量物的总质量不能超过天平的称量量程，在称量大的固定物质质量时要特别注意天平量程。

（4）所有称量物都必须置于一定的洁净干燥容器（如灰皿、坩埚、称量瓶等）中进行称量，以免沾染腐蚀天平。

(5) 准确读取记录称量数据时，一定要关闭天平门，将数据记录完整。

(6) 读取记录称量物质量时，不可轻易按下“TAR”键清零，有时需要记录器皿初始质量 m_0，然后记录加（减）样后的质量 m_1，计算出称量物质量。

(7) 同一实验项目，称量过程中要始终保持用同一台天平，且不要随意更换称量人员，避免增加观测误差。

第六节　误差分析及数据处理

一、误差的定义

在测量中，被测量的真实值称为真值，记为 x_0；用实验手段实际测量出来的值称为测量值，记为 x。由于测量方法与仪器设备不尽完善或者测量中各种其他主、客观因素，造成测量值与真值之间会存在一定差异。误差 Δx 是指测量值与真值之间差值，即 $\Delta x = x - x_0$。式中，Δx 值又称为绝对误差。在衡量误差大小时，还经常用到相对误差，它是指绝对误差与真值之比，有时也近似用绝对误差与测量值之比表示相对误差，即

$$\eta = \frac{\Delta x}{x_0} \approx \frac{\Delta x}{x}$$

二、误差的分类及产生

根据误差的性质，一般将误差分为三大类：系统误差、偶然误差和粗大误差。误差的来源是多方面的，在测量过程中，几乎所有的因素都对误差产生影响。下面归纳出几种常见的误差来源，在实验中尽量减小各种误差来源。

1. 仪器误差

仪器误差是由仪器的不完善或缺陷造成。为减少这方面的误差，在选用仪器时应尽量使用误差小些的，一般要求仪器误差占总测量误差的 1/10～1/3。仪器误差一般具有确定性，及时发现并正确找出误差范围，可较好的修正误差。查找误差的方法最常用的是定期用标准仪器或标准物质来进行校验和调节，或者根据仪器的实际情况采用其他方法确定并修正。

2. 环境误差

由于测量时所处的环境气氛与所要求的设计状态不一致所引起的误差。测量过程中外界环境的压力、温度、湿度、振动等达不到设计要求，必将引起测量误差。

3. 观测误差

由于每个人的心理和生理状况不同，当测量同一仪表时，其读数结果难免有一定差别，这一误差称为观测误差。

4. 理论误差

理论误差又称方法误差，它是由于测量所依据的理论公式的近似性或者对测量方法考虑不周造成的误差。在实际实验测定可能出现一些数值过大的观测值，这些观测值是否合理，可以通过直观和统计方法加以判别，具体方法在测量技术课程中会有专门的学习。

三、有效数字的概念与测量结果的表达

1. 有效数字概念及运算原则

一般测量仪器都有一定精度，在测量过程中其读数的前几位是从仪器上准确读出的，称

为可靠数字，而最后一位往往需要估测，称为可疑数字。测量值中的可靠数字加上可疑数字称为有效数字，有效数字中所有位数的个数和称为有效数字的位数。

有效数字进行运算时，会出现很多的位数，如果全部予以保留，既繁琐又不合理，以下为有效数字运算原则：

（1）有效数字相互运算后仍为有效数字，即最后一位可疑，其他位数可靠。

（2）可疑数与可疑数相互运算后仍为可疑数，但进位数可视为可靠数。

（3）可疑数与可靠数相互运算后仍为可疑数。

（4）可靠数与可靠数相互运算后仍为可靠数。

2. 测量结果的表达

测量结果表达时其最小位应与保留的误差位数相对齐并截断，截断时应按“四舍六入逢五取偶”的修约规则进行舍入。

3. 实验曲线的绘制

（1）图幅大小和坐标分度与实验数据相适应，避免分度过粗过细，影响曲线精准度。

（2）坐标轴要有分度、名称和单位，同一图不同参数绘制的不同曲线应有区别标识。

（3）曲线应光滑，力求通过或接近数据点；做不到时曲线尽量两侧点数接近相等。

（4）对于数据过于离散的实验，可以进行曲线拟合或者采用分组平均法将曲线修匀。

四、实验误差要求

1. 所有分析测定项目都应用两份试样的同时测定或进行两次实验测定

如果测定结果的差值不超出允许误差时，则取其算术平均值作为测定结果；否则应进行第三次测定，取两次相差最小而又不超出允许误差的结果平均后作为结果。如果第三次测定结果居于前两次结果的中间，而与前两次结果的差值都不超出允许误差时，则取三次结果的平均值作为结果；如果三次测定结果中任何两次结果的差值都超出允许误差，应舍弃全部测定结果，应检查仪器和操作，然后重新进行测定。

2. 燃料分析测定项目应同时进行

凡燃料需要根据水分测定结果进行校正或换算的分析实验项目，最好和水分测定同时进行测定，否则两者的测定时间相距也不应超过5天。

第二章 火力发电厂生产过程模型

第一节 火力发电厂生产过程模型

电能是将一次能源通过不同方式转换而成的二次能源，是目前人类生产和生活中广泛应用的能源方式。具有一定生产规模且能连续不断地对外界提供电能的工厂称为发电厂（也称发电站）。根据一次能源的种类和转换方式的不同，可将发电厂分为火力发电厂（简称火电厂）、水力发电厂（简称水电厂）、风力发电厂（简称风电厂）、原子能发电厂（简称核电厂）和太阳能发电厂等主要类型。目前传统的燃煤火力发电仍是我国的主要发电形式。近几年，随着不断消化和吸收世界先进的火力发电技术，自主研发与引进技术合作相互结合，火电机组设计制造技术快速发展，目前新建项目中 600MW 以上的高效超临界机组建设已成为主流。本次模型课主要以实验室 600MW 火电厂模型（见图 2-1）为学习目标，介绍火力发电厂能量转换过程中所涉及的主要热力设备及其工质运行过程，以及火力发电厂热力设备的运行相关知识。通过模型增加学生对火电厂的感性认识，使复杂的生产系统结构具体化、形象化，促进学生对专业理论知识的掌握。

图 2-1　600MW 火力发电厂模型

彩图

一、火力发电厂主要工作过程

火力发电厂是利用煤炭、石油、天然气或其他矿物燃料的化学能来生产电能。虽然火电厂的燃料不同，但其基本能量转换过程均为：燃料的化学能→工质的热能→汽轮机转子旋转的机械能→电能。由于我国火力发电厂主要还是以燃煤发电为主，燃煤火力发电机组中锅炉也以煤粉炉为主。锅炉设备及系统、汽轮机设备及热力系统、发电机设备及系统构成燃煤火力发电厂的三大主要组成部分。

从火电厂生产过程示意图 2-2 中可见，燃煤火力发电厂的工作系统主要由锅炉的制粉系统、燃烧系统、汽水系统、风烟系统和除灰渣系统（还有脱硫、脱硝系统），汽轮机的本体设备、凝汽系统、回热系统和给水除氧系统，以及发电机相关设备组成。

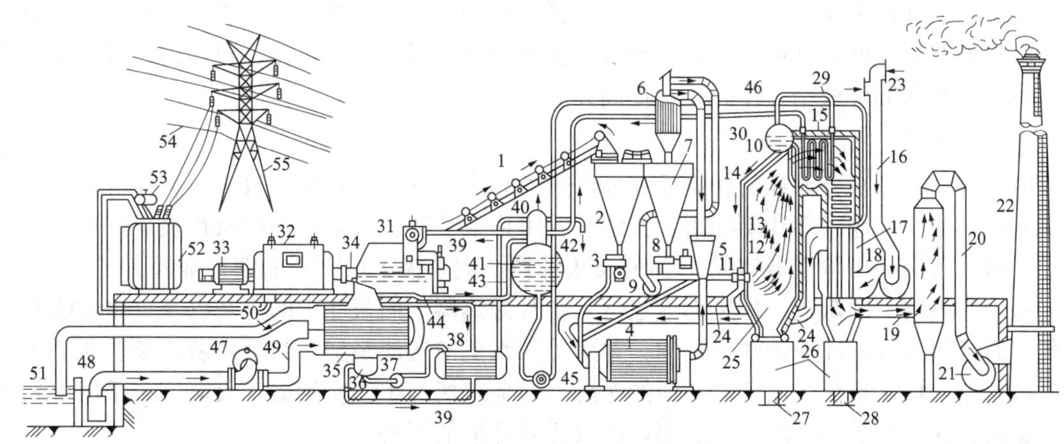

图 2-2　火力发电厂生产过程示意

1—带式运输机；2—原煤仓；3—给煤机；4—磨煤机；5—粗粉分离器；6—细粉分离器；7—煤粉仓；8—给粉机；9—排粉机；10—汽包；11—燃烧器；12—炉膛；13—水冷壁；14—下降管；15—过热器；16—省煤器；17—空气预热器；18—送风机；19—除尘器；20—烟道；21—引风机；22—烟囱；23—送风机的吸风口；24—热风道；25—冷灰斗；26—除灰设备；27—冲渣沟；28—冲灰沟；29—饱和蒸汽管；30—主蒸汽管；31—汽轮机；32—发电机；33—励磁机；34—排汽口；35—凝汽器；36—热井；37—凝结水泵；38—低压加热器；39—低压加热器疏水管；40—除氧器；41—给水箱；42—化学补充水入口；43—汽轮机第一级抽汽；44—汽轮机第二级抽汽；45—给水泵；46—给水管道；47—循环水泵；48—吸水滤网；49—冷却水入水管；50—冷却水出水管；51—冷水池或江河；52—主变压器；53—储油柜；54—输电线路；55—输电铁塔

二、火力发电厂工质运行主要流程

对照火力发电厂模型和生产过程示意图可以看出，火力发电厂生产过程主要包含了燃料煤、空气、水等三大主要工质及衍生物在制粉流程、风烟流程、汽水流程间的运行主线。因此，沿着三大主要工质的运行流程，通过模型对火力发电厂生产过程进行介绍。

1. 煤粉制备的主要流程

矿采煤通过车、船等运输工具运进发电厂储煤场，经碎煤设备初步破碎后，由运输机将煤送入锅炉车间的原煤仓。原煤仓中的煤经给煤机送入磨煤机中磨制成煤粉，磨制煤粉一般有中间储仓式和直吹式两种磨制形式。直吹式制粉系统工作过程相对简单，中储式制粉系统较为复杂，其工作时首先将煤送进磨煤机中磨制，然后由空气预热器加热过的热空气会把磨煤机中磨制好的煤粉送入粗粉分离器中，分离出粒度不合格的煤粉由回粉管返回到磨煤机中，继续磨制成粒度合格的煤粉，再由空气携带，经粗粉分离器后进入细粉分离器，进行空气和煤粉的分离，大部分煤粉落入煤粉仓存储，需要加煤时是经排粉机提升压力后，由给粉机将煤粉打入一次风管道进入炉膛，此过程含有煤粉中间储存仓故称为中间储仓式（简称中储式）制粉系统。直吹式制粉系统不设煤粉仓，而是将磨煤机磨制的煤粉与空气的混合物直接送入炉膛内进行燃烧。600MW 锅炉模型制粉系统采用中速磨煤机一次风正压直吹式制粉系统。制粉系统共有 6 台磨煤机（满负荷时一台备用），每台磨煤机供 6 只燃烧器使用。

2. 煤粉燃烧的主要流程

煤粉和空气通过一次风口和二次风口送入炉膛，煤粉在炉膛内进行悬浮燃烧，燃烧会释放出大量的热并产生高温烟气。炉膛内燃烧释放出的热量会传递给炉内布置的水冷壁、过热器、再热器等受热面，高温烟气的热量也会在水冷壁及后续的过热器、再热器、省煤器、空气预热器等受热面释放给工作介质，提高介质温度。

3. 排渣除灰的主要流程

由于煤中含有灰分，煤粉燃烧后灰分以炉渣和飞灰的形式存在，较大的灰粒沉降至炉膛底部的冷灰斗中，经冷却和凝固落入排渣装置中形成炉渣。大量细小的灰粒被烟气携带一起流动，形成飞灰，由除尘器捕集99%的飞灰颗粒，剩余极少量飞灰随烟气排入大气。

从炉膛内落下的灰渣、从尾部烟道落入空气预热器下面灰斗中的飞灰以及除尘器收集的飞灰，通常用水冲入冲渣沟和冲灰沟，并随冲灰水流向灰渣泵房，然后由灰渣泵、灰渣管等设备排入储灰场。目前，出于对环保的考虑，避免灰场产生二次污染，火电厂多采用干式排渣及除灰，这有利于灰渣的综合利用，以减轻对环境的污染。

4. 风烟的主要流程

送风机从环境中吸入空气（被称为冷空气）并将其送入空气预热器预热，进一步吸收烟气当中的余热，以减小排烟热量损失，并提高空气温度，改善燃烧过程。送风机送入的空气通常分为两路，预热后其中一路为一次风传输携带煤粉，另一路为调节助燃的二次风。

煤和空气在炉膛内燃烧产生的高温烟气，在引风机作用下，沿锅炉本体的烟道依次流过炉膛水冷壁、过热器、省煤器和空气预热器等换热设备，将热量逐步传递给水、蒸汽和空气等介质。这些换热设备统称为受热面，除空气预热器是用来加热燃烧所需空气的受热面，其余都是用来加热汽和水的受热面，称为汽水受热面或锅内受热面。放热降温后的烟气流入除尘器进行除尘净化，最后由引风机抽出，经脱硫、脱硝装置降低有害污染气体浓度后由烟囱排入大气。由送风机克服空气侧阻力，引风机克服烟气侧阻力，这种通风方式称为平衡通风，电站煤粉锅炉多采用平衡通风方式，多数锅炉的炉膛和烟道压力保持微负压。

5. 汽水的主要流程

锅炉分为有汽包锅炉和无汽包锅炉（即直流锅炉）。在有汽包的锅炉中锅炉给水由省煤器中吸收烟气热量升温，然后被送入汽包内，经下降管进入锅炉的水冷壁下联箱，然后沿水冷壁管向上流动。锅炉给水在水冷壁中吸热开始汽化并产生部分蒸汽，形成水冷壁和下降管内工质的密度差，水冷壁中的汽水混合物靠密度差自动上升进入汽包，并进行汽水分离。水在下降管、水冷壁和汽包中连续形成自然循环不断汽化。在汽包的上部分离出饱和蒸汽，被送入过热器系统继续吸收炉内热量，当过热蒸汽达到规定参数后，由主蒸汽管道送入汽轮机高压缸开始做功。

实验室火力发电厂600MW锅炉模型是没有汽包的直流锅炉。因为没有汽包决定了它与汽包锅炉的一个重要差别就是有循环水泵。有汽包锅炉依靠汽水密度差产生的上升力完成汽水循环；而直流锅炉多数应用在压力大于19.2MPa的条件下，在这样高的压力下汽水密度差几乎为零，汽水密度差的上升力也就为零，因此需要在下降管中串联循环水泵将工质直接打到过热器中加入，一次性完成预热、汽化和过热的过程，这种锅炉也称直流强制循环锅炉。

600MW模型锅炉炉膛由膜式水冷壁构成，炉膛上部为垂直管屏，下部为螺旋管圈。炉膛出口布置了屏式过热器，折焰角上布置中间过热器和末级过热器。水平烟道布置了高温再热器。水平烟道和尾部竖井也由膜式壁包覆，尾部竖井分成前后两个平行烟道，前烟道布置了水平再热器，后烟道布置了一级过热器和省煤器。两个尾部烟道引入两台回转式空气预热器。给水进入省煤器入口联箱，经水平组管和垂直悬吊管进入出口联箱，经下降管引入炉膛下部的水冷壁下联箱，经过冷灰斗和下部螺旋管圈进入炉膛中部的过渡联箱。从过渡联箱出来的汽水混合物进入炉膛上部垂直管，汽水混合物或蒸汽由水冷壁出口联箱经连接管进入出口混合联箱，进入炉膛顶棚管，由炉膛顶棚管出口联箱进入位于锅炉后部的汽水分离器。

当锅炉负荷在本生点以下时，被汽水分离器分离出来的水经储水箱和循环泵后又回到省煤器入口联箱。被分离出来的饱和蒸汽则被引入过热系统，最后由主蒸汽管道引出。当锅炉负荷在本生点以上时，锅炉处于直流状态，此时进出汽水分离器的工质全部是蒸汽，不再有水被分离出来，循环泵处于热备用状态。

6. 汽轮机及热力系统的主要流程

锅炉产生的具有一定温度和压力的过热蒸汽在汽轮机内，会将蒸汽热能转换成机械能，推动汽轮机转子并带动同轴的发电机转子旋转，在励磁机作用下产生电能。

在汽轮机高压缸做功后的蒸汽由管道送回锅炉再热器再次吸收锅炉烟气的热量，以提高到规定参数进入汽轮机中压缸继续做功。

蒸汽在汽轮机内做功时，其温度和压力将逐步降低。蒸汽从排汽口排出之前，有部分被抽出，分别用于回热加热器和除氧器中水的加热。做功后从排汽口排出的蒸汽被称为排汽（乏蒸汽）。对于凝汽式汽轮发电机组，为了使蒸汽在汽轮机内尽可能多地做功，提高热效率，其排汽均被送入压力很低的凝汽器。

凝结水泵将凝汽器热井中的水（主凝结水）送入低压回热加热器；主凝结水在各级低压加热器中吸收汽轮机低压抽汽的热量，温度升高后送入除氧器，继续被加热并除去溶解于水中的氧气和其他不凝结的气体，以避免其对金属的腐蚀。从除氧器下部水箱出来的水被送入给水泵，经给水泵升压后的水称为主给水，主给水在各级高压加热器中吸收汽轮机高压抽汽的热量，温度升高后送入锅炉的省煤器。

为了维持高度真空，凝汽器需要大量的冷却水将汽轮机排汽的热量带走，并使蒸汽凝结，冷却水又称为循环水。循环水泵将来自冷水池（或者江河、湖泊、海洋）的水加压送入凝汽器，冷却水流经凝汽器后，将汽轮机排汽的热量带走，由出水室回到冷却水源。

7. 发电的简要过程

发电机直接由汽轮机供给动能，将旋转形式的机械能转换成三相交流电能，发电机所发出的绝大部分电能由主变压器升压后，经高压配电装置和输电线路向外供电。

三、实验报告要求

（1）简要叙述 600MW 机组的汽水流程？

（2）简要叙述中储式制粉系统与直吹式制粉系统的差别？

（3）绘出火力发电厂生产过程示意图。

第二节　锅炉结构模型

锅炉、汽轮机、发电机是火力发电厂的三大主力设备，而锅炉又是三大主机中最基本的能量转换设备。锅炉将燃料化学能转化为汽轮机的机械能，然后将机械能传输给发电机发电。因此锅炉的主要作用是使燃料在炉内燃烧放热，并将锅内工质由水加热成具有足够数量和一定质量（汽温、汽压）的过热蒸汽，供给汽轮机等设备设施使用。

实验室现有内部结构较为细致的HG670/14-540℃(540℃）锅炉模型，通过介绍该锅炉内外部主要结构，帮助同学们更好地学习掌握锅炉知识。

一、锅炉的主要工作参数

HG670/14-540℃（540℃）型锅炉是哈尔滨锅炉厂早期生产的锅炉。该锅炉是燃烧褐煤、带有中间再热器装置的超高压自然循环锅炉，其主要工作参数见表2-1。

表2-1　锅炉的主要工作参数

项目名称	单　位	数　值
额定蒸发量	t/h	670
过热蒸汽压力	MPa	14
再热蒸汽流量	t/h	579
再热蒸汽入口压力	MPa	2.75
再热蒸汽出口压力	MPa	2.55
再热蒸汽入口温度	℃	323
再热蒸汽出口温度	℃	540
给水温度	℃	240
设计用燃料	—	平庄褐煤
锅炉效率	%	91.7
燃料消耗量	t/h	153.2

二、锅炉主要结构

锅炉采用汽包式自然循环锅炉；锅炉设计布置于室内，采用悬吊结构；厂房构架与锅炉钢架为联合结构，整体呈Ⅱ型布置。锅炉前部为燃烧室，其四周布满膜式水冷壁管，中间用双面水冷壁一分为二。在燃烧室的上部装有前屏辐射式过热器，后部出口烟窗处装有半辐射式后屏过热器。在燃烧室的前墙上布置有24个低阻力旋流式燃烧器，分成三排。在锅炉上部水平烟道内按烟气流动方向先后布置有对流过热器热段、冷段及再热器热段。后部竖井中布置再热器冷段、省煤器及空气预热器等装置。

过热蒸汽调节采用自制冷凝水喷水减温器，再热蒸汽调节采用汽-汽热交换器布置在再热器冷段与热段之间。整个燃烧室及水平烟道部分的炉墙均敷设在受热面管上，以简化炉墙结构并提高锅炉的密封保温性能，锅炉整体受热面结构特性见表2-2。

表2-2　锅炉受热面结构特性

名称	管径×壁厚（mm）	管子节距（mm）		受热面积（m^2）	管子排列方式	烟气与工质流动方向
		横向 s_1	纵向 s_2			
水冷壁	$\phi60\times6$	膜式80 双面64		辐射受热面3073		
前屏过热器	$\phi38\times4.5$	900	41	辐射受热面830	屏式	
后屏过热器	$\phi42\times5$	770	45	辐射受热面210 对流受热面1940	屏式	逆流＋顺流

续表

名称	管径×壁厚（mm）	管子节距（mm）		受热面积（m^2）	管子排列方式	烟气与工质流动方向
		横向 s_1	纵向 s_2			
对流过热器	ϕ42×5.5	200/100	90	2670	错列＋顺列	逆流＋顺流
再热器热段	ϕ42×3.5	100	72.8	4260	顺列	逆流
再热器冷段	ϕ42×3.5	115	54.5	3080	错列	逆流
上级省煤器	ϕ32×4.0	104	48	1700	错列	逆流
上级空气预热器	ϕ40×1.5	62	42	19 100	错列	交叉流
下级省煤器	ϕ32×4.0	96	49	2980	错列	逆流
下级空气预热器	ϕ40×1.5	66	42	43 100	错列	交叉流
汽-汽加热器	外管 ϕ194×11 内管 ϕ42×5.0			681	管套管	逆流

1. 汽包及汽水分离设备

锅炉内汽包采用16MnNiMo材料制成，汽包内径为ϕ1800mm、壁厚为98mm。汽包内部装有84个旋风分离器，净段76个，盐段为8个，分离器的直径为ϕ350mm，采用大直径的分离器有利于大容量机组的锅内布置，本炉采用单位式连接系统，一般每两个分离器组成一组，个别分离器单个为一组。

两侧墙中部水冷壁回路的汽水混合物引入汽包盐段的分离器，因为这部分水冷壁热负荷较均匀、工作条件较安全。其余水冷壁回路的汽水混合物均引入汽包净段分离器，依靠离心作用进行汽水分离；分离出来的水沿分离器的内壁向下流动，在分离器底部装有螺旋状导向叶片，水即沿叶片流动。分离出来的蒸汽向上流动经过分离器顶部的百叶窗，径向流走，进入蒸汽空间。在蒸汽空间进行自然分离之后，蒸汽流经平孔板非淹没式清洗装置，这种清洗装置的优点是结构简单、制造安装方便、阻力小、底部蒸汽空间负荷均匀、清洗面积较大、水滴带出较小。经清洗后的蒸汽在蒸汽空间再进行一次自然分离，然后通过置于汽包顶部的水平百叶窗及多孔板，自汽包引出，通往过热器。

给水出省煤器后进入汽包，进入汽包的给水分成两路，一路通往清洗装置，水量占50%，另一路直接进入汽包的水容积内；为防止产生涡旋，汽包给水进口处装有栅型格板。汽包净段正常水位在汽包中心线下200mm处，最高水位、最低水位在距离正常水位±75mm位置以内，净段、盐段之间水位差为20mm。为保证蒸汽品质，在汽包内装有锅内水处理用的磷酸盐加药装置，在盐段装有连续排污装置。

2. 水冷壁

炉膛四壁是由鳍片管制成的膜式水冷壁组成，锅炉整体水冷壁结构分布见表2-3。鳍片管直径为ϕ60mm×6mm，节距为80mm，鳍片间相焊，使炉膛形成一个密闭的整体。采用膜式水冷壁有如下优点：

（1）炉膛密封性好。

（2）减少炉墙厚度，减轻炉墙和炉墙支承的重量，从而减轻钢架的负荷量。

（3）可改善炉内结渣情况。

（4）提高锅炉产品的组件和工厂化的程度，减少建造施工安装的工作量。

表 2-3　　锅炉水冷壁回路结构特性

<table>
<tr><th>水冷壁管</th><th>单位</th><th>前1</th><th>前2</th><th>前3</th><th>后1</th><th>后2</th><th>后3</th><th>侧前</th><th>侧中</th><th>侧后</th><th>双前</th><th>双中</th><th>双后</th></tr>
<tr><td>上升管直径</td><td>mm</td><td colspan="12">$\phi 60\times 6$</td></tr>
<tr><td>上升管根数</td><td>根</td><td>32</td><td>30</td><td>30</td><td>32</td><td>30</td><td>30</td><td>28</td><td>39</td><td>28</td><td>36</td><td>47</td><td>36</td></tr>
<tr><td>下降管直径</td><td>mm</td><td colspan="12">$\phi 159\times 14$</td></tr>
<tr><td>下降管与上升管界面比</td><td>%</td><td>0.43</td><td>0.5</td><td>0.5</td><td>0.43</td><td>0.5</td><td>0.5</td><td>0.54</td><td>0.58</td><td>0.54</td><td>0.83</td><td>0.95</td><td>0.83</td></tr>
<tr><td>下降管根数</td><td>根</td><td>2</td><td>2</td><td>2</td><td>2</td><td>2</td><td>2</td><td>2</td><td>3</td><td>2</td><td>4</td><td>6</td><td>4</td></tr>
<tr><td>连接管直径</td><td>mm</td><td colspan="4">$\phi 133\times 13$</td><td>$\phi 159\times 14$</td><td colspan="3">$\phi 133\times 13$</td><td>$\phi 159\times 14$</td><td>$\phi 133\times 13$</td><td colspan="2">$\phi 159\times 14$</td></tr>
<tr><td>连接管根数</td><td>根</td><td>3</td><td>3</td><td>4</td><td>3</td><td>2</td><td>3</td><td>3</td><td>4</td><td>3</td><td>6</td><td>6</td><td>4</td></tr>
<tr><td>连接管与上升管截面比</td><td>%</td><td>0.46</td><td>0.5</td><td>0.67</td><td>0.46</td><td>0.5</td><td>0.5</td><td>0.54</td><td>0.51</td><td>0.8</td><td>0.83</td><td>0.95</td><td>0.83</td></tr>
<tr><td>联箱直径</td><td>mm</td><td colspan="12">$\phi 273\times 36$</td></tr>
</table>

水冷壁分成前墙、后墙、两侧墙，双面水冷壁等四个部分。双面水冷壁垂直于前、后墙，将炉膛分成两个相等的部分。为提高锅炉水循环可靠性，将前、后水冷壁各分为 3 个回路，两侧墙及双面水冷壁各分为 3 个回路，每个回路有独立的下降管和连接管。

前、后、两侧墙膜式水冷壁与上、下联箱在厂内组装，以组件形式出厂。为了运输方便，前墙、两侧墙水冷壁每个回路分三段出厂，后墙水冷壁分两段出厂。为了防止炉膛内因燃烧不稳定发生爆炸时破坏水冷壁和炉墙，沿炉膛高度方向每隔 3～4m，围一刚性梁，刚性梁由 36 号工字钢组成。

双面水冷壁采用 $\phi 60$mm×6mm 光管，节距为 64mm，为增加刚性，在高度方面分别在 5m 倍数处用圆钢将双面水冷壁焊一整体。在双面水冷壁上开有压力平衡孔及人孔，平衡孔面积约为双面水冷壁面积的 7%。前、后水冷壁及两侧墙水冷壁下联箱在冷灰斗处互相焊接，连成一整体。所有水冷壁组件均通过上联箱吊焊悬挂在顶板上。炉膛水冷壁下联箱内均装有外来蒸汽加热装置，锅炉启动时，利用外来蒸汽加热水冷壁管，缩短启动时间，以保证水循环的可靠性。

3. 燃烧室及燃烧设备

锅炉燃烧室容积为 4054m^3，宽度为 19 968mm，中间用双面水冷壁将炉膛一分为二，深度为 8000mm，在燃烧室前墙装有燃烧器，上部装有前屏辐射式过热器，燃烧室四壁设有看火孔、吹灰孔、测量孔、人孔及防爆门。燃烧器系低阻力旋流式燃烧器，共 24 个，分三排布置在前墙。旋流式燃烧器和风扇式磨煤机，组成直吹式制粉系统。考虑直吹式制粉系统的特点，在设计燃烧器时按 18 只燃烧器带满负荷进行设计。锅炉点火采用放置在燃烧器中心管中的重油点火装置和电弧点火器进行点火，重油采用蒸汽机械雾化喷入及电弧起火点燃，在点燃煤粉着火后将点火器抽出。设计煤种（平庄褐煤）所采用的送风量比例及一、二次出风口风速列于表 2-4 中。

表 2-4 锅炉风量比例及出风口风速

风别	风量（%）	出口截面积（m^2）	出口速度（m/s）
一次风	42.20	0.31	21.0
二次风	53.63	0.33	37.5

在燃烧室下面设有四个除渣口，并备有四套机械连续除渣装置，每套除渣装置包括三齿轮碎渣机和圆盘除渣装置，将炉排渣刮到碎渣机中，经碎渣机碾碎排出。

4. 过热器

锅炉采用了辐射-对流组合式过热器。辐射式过热器做成前屏形式，布置在燃烧室上部。在水平烟道内按烟气流动方向，分别布置有后屏半辐射式过热器、对流过热器冷段、对流过热器热段。考虑悬吊结构和密封的需要，将水平烟道两侧墙及转向室后墙用过热器管敷设，同时用部分顶棚管做成悬吊管形式过热器悬吊于水平烟道下面的倾斜炉墙。过热器系统工作过程是饱和蒸汽自汽包引出后，先进入一部分顶棚过热器管，经燃烧室顶部，在水平烟道及转向燃烧室两侧墙，又由两侧墙引入转向燃烧室后墙下联箱，经后墙过热器管上流到上联箱，再经另一部分顶棚过热器管返回炉前，引至前屏入口联箱，由前屏过热器出来后，经一次喷水减温、一次交叉混合后进入后屏过热器。后屏过热器由顺流和逆流两部分组成，先经由炉两侧的逆流部分，然后交叉一次，再由中间顺流流出。从后屏出来后的过热蒸汽会引入汽-汽热交换器，把一部分热量传给再热蒸汽。经汽-汽热交换器后，蒸汽进入对流过热器，对流过热器由顺流（热段）和逆流（冷段）组成，蒸汽先进入逆流冷段，经二次喷水减温，交叉后进入对流热段，顺流引出，最后进入集汽联箱。

5. 再热器

再热器也由冷段、热段两部分组成。热段位于水平烟道处，布置于对流过热器之后，冷段布置在后竖井上部，在冷段与热段之间放置汽-汽热交换器。再热蒸汽温度调节依靠改变通过汽-汽加热器的二次蒸汽量来进行调节。汽-汽热交换器共 48 只，系 U 形管套管结构，外套管直径为 ϕ194mm×11mm，内装 7 根 ϕ42mm×5mm 的 U 形管。过热蒸汽在小管内流动，再热蒸汽则在管间流动，完成热量交换。

6. 蒸汽温度调节装置

过热蒸汽温度调节采用自制冷凝水喷水减温装置，共设有两个喷水点：一处位于前屏出口；另一处位于对流过热器顺流与逆流段中间。喷水减温器是利用混合联箱本身水平布置，因为考虑锅炉生火期间用自制冷凝水调节有困难，作为备用措施，也可取用喷给水来调节温度，给水取自给水操纵台前。

7. 省煤器

该锅炉设计燃煤为平庄褐煤，因为燃烧褐煤需要热空气温度较高，故省煤器与空气预热器均采用双级布置。省煤器蛇形管由 ϕ32mm×4mm 的碳素钢管制成，采用双管并绕呈错列布置。上级省煤器蛇形管横向节距为 104mm，纵向节距为 48mm；下级省煤器蛇形管横向节距为 96mm，纵向节距为 49mm；上级省煤器受热面为 1700m^2，下级省煤器受热面为 2980m^2。上级省煤器管组高度为 720mm，下级省煤器组高度为 1520mm，省煤器出口水温为 282℃。为了减轻飞灰磨损及烟气对管壁的冲击作用，在省煤器蛇形管上设有防磨装置。

8. 空气预热器

空气预热器采用双级布置的方式，采用立置管式，双面进风的形式。管子直径为ϕ40mm×1.5mm，沿高度方向空气分为四个行程：下级三个行程，上级一个行程。因为考虑到会有低温腐蚀，空气预热器最下面一个行程的管输与第二行程的管输之间空开1700mm，以便检修和更换。上级空气预热口的管子节距：横向为62mm，纵向为42mm。下级空气预热口的管子节距：横向为66mm，纵向为42mm。空气预热器进口冷风为28℃，出口热空气温度为350℃。为考虑减轻飞灰磨损及烟气对管壁的冲击作用，在空气预热器烟气进口处装有防磨套管。为防止空气预热器口的振动，在空气预热器各管输之间有防震隔板。

9. 炉墙

由于本锅炉采用悬吊结构和膜式水冷壁，因此该锅炉采用了结构简易的敷管炉墙建造。炉墙材料采用珍珠岩保温板及绝热混凝土材料制备，从而使炉墙厚度大大减薄，简化施工强度。整体炉膛及水平烟道采用膜式水冷壁和鳍片管构造，在鳍片管外侧先浇灌一层很薄的耐火混凝土，再敷设$\delta=100$mm的珍珠岩保温板，保温板外采用铁丝网通过焊接与鳍片管上的销钉铁丝网压紧，外面再涂一层厚度为20mm耐热密封涂料。炉顶也采用与炉膛相似的炉墙结构，尾部竖井采用混凝土炉墙支承在金属构架上，上级省煤器区域厚度为280mm，下级省煤器区域厚度为200mm。为考虑炉顶穿墙管密封，防止锅炉运行时漏烟、漏风和漏灰，炉顶采用金属罩壳全包结构，穿出管采用密封的膨胀节，运行时炉顶罩壳通以压缩空气，以保证密封。

10. 构架与平台楼梯

该锅炉平台采用拉网平台，沿锅炉高度方向布置十层楼梯。锅炉构架是采用锅炉构架与厂房构架联合的悬吊式结构，锅炉炉膛和水平烟道的受热面、砖附、联箱及管道全部悬吊在锅炉顶板上。尾部构架系普通的支承金属构架结构，带有金属护板。锅炉构架与厂房构架联合结构的悬吊结构是大容量锅炉在承荷结构上经常采用的建造形式，这种建造结构的优点在于：

(1) 节省了大量的金属材料。

(2) 布置紧凑，缩小了厂房面积，节省造筑材料。

(3) 给锅炉房的布置带来了很多方便。

11. 设计燃料特性

锅炉设计燃料主要特性见表2-5。

表2-5 设计燃料特性

名称	符号	单位	平庄褐煤
碳	C_{ar}	%	37.61
氢	H_{ar}	%	25.80
氧	O_{ar}	%	11.80
氮	N_{ar}	%	0.36
硫	S_{ar}	%	0.44
灰分	A_{ar}	%	20.41

续表

名称	符号	单位	平庄褐煤
水分	M_{ar}	%	26.80
挥发分（干燥无灰基）	V_{daf}	%	44.70
低位发热量	$Q_{net.ar}$	kJ/kg	13.27
灰软化温度	ST	℃	1140

第三节　汽轮机结构模型（Ⅰ）

汽轮机是一种将水蒸气的热能转化为机械能的高速旋转式原动机，是现代火电厂、核电站的重要动力设备。汽轮机运行的好坏直接关系到电站运行的经济性和安全性，并且关乎影响到整个电网的稳定。汽轮机是一种非常精密的设备，其结构、系统极其复杂，又通常在高温、高压和高转速的条件下变工况运行。要保证汽轮机安全经济运行，必须掌握它的特性。为了学好汽轮机课程，掌握其性能和应用，需要对汽轮机结构和级的工作原理有个全面的了解和掌握。本次学习结合实验室现有200MW汽轮机模型全面地介绍汽轮机的结构，帮助学生更加直观地掌握汽轮机结构知识。

一、汽轮机基本结构

200MW汽轮机的结构如图2-3所示，是一次中间再热、凝汽式、单轴、三缸、三排汽的汽轮机。汽轮发电机组总长36.3m，宽10.8m，高4.7m（至运行层平台），汽轮机组全长为21m。汽轮机系统包括汽轮机本体和辅助热力系统两部分。汽轮机本体是汽轮机设备的主要组成部分，包含转动部分（转子等）和固定部分（气缸等）。热力系统包括凝结水系统、除氧给水系统、回热抽气系统、主机油系统、抽真空系统、开/闭式循环水系统等。

图2-3　200MW汽轮机结构示意

彩图

1. 汽缸

汽缸是汽轮机的外壳，它将汽轮机的通流部分与大气隔绝，形成了蒸汽能量转换的独立封闭空间，汽缸里面安装有隔板、喷嘴和轴封等部件。200MW汽轮机的通流部分由高压缸、中压缸和低压缸三个部分组成，共有37级。高压部分有1个单列调节级（J）和11个压力级（Y）；中压部分为10个压力级；低压部分为三分流式，每一分流有5个压力级，其中一个分流布置在中压缸后部，另两个分流对称布置在低压缸中。

高压缸设计为双层缸结构。中、低压缸为单层隔板套式结构，其中低压缸是对称分流式。为满足机组快速启动的需要，高、中压缸均设有法兰、螺栓加热装置。

2. 热力系统

整体汽轮机共有8段不调整抽汽，分别在9、12、15、17、19、22、28/33、25/30/35级后，抽到相应的加热器，加热给水。

在热力系统中设置有三台凝汽器、两台射水抽气器、四台低压加热器、三台高压加热器和一台除氧器。

3. 主、再热蒸汽工作走向

200MW汽轮机采用喷嘴调节，新蒸汽通过两个高压主汽门、四个高压调节汽门进入高压缸，高压缸排汽经排汽逆止门进入中间再热器。蒸汽再热后经过两个中压主汽门，四个中压调节汽门进入中压缸。在中压缸中做完功的蒸汽一部分直接进入低压缸，另一部分经两个导汽管进入另外两个低压缸，在三个低压缸做功完成后，排入三台凝汽器。汽轮机负荷变化主要依靠高压调节汽门进行调节。在低于额定负荷35%时，中压调节汽门才参与调节，其余工况中压调节汽门全开。事故停机时，主汽门和调节汽门全部快速关闭，以防止事故扩大。

4. 导气管、转子、气封、主轴承等设施

汽轮机高、中压导汽管各四根，其规范分别为ϕ245mm×25mm和ϕ426mm×16mm。低压进汽导路两根，规范为ϕ912mm×6mm。在低压导汽管上还备有特制的波纹管和平衡鼓，用于热补偿使用。

转动部分包含高、中、低三个转子，依次为整锻、整锻加套装和套装结构。高、中和中、低压转子间均为刚性连接。高、中压转子共用三个轴承支撑，考虑到安装、检修的需要，还备有找中轴瓦。

汽缸横向定位是依靠与基架和轴承座相匹配的垂直键来保证。纵向热膨胀有两个死点，高、中压缸向前（机头方向）膨胀，低压缸向后膨胀，它们靠轴承座和基架间的平衡导向。转子的纵向热膨胀是以高、中压缸间的推力轴承定位，它的位置是随汽缸、轴承座的纵向膨胀而移动，故称为相对死点。本机还设有高、中、低相对膨胀指示器。

汽缸的前、后端汽封是由耐高温、耐腐蚀的薄钢带制成，直接滚压并锁紧在转子的汽封槽中，隔板汽封为梳齿式的。

本机设有五个主轴承，均系三油楔式。其正常工作位置（从机头看）应为沿轴水平中分面逆时针方向倾斜35°，只有这一位置它才能承受负荷。为了在机组启停时，减少盘车力矩，且避免轴承合金磨损，还配置了高压顶轴装置。盘车过程中，轴承仍靠润滑系统供油。

5. 盘车等设施

盘车装置的作用是在汽轮机启动冲转之前或停机后，让转子以一定的转速持续转动，保证转子均匀受热或冷却，避免转子发生热弯曲。本机还设计有转速为 4r/min 的低速盘车装置。本机组配置了旁路系统，它对于锅炉稳定燃烧，汽水回收和机组快速启动都是十分有利的。本机组可以参加一次调频，还装备了各种保安设施，机组通过半挠性联轴器带动汽轮发电机发电。

二、主要技术规范及额定工作参数

200MW 汽轮机模型为 N200-12.75/535/535 型，主要技术规范见表 2-6。

表 2-6　N200-12.75/535/535 型汽轮机的主要技术规范

项目名称	单位	数值
额定功率	MW	200
经济功率	MW	200
新蒸汽压力	MPa	12.75
新蒸汽温度	℃	535
再热蒸汽温度	℃	535
背压	MPa	0.005
冷却水温度	℃	20
给水温度	℃	240
额定功率时蒸汽消耗量	t/h	610
转子旋转方向（从机头看）	—	顺时针
转速	r/min	3000
末级叶片长度	mm	665
末级叶片节径	mm	2000
总排汽面积	m^2	12.4
凝汽器总冷却面积	m^2	11 220
凝汽器质量	t	261
凝汽器冷却水质量	t/h	25 000

汽轮机转子主要技术规范见表 2-7。

表 2-7　N200-12.75/535/535 型汽轮机转子

转子	轴系临界转速（r/min）	转子长度（mm）	转子质量（kg）
高压转子	2150	4377	7076
中压转子	1685	7711	21 620
低压转子	2240	6735	21 040

思 考 题

（1）200MW 汽轮机由哪几个汽缸组成？

（2）蒸汽在汽缸中的走向为什么是对头布置的？

（3）200MW 汽轮机高压缸设置双层缸的好处是什么？

（4）200MW 汽轮机共有多少级？怎样分布的？

（5）前三级与后几级的隔板厚度为什么不一样？

（6）蒸汽在级中的能量是怎样转换的？

（7）盘车装置的作用是什么？

第三章 泵与风机实验

实验一 离心水泵性能曲线的测定（Ⅰ）

一、实验目的

（1）通过实验深入学习离心水泵性能，熟悉选用离心水泵时必须提供的技术数据。

（2）掌握离心水泵性能的实验方法，并绘出 q_V-H、q_V-P、q_V-η 关系的特性曲线。

二、实验原理

在假设叶片无限多，流体为理想流体的情况下，导出单位重量流体通过叶轮所获得能量 $H_{T\infty}$ 为

$$H_{T\infty}=\frac{1}{g}(u_2v_{2u\infty}-u_1v_{1u\infty}) \tag{3-1}$$

当 $\alpha=90°$，即流体沿径向进入叶轮时，则 $v_{1u\infty}=0$，故式（3-1）写成

$$H_{T\infty}=\frac{u_2}{g}v_{2u\infty} \tag{3-2}$$

式中 u_2——叶轮出口圆周速率，m/s；

$v_{2u\infty}$——叶轮出口绝对速度的切向分量，m/s。

如果叶片出口安装角 $\beta_{2a\infty}<90°$，根据图 3-1 可知

$$v_{2u\infty}=u_2-v_{2m\infty}\cot\beta_{2a\infty} \tag{3-3}$$

$$v_{2m\infty}=\frac{q_{VT}}{\pi D_2b_2} \tag{3-4}$$

式中 q_{VT}——理想流体流过无限多叶轮时的流量，m³/s；

D_2——叶轮外径，m；

b_2——叶轮的出口宽度，m。

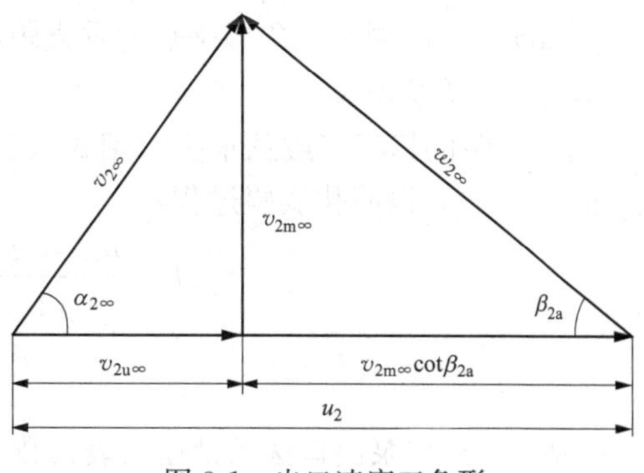

图 3-1 出口速度三角形

将式（3-3）和式（3-4）代入式（3-2）可得

$$H_{T\infty}=\frac{u_2}{g}(u_2-v_{2m\infty}\cot\beta_{2a\infty})=\frac{u_2^2}{g}-\frac{u_2\cot\beta_{2a\infty}}{g\pi D_2b_2}q_{VT} \tag{3-5}$$

当叶轮的几何尺寸一定且转速一定，即 u_2 为定值时，式（3-5）可改写成

$$H_{T\infty}=A-Bq_{VT} \tag{3-6}$$

式（3-6）中系数：$A=\frac{u_2^2}{g}$；$B=\frac{u_2}{g}\frac{\cot\beta_{2a\infty}}{\pi D_2b_2}$。

式（3-6）为直线方程，其直线如图 3-2 中的（a-a）线所示；当叶片不是无限多，流体在有限叶片的叶轮中流动时，产生轴向涡流使其产生的扬程降低，可用环流系数 $K(K<1)$

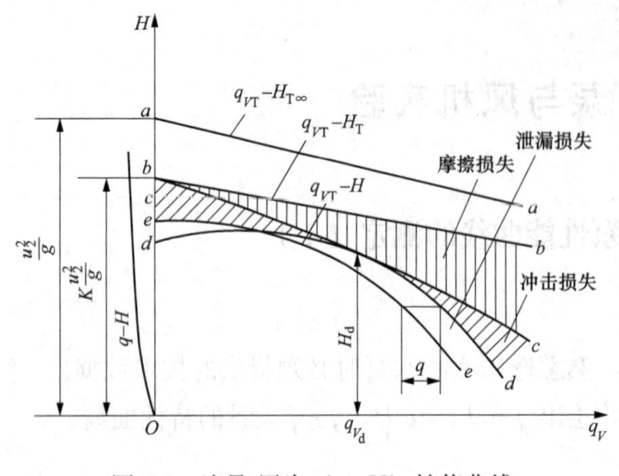

图 3-2 流量-压头（q_V-H）性能曲线

来修正该直线，得倾斜的直线（b-b）；而实际流体在叶轮中流动时有摩擦损失，去掉后则得（c-c）线；如果再减去冲击损失，则得（d-d）线；此外还要减去泄漏的容积损失，最后得到实际的 q_V-H 性能曲线（e-e）。

由于流体在流体机械内的流动很复杂，无法计算出各种损失，因此泵与风机的性能曲线都是通过实验得到的。离心水泵的性能曲线除 q_V-H 曲线外，还有流量和效率 q_V-η 以及流量和功率 q_V-P 曲线。这样就需要通过实验测出水泵的流量 q_V、扬程 H、轴功率 P，并计算出水泵的效率 η。

1. 流量 q_V 的测量

本实验流量的测定采用数显涡轮流量计测定，便捷方便直观，而早期实验中流量测定有采用三角堰测量法$\left(q_V=1.40\Delta H^{2.5}\tan\dfrac{\theta}{2}\right)$，即取三角堰为直角堰$\left(\tan\dfrac{\theta}{2}=1\right)$时，使流量计算公式简化为式（3-7），这种测定方式目前使用不多，原理不再赘述。

$$q_V=1.40\Delta H^{2.5}(\mathrm{m^3/s}) \tag{3-7}$$

式中 ΔH——液面至三角形顶点的垂直距离，m。

2. 扬程 H 的测量

离心水泵的扬程（或总水头）用式（3-8）计算，实验中是将水泵出、入口流速设为一致（$v_{out}=v_{in}$），以简化实验过程。

$$H=\frac{p_{out}+p_{in}}{\rho g}+\frac{v_{out}^2-v_{in}^2}{2g}+Z$$

$$H=\frac{p_{out}+p_{in}}{\rho g}+Z \tag{3-8}$$

式中 p_{out}——水泵出口法兰处压力表读数，Pa；
p_{in}——水泵入口法兰处压力表读数，Pa；
v_{out}——水泵出口流速，m/s；
v_{in}——水泵入口流速，m/s；
Z——水泵出口法兰与入口法兰中心线的高度差，m；
ρ——流体密度，kg/m³。

3. 轴功率 P 的测量

轴功率 P 是由三相功率表测出电动机的输入功率 $P_{g,in}$后计算得来。

本实验装置采用对轮传动形式，传动效率近似取 100%，那么电动机的输出功率即为水泵的轴功率

$$P=P_g=P_{g,in}\eta_g \tag{3-9}$$

式中 $P_{g,in}$、P_g——电动机输入功率、输出功率，kW；
η_g——电动机效率，%（本实验选取效率 η_g=70%）。

4. 离心水泵效率 η 的计算

$$\eta = \frac{P_e}{P} \times 100\% \tag{3-10}$$

式中　P_e——有效功率，kW；

$$P_e = \frac{q_V H \rho g}{1000}$$

式中　q_V——水泵的输水量，m^3/s；

H——水泵的扬程，m；

ρ——水的密度，kg/m^3。

三、实验设备

实验设备如图 3-3 所示，有离心水泵、三相交流电动机、吸水管、压水管路、数显流量计、水池等主要部件。流量测量采用三角堰和数显涡轮流量计两种形式。

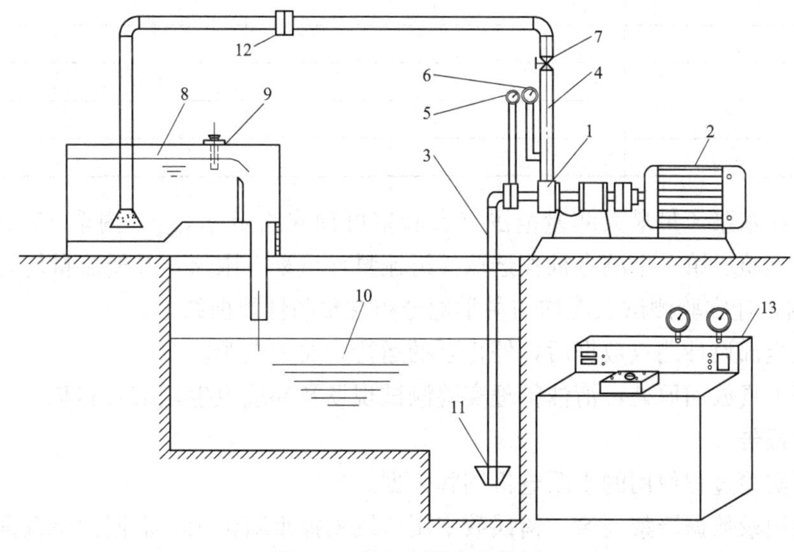

图 3-3　离心水泵实验装置

1—离心水泵；2—三相交流电动机；3—吸水管；4—压水管路；5—入口压力表；6—出口压力表；7—调节阀门；8—量水堰；9—水位测针；10—水池；11—底阀；12—数显涡轮流量计；13—控制台

为了测量水泵的扬程，在水泵出、入口均装压力表，出口法兰与入口法兰中心线的高度差 Z 可直接量出，水泵的流量可用出口管路上调节阀门 7 来调节。

四、实验步骤

(1) 水泵启动之前，应全关出口阀门 7，用盘车向泵内灌水，检查并安装连接测量仪表无误，即可接通电源启动水泵，开始实验。

(2) 待水泵运行良好之后，将三相功率表投入使用，测定电机的输入功率；打开入口压力表和出口压力表的阀门，待压力表指针上升之后，逐渐开启出口管路上的调节阀门 7，使流量逐渐增加。

(3) 每开大一次出口阀门，就相应地将水位测针、功率表、入口压力表和出口压力表的相关数据记录一次，并且填写在实验记录表 3-1 格内。

表 3-1 离心水泵性能实验记录表 $Z=$______cm

实验次数	水泵出口压力 p_{out}(Pa)	水泵入口压力 p_{in}(Pa)	流量计读数 (m^3/s)	电动机输入功率 $P_{g,in}$(kW)	水位测针 Δ (三角堰法选测，cm)
1					
2					
3					
4					
5					
6					
7					
8					
9					
10					
11					
12					
13					
14					
15					

（4）实验在水泵流量最大测量范围（实验室可预先给定 $q_{VT\max}$）内取 15 个测点，调节流量阀门进行实验。第一个测点推荐选取接近流量计量程下限值，并使流量均匀增加，记取 15 个工况数据，让实验测试点能均匀科学地分布在整条性能曲线上。

（5）取完全部设计测点数据后，停止泵的运行，关闭电源。

（6）使用工具放回原处，清洁整理实验测试现场及环境卫生，结束实验。

五、实验报告

（1）记录实验过程使用的水泵电机铭牌数据。

（2）原始记录数据严禁勾涂，错误数字用斜线划掉重新记录，根据记录数据做出相应的处理计算，并将计算结果填写在表 3-2 离心水泵性能曲线实验计算表内部。

表 3-2 离心水泵性能曲线实验计算表

实验次数	$p_{out}/\rho g$	$p_{in}/\rho g$	水泵轴功率 P (kW)	q_V (m^3/s)	有效功率 P_e (kW)	扬程 H (m)	η(%)
1							
2							
3							
4							
5							
6							
7							
8							
9							
10							

续表

实验次数	$p_{out}/\rho g$	$p_{in}/\rho g$	水泵轴功率 P（kW）	q_V（m^3/s）	有效功率 P_e（kW）	扬程 H（m）	η(%)
11							
12							
13							
14							
15							

(3) 根据实验及计算数据，利用绘图纸绘出 q_V-H、q_V-P、q_V-η 三条离心水泵性能曲线。

实验二　离心水泵性能曲线的测定（Ⅱ）

一、实验目的

本实验通过模拟实验台来完成离心水泵性能测试，学习选用离心水泵时必须提供的技术数据，掌握离心水泵性能测定实验方法，并绘出 q_{VT}-H 、q_{VT}-P 、q_{VT}-η 关系的性能曲线。

二、实验装置

离心水泵特性曲线测定实验在不具有成型水池的情况下，可采用如图 3-4 所示实验装置来完成测定实验。

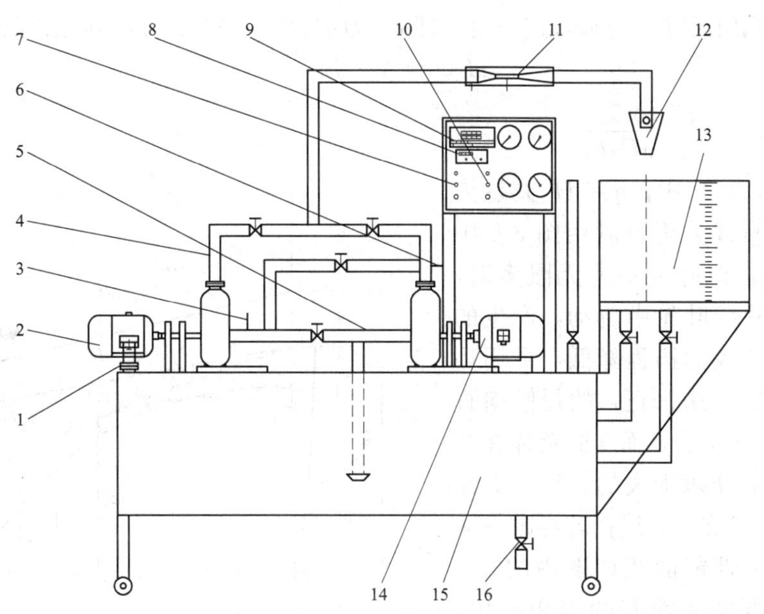

图 3-4　实验装置

1—重力传感器；2—（1 号泵）电动机；3—（1 号泵）吸口接真空压力表（1 号表）；4—（1 号泵）出口接压力表（2 号表）；5—（2 号泵）吸口接真空压力表（4 号表）；6—（2 号泵）出口接压力表（3 号表）；7—（1 号泵）开关；8—（1 号泵）转速显示表；9—8 路万能信号巡检仪（压力、重力、温度）；10—（2 号泵）开关；11—孔板流量计；12—活动出水管；13—有机玻璃计量水箱；14—水泵（2 号）电机总成；15—不锈钢水箱；16—放空阀门

三、实验原理

实验原理与本章实验一相同，由图 3-5 可知，假设叶片无限多，流体为理想流体的情况下，导出单位质量流体通过叶轮所获得的能量 $H_{T\infty}$ 为：

$$H_{T\infty}=\frac{u_2}{g}v_{2u\infty} \tag{3-11}$$

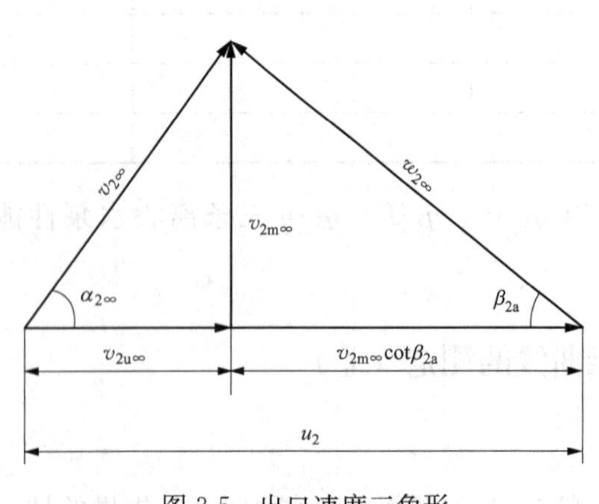

图 3-5 出口速度三角形

式中 u_2——叶轮的圆周速度，m/s；

$v_{2u\infty}$——叶轮出口绝对速度的切向分量，m/s。

如果叶片的安装角 $\beta_{2a\infty}<90°$，由图 3-5 可知

$$v_{2u\infty}=u_2-v_{2m\infty}\cot\beta_{2a\infty} \tag{3-12}$$

$$v_{2m\infty}=\frac{q_{VT}}{\pi D_2 b_2} \tag{3-13}$$

式中 q_{VT}——理想流体流过无限多叶片叶轮时的流量，m^3/s；

D_2——叶轮外径，m；

b_2——叶轮的出口宽度，m。

将式（3-12）和式（3-13）代入式（3-11 ）中得

$$H_{T\infty}=\frac{u_2}{g}(u_2-v_{2m\infty}\cot\beta_{2a\infty})=\frac{u_2^2}{g}-\frac{u_2\cot\beta_{2a\infty}}{g\pi D_2 b_2}q_{VT} \tag{3-14}$$

当叶轮的几何尺寸一定和转速一定，即 u_2 为定值时，式（3-14）可以写成为直线方程

$$H_{T\infty}=A-Bq_{VT} \tag{3-15}$$

式中，$A=\frac{u_2^2}{g}$，$B=\frac{u^2}{g}\frac{\cot\beta_{2a\infty}}{\pi D_2 b_2}$。

那么式（3-15）中，q_{VT}-H 关系为直线方程，其直线方程可以用图 3-6 中的 a-a 线所示；但叶片不是无限多时，流体在有限叶片的叶轮中流动，产生的轴向涡流使其产生的扬程降低，可用环流系数 $K(K<1)$ 来修正，故得倾斜直线如图 3-6 中的 b-b 线；而实际流体在叶轮中的流动是有摩擦损失的，q_{VT}-H 性能曲线如图 3-6 中的 c-c 线；若再减去冲击损失，q_{VT}-H 性能曲线如图中的 d-d 线；此外，还要减去泄漏的容积损失，最后得到实际的 q_{VT}-H 性能曲线如图 3-6 中的 e-e 线。

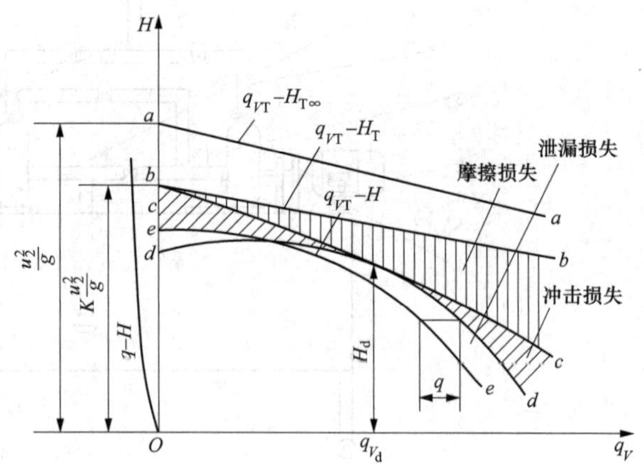

图 3-6 q_{VT}-H 性能曲线

由于流体在流体机械内流动是很复杂的过程，无法计算出各种损失，因此泵和风机的性能曲线都是通过实验得到。

1. q_{VT}-H 曲线

（1）用文丘里管测流量。对于用文丘里测流量，首先要记录仪器的实验相关数据，填在记录表 3-3 中，计算流量为

$$q_{VT}=\varepsilon\frac{1}{4}\pi d_2^2\frac{1}{\sqrt{1-\left(\frac{d_2}{d_1}\right)^4}}\sqrt{\frac{2\Delta p}{\rho}} \tag{3-16}$$

式中 q_{VT}——体积流量，m^3/s；

ε——文丘里流量计的流量系数，取 0.97；

d_1——孔板或文丘里管大径，m；

d_2——孔板或文丘里管小径，m；

Δp——孔板或文丘里管两端压差，Pa；

ρ——水的密度，kg/m^3；

（2）H 值的计算。建立能量方程如下

$$H=(Z_2-Z_1)+\frac{p_2-p_1}{\rho g}+\frac{v_2^2-v_1^2}{2\rho g} \tag{3-17}$$

式中 H——扬程，m；

p_2——压力表读数，MPa；

p_1——真空表读数，MPa；

Z_2-Z_1——压力表至真空表接出点之间的高度差，m；

v_1、v_2——分别为泵进、出口流速（一般进口和出口管径相同），m/s；

2. q_{VT}-P 曲线

在某测试流量状态下，泵的实际功率 P_1 可以用式（3-18）计算，通过 6～8 个测点的流量测试和对应 P 值计算，绘出 q_{VT}-P 曲线。

$$P_1=M_1\omega_1=F_1L\frac{\pi n_1}{60}=(G_1-G_0)L\frac{\pi n_1}{60} \tag{3-18}$$

式中 M_1——相应工况下的感应力矩，N·m；

ω_1——相应工况下的电机（泵）旋转角速度；

F_1——相应工况下的力臂上的作用力；

L——力臂长度，m；

n_1——相应工况下的电机（泵）旋转速度，r/min；

G_1——相应工况下的砝码总质量，kg；

G_0——空转情况下平衡时的初始砝码质量，kg。

3. q_{VT}-η 曲线

利用 q_{VT}-H 和 q_{VT}-P 曲线，任取一个 q_{VT} 值可以得到相应的 H_1 和 P_1 值，由式（3-19）可算出该流量下对应的效率 η_1 值。取若干个 q_{VT} 值，即可求得相应的 H_1 和 P_1 值，也能算出其相应的 η_1 值，然后把这些不同流量测试状态下取点得到的 η 值绘成相应的 q_{VT}-η 曲线。

$$\eta_1=\frac{\rho g q_{VT}H_1}{P_1} \tag{3-19}$$

四、实验方法和步骤

(1) 将 2 号泵的出水阀门及连接 1 号泵和 2 号泵串联的阀门关闭。

(2) 将 1 号泵进入口处阀门打开，出口处阀门关小（流量尽量小，使水泵的启动功率减小）。

(3) 启动 1 号泵电源开关，泵运转后，待出水管出水后，调节出水阀门至最小流量，流量稳定后，开始实验数据记录。

(4) 转动 1 号泵 ，使 1 号泵和重力传感器分开，从 1 号泵转速显示表记录初始载荷。

(5) 在 8 路万能信号巡检仪中记录 1 号泵的出口压力、入口压力、重力、转速和文丘里管的压差，并把相应数据填写到实验记录表 3-3 中。

表 3-3 **实验测试数据记录表**

组数	出口压力（MPa)	入口压力（MPa)	载重（kg)	转速（r/min)	压差（MPa)	流量（kg/s)
1						
2						
3						
4						
5						
6						
7						
8						

(6) 把 1 号泵出口阀门开大一些以改变流速，记录对应在不同流量下的上述各测量值。

(7) 以相同方式逐渐推动出口阀门开到最大为止，中间记录 6～8 组数据。

(8) 利用记录的数据，在坐标系中将这些点光滑地连接起来，绘制出泵的特性曲线。

五、实验结果及数据处理要求

1. 记录实验相关数据

实验相关数据记录见表 3-4。

表 3-4 **实验相关数据记录**

项　目	数　据
文丘里管流量系数 K	0.97
孔板或文丘里管大径 d_1(mm)	
孔板或文丘里管小径 d_2(mm)	
水泵进口管径 d(mm)	
力臂长度 L(mm)	

2. 记录实验测试数据

根据测试数据，取坐标纸，在一张图的坐标系中画出测试点位置，最后光滑的连线，绘制出 q_{VT}-H、q_{VT}-P_B 和 q_{VT}-η 三条曲线。

实验三　离心风机性能曲线的测定

一、实验目的

本实验主要通过离心风机性能曲线测定过程，使学生掌握离心风机性能及测试方法，掌握在生产实践中选用风机时必须提供的基本数据，并通过实验绘制出离心风机性能曲线中的流量与全压（q_{VT}-p）、流量与静压（q_{VT}-p_s）、流量与全压效率（q_{VT}-η）、流量与轴功率（q_{VT}-P）、流量与静压效率（q_{VT}-η_s）的关系曲线。

二、实验原理

假设离心风机叶轮的叶片无限多，流体为理想流体，单位质量流体通过叶轮所获得的能量表达为

$$H_{T\infty}=\frac{1}{g}(u_2 v_{2u\infty}-u_1 v_{1u\infty}) \tag{3-20}$$

当 $\alpha=90°$，即流体沿径向进入叶轮时，则 $v_{1u\infty}=0$，故

$$H_{T\infty}=\frac{u_2}{g}v_{2u\infty} \tag{3-21}$$

式中　u_2——叶轮出口圆周速率，m/s；

$v_{2u\infty}$——叶轮出口绝对速度的切向分量，m/s。

在离心风机实际应用中，由于习惯计算单位体积流体通过叶轮所获得的能量，这样将式（3-21）两边乘以 ρg，便得到风机理论全压 $p_{T\infty}$ 为

$$p_{T\infty}=H_{T\infty}\rho g=\rho u_2 v_{2u\infty} \tag{3-22}$$

在实际应用中，流体是在有限多叶片的叶轮中流动，并产生了各种损失，使风机的实际流量和全压（q_V-p）成为一条曲线，实验原理与离心水泵实验原理相同。

离心风机的实际全压 p 是表示单位体积气体流过风机时实际获得的能量，它等于单位体积气体在风机出口与进口两处所具有的能量差。因气体重度小，其位能在本实验中可以忽略不计。风机进出口能量差为

$$p=\left(p_{s2}+\frac{\rho v_2^2}{2}\right)-\left(p_{s1}+\frac{\rho v_1^2}{2}\right)$$

$$p=(p_{s2}-p_{s1})+\frac{\rho(v_2^2-v_1^2)}{2}$$

$$p=p_s+p_d \tag{3-23}$$

式中　p_s——风机静压（p_{s1}和 p_{s2}分别为风机进、出口的静压），Pa；

p_d——风机的动压，Pa；

p——风机的全压，Pa。

如果风机是从静止的大气中取气体时，$v_1\approx 0$，$p_{s1}=p_a$，则

$$p_s=p_{s2}-p_a$$

$$p_d=\frac{\rho v_2^2}{2} \tag{3-24}$$

1. 大气状态的测定

在风机实验室内，用大气压力计和温度计测得大气压和空气温度，近似地认为实验风道

内空气温度和室内空气温度相等，以此来计算空气的密度 ρ(kg/m³)，即

$$\rho = 0.46\frac{p_a}{273+t} \tag{3-25}$$

式中 p_a——大气压力，mmHg；

t——实验气体温度，℃。

2. 风机的静压 p_s、动压 p_d、全压 p 的测定

本实验是在风机出口处装有与其截面相等的圆形风道上进行的。圆形风道直径 $D=300$mm，测量截面和风机出口间距为 $6D$。在测量时将一只动压皮托管、微压计、U 形压力计，按离心风机性能曲线实验装置图的示例连接在测量系统中，可以同时测出全压 p、动压 p_d、静压 p_s 值。

(1) 静压 p_s 的测量。将动压皮托管的静压管用三通和胶管接至 U 形压力计上，如图 3-7 所示，通过测量 U 形管两端水位差 H'_{sn}，可以换算出静压值 p_s 值

$$H_s = H'_s + 0.15H_d \tag{3-26}$$

式中 H'_s——实验状态下测量截面测得的静压，mmH_2O；

$0.15H_d$——风机出口至测量截面间的静压损失。

$$H'_s = \frac{H'_{s1} + H'_{s2} + \cdots + H'_{sn}}{n}$$

式中 H'_{sn}——测量截面深度方向第 n 个测点测得的静压（即 U 形管水位差），mmH_2O；

n——测量截面深度方向测点数目。

通过测量各测点 U 形管两端水位差 H'_{sn}，计算出 H_s，由式（3-27）可以换算出静压值 p_s(Pa) 值

$$p_s = \frac{\rho g H_s}{1000} \tag{3-27}$$

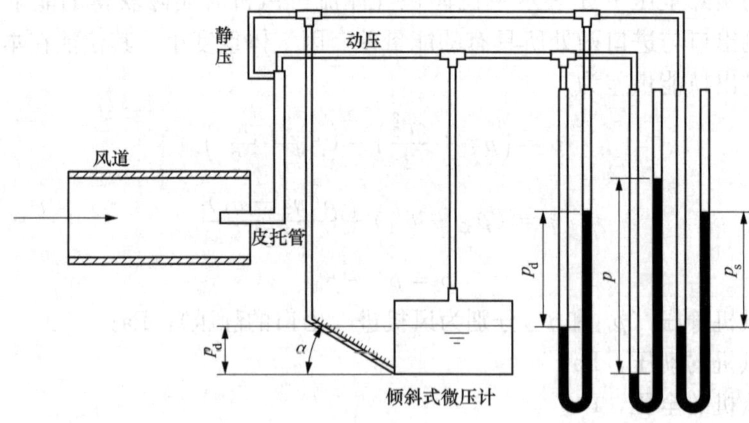

图 3-7 风压测试系统连接示意图

(2) 动压的测量。将动压皮托管测得的全压及静压接至倾斜微压计上，得到测量截面 H_d 值，然后换算成动压 p_d(Pa) 值

$$H_d = \left(\frac{\sqrt{H_{d1}} + \sqrt{H_{d2}} + \cdots + \sqrt{H_{dn}}}{n}\right)^2$$

式中　H_{dn}——各测点的动压值，mmH_2O；

n——测点数。

那么，p_d 的换算如下：

$$p_d=\frac{\rho g H_d}{1000} \tag{3-28}$$

(3) 测点数的选择。本实验风道为圆形管道，实验把圆形测量截面分成若干个等面积同心圆环，再把每个圆环分成两个面积相等的部分，如图 3-8 中的点划线，测点选在这两部分分界点划线上。设管道内半径为 R，测量动压的测点与风道中心的距离（即测点半径）各为 r_1、r_2、r_3，…，r_n，n 为被分成面积相等的同心圆环数目，分成等面积圆环的数目及测量的方向均与管道直径有关，当管道直径为 300mm 时 $n=3$，当管道直径为 400mm 时 $n=4$，测量在一个方向进行，当管道直径大于 500mm 时，需要在管道两个垂直方向上进行实验，本实验 $n=3$。

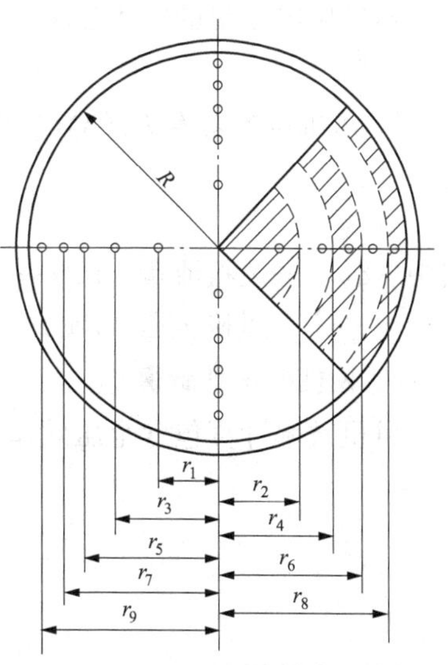

图 3-8　圆形截面测点分布示意

根据等面积圆环划分的原则，利用式 (3-29) 可以求得测试点 r 值

$$\begin{aligned} r_1&=R\sqrt{\frac{1}{2n}}\\ r_3&=R\sqrt{\frac{3}{2n}}\\ r_5&=R\sqrt{\frac{5}{2n}}\\ &\cdots\\ r_{2n-1}&=R\sqrt{\frac{2n-1}{2n}} \end{aligned} \tag{3-29}$$

(4) 风机的全压 p(Pa) 的计算

$$p=p_d+p_s \tag{3-30}$$

3. 风机风量 $q_V(m^3/s)$ 的计算

$$q_V=4.43SK\sqrt{\frac{p_d}{\rho}} \tag{3-31}$$

式中　S——实验风道截面面积，m^2；

K——动压修正系数，标准皮托管 $K=l$；

p_d——动压平均值，Pa；

ρ——实验工况下的空气密度，kg/m^3。

4. 风机轴功率的计算

$$P=P_{g,in}\eta_g \tag{3-32}$$

式中　P——风机轴功率，kW；

$P_{g,in}$——电动机的输入功率，kW；

η_g——电动机的效率，%。

本实验电动机的输入功率由三相功率表直接测得；在本实验中实验电动机的效率可以取 $\eta_g=75\%$。

5. 风机有效功率 P_e(kW) 的计算

$$P_e=\frac{q_V p}{1000} \tag{3-33}$$

式中 q_V——风机流量，m^3/s；

p——风机全压，Pa。

6. 风机效率的计算

风机效率计算包含全压效率 η 和静压效率 η_s，其计算分别为式（3-34）和式（3-35）

$$\eta=\frac{P_e}{P}=\frac{q_V p}{1000P} \tag{3-34}$$

$$\eta_s=\frac{P_s q_V}{1000P} \tag{3-35}$$

三、实验设备

离心风机性能曲线实验装置如图 3-9 所示，实验时需在测试位置连接相应测量仪器。

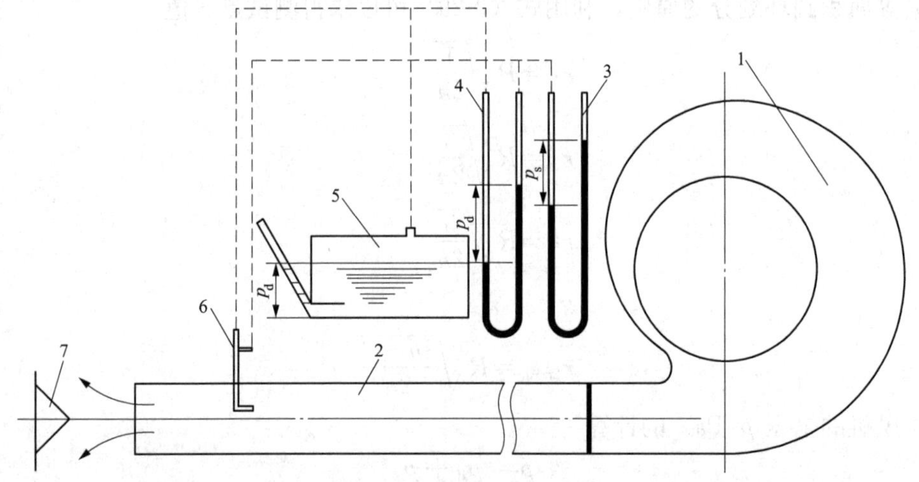

图 3-9 离心风机性能试验装置

1—离心风机；2—与风机出口面积相等的圆形实验风道；3—测静压 p_s 差压计；4—测动压 p_d 差压计；5—倾斜式微压计；6—测速管（皮托-静压或皮托管）；7—风量调节阀

四、实验步骤

（1）检查设备连接正确，仪器仪表连接正常，并将大气环境以及实验风机、电机的相应指标参数按表 3-5 要求，填写记录完整。

（2）关闭实验风道出口，调节阀门 7，并启动风机。

（3）待风机运转正常后，首先记录空载状态的数据，并填写实验记录表 3-6。

（4）逐渐开大出口调节阀门，流量由小变大，改变一次风量，分别记录静压、动压、功率等有关数据一次，同样将实验测试数据记录到离心风机性能曲线实验计算记录表 3-6 中。

（5）依次在实验范围内，记录八个实验测点的静压、动压、功率，并将实验测试数据记录到相应实验记录表中。

(6) 实验过程中，要记录大气压及室温的变化，及时发现是否有不正常现象。

(7) 实验测试结束后，关闭电源，停机。清理工作台及环境卫生后方可离开实验室。

表 3-5 **离心风机性能实验记录表**

实验风机	产品型号	流量		全压	轴功率	效率	转数
电动机	型号	电流	电压	功率因数	功率	效率	转数
大气状态	大气压			气温		空气密度	

表 3-6 **离心风机性能曲线测定数据记录表** (mmH_2O)

阀门开度		测点						H_s 及 H_d 平均值	电动机输入功率
		1	2	3	4	5	6		
1	H_d								
	H_s								
2	H_d								
	H_s								
3	H_d								
	H_s								
4	H_d								
	H_s								
5	H_d								
	H_s								
6	H_d								
	H_s								
7	H_d								
	H_s								
8	H_d								
	H_s								

五、实验报告

(1) 记录实验风机的相关数据及实验环境数据；将实测计算结果列入离心风机性能曲线计算数据表 3-7。

(2) 根据实验测得数据，绘制出离心风机性能曲线中的流量与全压（q_{VT}-p）、流量与静压（q_{VT}-p_s）、流量与全压效率（q_{VT}-η）、流量与轴功率（q_{VT}-P）、流量与静压效率（q_{VT}-

η_s）的关系曲线图。

表 3-7 离心风机性能曲线实验计算数据表

计算值	阀门开度							
	1	2	3	4	5	6	7	8
流量 q_V(m^3/s)								
全压 p(Pa)								
轴功率 P(kW)								
有效功率 P_e(kW)								
全压效率（%）								
静压效率（%）								

实验四　泵的汽蚀实验

一、实验目的

通过本实验学习泵汽蚀的原理，学习使用实验仪器设备得到正确的实验结果并处理实验数据。在工作范围内确定泵的流量 Q 与汽蚀余量 $NPSH_c$ 的关系并绘出其关系曲线。

二、实验原理

由泵的汽蚀理论可知，在一定的转速和流量下，泵的必需汽蚀余量 $NPSH_r$ 是一个定值。但装置的有效汽蚀余量 $NPSH_a$ 却随装置情况的变化而变化，因此可以通过改变吸入装置情况来改变 $NPSH_a$。当泵发生汽蚀时，$NPSH_a = NPSH_r = NPSH_c$，$NPSH_c$ 是求得的临界汽蚀余量，最后得到汽蚀性能曲线 $NPSH_c$-Q。实验标准推荐，汽蚀实验宜采用改变两个调节参数而使流量保持恒定的方法，并规定在给定流量下，无汽蚀扬程或效率下降为 $\left(2+\frac{K}{2}\right)\%$的 $NPSH_a$ 值作为该流量下的 $NPSH_c$ 值。K 是泵按设计点计算的型式数，计算为

$$K = \frac{2\pi n\sqrt{Q}}{60\ (gH)^{3/4}} \tag{3-36}$$

式中　n——转速，r/min；

Q——泵设计工况点流量，m^3/s；

H——泵设计工况点扬程，m；

g——重力加速度，$9.806m/s^2$。

改变 $NPSH_a$ 常用下面两种方法。

(1) 在开式实验台上，改变泵进口节流阀开度，实际上是改变吸入管路阻力，使 $NPSH_a$ 改变。为使流量保持不变，须在改变进口阀开度的同时，调节出口阀开度，此法可测得给定流量下的 $NPSH_a$-H 曲线，如图 3-10 所示。

图 3-10 中 H 下降$\left[\left(2+\frac{K}{2}\right)\%H\right]$的点所对应的 $NPSH_a$ 值即为该流量下的 $NPSH_c$ 值，可绘制出汽蚀性能曲线如图 3-11 所示。

（2）在闭式实验台上，改变储液罐或储水池内的压强，同时保持流量不变，使泵的吸入压强发生变化，达到改变 $NPSH_a$ 的目的，也可以得到如图 3-10 和图 3-11 所示的曲线。

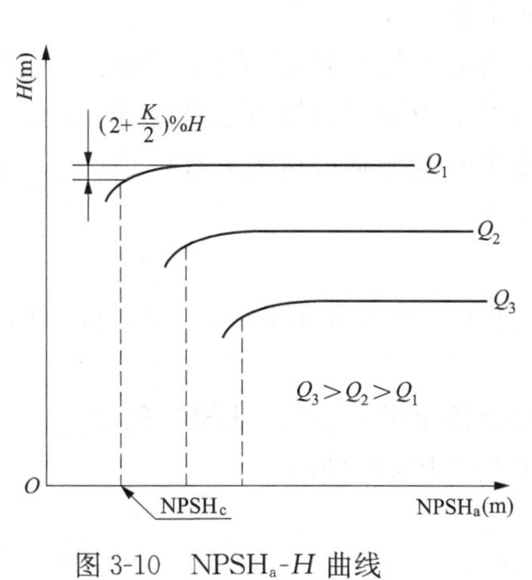

图 3-10 $NPSH_a$-H 曲线

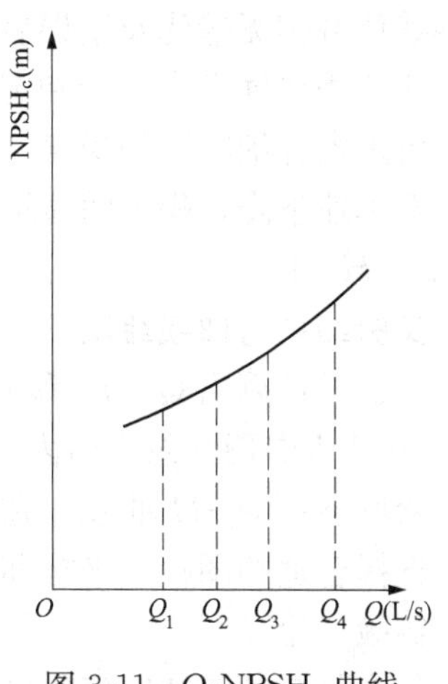

图 3-11 Q-$NPSH_c$ 曲线

三、实验装置

汽蚀实验可在泵实验台上进行，如果采用改变吸水面压强和液体温度的办法改变 $NPSH_a$ 时，则需用闭式实验台。如果用改变吸入调节阀开度和吸水罐水位的办法来改变 $NPSH_a$ 时，则可用开式实验台来完成。由于开式实验台结构较为简单和使用方便，故此教学实验采用开式实验台。

四、实验参数测取

汽蚀实验要测取的参数有 Q、H、n 和 $NPSH_a$，其中 Q、H 和 n 的测量方法在本实验的实验原理中已作了介绍，下面只介绍 $NPSH_a$ 的测量。

根据泵的汽蚀理论有

$$NPSH_a=\frac{p_{amb}-p_v}{\rho g}+\frac{v_1^2}{2g}-H_s \tag{3-37}$$

式中 $NPSH_a$——有效汽蚀余量，m；

p_{amb}——环境大气压强，Pa；

p_v——测试温度下的液体汽化压强，Pa；

ρ——液体密度，kg/m^3；

v_1——液体的入口平均流速，m/s；

H_s——入口真空表读数，m。

实验时从大气压强表读取 p_{amb}，再测得入口液体温度 t_1，由饱和蒸汽表查出 p_v 值。

五、实验操作要点

（1）在泵的工作范围内选取 3～4 个流量点，其中包括最小、额定和最大流量点在内。每一个流量点所测量的 $NPSH_a$ 值不得少于 15 个，并在断裂区把点加密。

（2）如果用改变入口调节阀开度的方法来改变 $NPSH_a$ 时，则应将阀门从大逐渐关小，$NPSH_a$ 顺次增大；若用变化储水罐内压强的办法改变 $NPSH_a$ 时，则应使 $NPSH_a$ 顺次减小。

(3) 为保持流量的恒定，在调节入口阀开度或储液罐压强的同时，须适当调节出口阀。

(4) 每调节一次入口阀开度或储液罐压强，要记录一次 Q、H_s、H_{m2}、n、t_1 和 p_{amb} 的数值，在确认数据无遗漏及错误后，可停止实验。

(5) 实验中汽蚀发生点的判定是关键，所以在发现扬程（出口压强）有较明显下降时，要特别注意观察并细听泵的噪声，还应把测点适当加密以便判定汽蚀的发生。一旦汽蚀发生时，扬程会迅速下降，噪声明显增大。为使实验能准确快速地完成，最好是一边实验一边绘出 $NPSH_a \sim H$ 曲线。

六、实验结果与曲线绘制

(1) 用公式计算出 Q、H 和 $NPSH_a$，并换算到规定转速 n_{sp} 下的值，由 t_1 查得汽化压强 p_v，一并填入专用记录表格内。

(2) 绘制 $NPSH_a$-H 曲线，在曲线上找出各流量对应的 $NPSH_a$ 值。

(3) 选择合适的图幅、坐标和单位作出 Q-$NPSH_c$ 曲线。

七、实验讨论

(1) 什么是泵的汽蚀？怎样确定汽蚀点？

(2) 汽蚀实验的关键是什么？并说明汽蚀曲线形状及其与工况的关系。

(3) 测定汽蚀特性有几种方法？说明测试方法选择原则及各有什么特点？流量恒定法有何特点？

八、教学实验举例

实验测绘 IS50-32-125 型离心泵的汽蚀特性曲线。实验中用涡轮流量计测流量，数字式转速表测转速，空盒气压表测大气压强，并在开式实验台上进行，用流量恒定法。

1. 实验装置

泵汽蚀实验装置和图 3-3 所示的离心泵性能实验装置相同。

2. 测试参数及公式

(1) 测试参数 Q_f、H_s、H_{m2}、p_a、t_1 和 n。

(2) 用式（3-37）计算 $NPSH_a$。

3. 实验结果

(1) 实验数据及实验结果见表 3-8 和表 3-9，且两表中每个流量只给出了两个实验点。

表 3-8　　泵的汽蚀实验数据

Q(L/s)	点号	H_s(m)	H_{M2}(m)	n(r/min)	p_a(kPa)	t_1(℃)
3.31	1	2.85	15.69	2940	92.19	20
	2	3.26	15.19	2940	92.19	20
2.65	1	2.24	18.49	2940	92.19	20
	2	2.45	18.39	2940	92.19	20
1.85	1	1.63	20.99	2980	92.19	20
	2	2.17	20.39	2980	92.19	20
1.32	1	1.36	21.49	2950	92.19	20
	2	1.90	20.99	2950	92.19	20

表 3-9　　**实验结果（一）**

Q(L/s)	点号	实测值			n_{sp}=2900r/min 时值	
		H(m)	$NPSH_a$(m)	n(r/min)	H_0(m)	$NPSH_a$(m)
3.31	1	20.0	6.62	2940	19.4	6.53
	2	20.0	6.21	2940	19.3	6.13
2.65	1	21.9	7.28	2980	21.3	7.08
	2	22.0	7.07	2980	21.4	6.88
1.85	1	22.9	7.87	2980	22.3	7.88
	2	22.9	7.55	2980	22.3	7.15
1.32	1	23.3	8.02	2950	22.9	7.88
	2	23.3	7.48	2950	22.9	7.35

（2）根据表 3-9 中数据作出每个流量点的 $NPSH_a$-H 曲线，如图 3-12 所示。

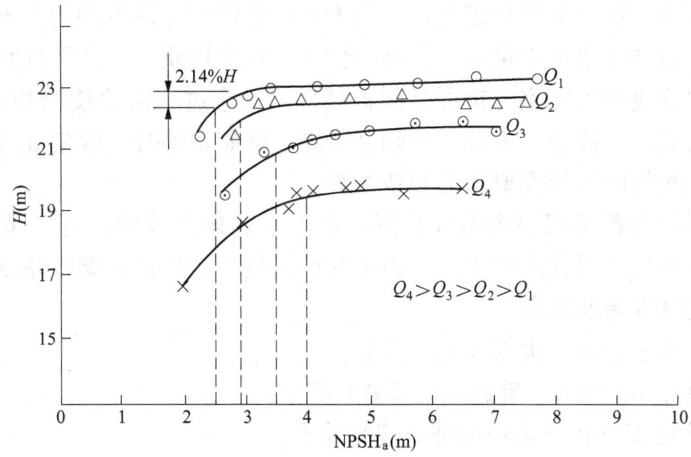

图 3-12　学生实验绘制 $NPSH_a$-H 曲线示例图

（3）根据确定 $NPSH_c$ 值的条件，在图 3-12 上找出各流量对应的 $NPSH_c$ 值，列入表 3-10 中，本实验的 $\left(2+\frac{K}{2}\right)\%=2.14\%$。

（4）根据表 3-10 数据作出 $NPSH_c$-Q 曲线，如图 3-13 所示。

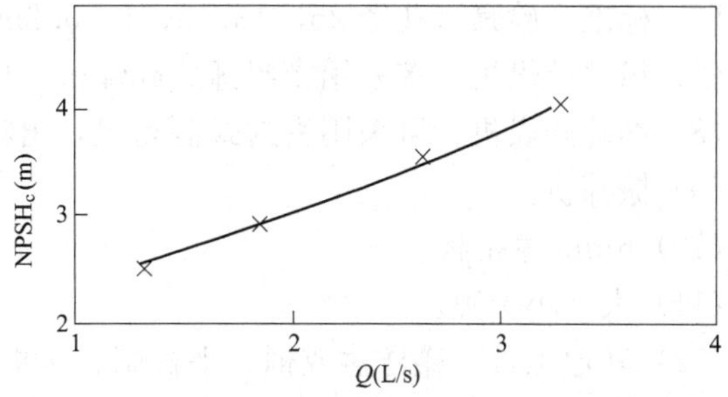

图 3-13　学生实验绘制 Q-$NPSH_c$ 曲线示例

表 3-10　　**实验结果（二）**

序号	Q(L/S)	$NPSH_c$(m)	序号	Q(L/S)	$NPSH_c$(m)
1	1.3	2.5	3	2.61	3.5
2	1.81	2.9	4	3.27	4.0

第四章 锅 炉 实 验

实验一 实验室分析煤样的制备

一、实验目的

实验室分析煤样的制备是进行一切煤质分析项目实验所必需的基础工作。正确地制备分析样本，才能得到准确的燃料分析数据。本实验主要学习掌握实验室分析煤样制备的基本方法和操作过程，并制备出实验分析使用的煤样本。

二、实验原理及要求

煤、页岩等固态物料的采样量较大，其粒度和化学组成往往不均匀，不能直接用来进行分析。因此为了从总样中取出少量的，其物理性质、化学性质及工艺特性和总样基本相似的代表样，必须对总样进行实验室分析样品制备处理。这个过程需要按照相应国家标准规定，将采集的煤样进行破碎、掺合、缩分、晾晒、干燥、磨制、筛分、收集混合等一系列复杂的处理程序，并达到足够时间长度要求的制备过程。

实验室分析煤样制备房间要求通风良好，有上水和排水设施，有采暖设备。煤样的破碎、堆掺、缩分等操作可以在室内水泥地面上铺设的钢板上进行，钢板厚度不小于6mm。

三、实验室制样准备及工具

(1) 按标准方法采集煤、页岩等足量样品。

(2) 广口容量瓶1000mL（带磨口玻璃塞）若干。

(3) 广口容量瓶250mL（带磨口玻璃塞）若干。

(4) 十字分样器。

(5) 槽式二分器。

(6) 标准实验筛（孔径25、13、3、1、0.2mm）配备筛底盘及筛盖。

(7) 粗碎碎煤机：多采用密封锤式碎煤机，出料粒度大于13mm且小于25mm。

(8) 细碎碎煤机：可采用密封式制粉机，出料粒度小于0.2mm。

(9) 振筛机。

(10) 6mm厚钢板。

(11) 大、小手锤。

(12) 其他工具：盛样盆或桶、平板刷、压板、药勺、铁铲、防护手套等。

四、实验室煤样的制备过程

1. 留样

按GB 475—2008《商品煤样人工采取方法》现场采集取得煤样后，采取适当的密闭保护措施予以保存并送到实验室，按实验室分析煤样制备GB 474—2008《煤样的制备方法》有关规定进行制备处理。

(1) 采得的样品经密闭处理后一般平分为两份，一份供检测使用，一份留样作备考。留样是为了保证分析检验数据的可靠性，作对照样品即复核备考，用以比对仪器、试剂、实验方法是否存在分析误差或跟踪检验等用途，每份样品取样量至少应为检验需要量的三倍。

（2）盛样广口瓶必须洗净、干燥，有严密磨砂盖子，并贴上写有规定标注内容的标签。

2. 制样

（1）破碎。取检测用样品物料，对于大块物料用破碎机进行粗碎以减小样品粒度。对于疏脆性物料，也可采用人工破碎。即在表面光滑的厚钢板上，用手锤进行粗碎，使样品粒度小于 13mm（测定水分）或小于 6mm（用于测定全水分使用），根据选取测试项目的方法不同而选定一种合适的粗碎粒度。

（2）人工掺合及缩分法。人工掺合煤样缩分用堆锥四分法，即使用小铁铲撮起粗碎后的煤样对着圆的中心均匀散落使之堆成锥体。如此转移三次后，用压板自锥顶向下压煤锥堆呈圆饼状，再用十字分样器将煤饼分成四等分，弃除相对的两个部分，保留另外两个相对的部分煤样。可以继续重复按上述方法掺合、缩分，直到煤样量缩到不少于 500g 为止。

（3）煤样缩分槽式二分器法。槽式二分器法用于粒度小于 13mm 的样品缩分。当使用槽式二分器（见图 4-1）时，将煤样沿着二分器长度方向均匀洒落，使煤样进入两侧的存样箱，弃取任意一个存样箱中的煤样。对保留下来的另一箱中的煤样重复上述操作，直到该煤样达到相应粒度级所要求的最小煤量为止。应用二分器缩分煤样时，最好将煤样适当掺匀。

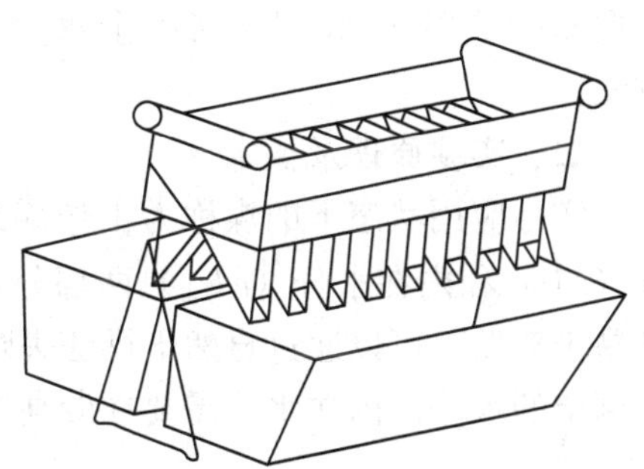

图 4-1 槽式二分器示意

（4）细碎方法。细碎主要是将缩分出的不少于 150g 的煤样，在细碎煤机中进行细碎。按规定选用适当的标准筛（粒度要求小于 0.2mm 时，一般使用 80 目标准筛，孔径约 0.2mm），对样品进行筛分。经过细碎的物料中，仍有大于规定粒度的物料，必须用标准筛进行过筛，将大于规定粒度的物料筛分出来，重新进行细碎过程，直至全部通过规定的标准筛。

（5）硬物料细碎注意。物料的硬度不同，组成也常不相同，所以过筛时，凡是未通过标准筛的物料，必须进一步破碎，不可抛弃。多次反复进行细碎后，仍有少量无法通过规定标准筛的物料，需要借助研钵进行细碎后加入试剂瓶中搅拌，切记不可丢弃，避免物料真实信息丢失，以确保所得样品能代表整个被测物料的平均组成。

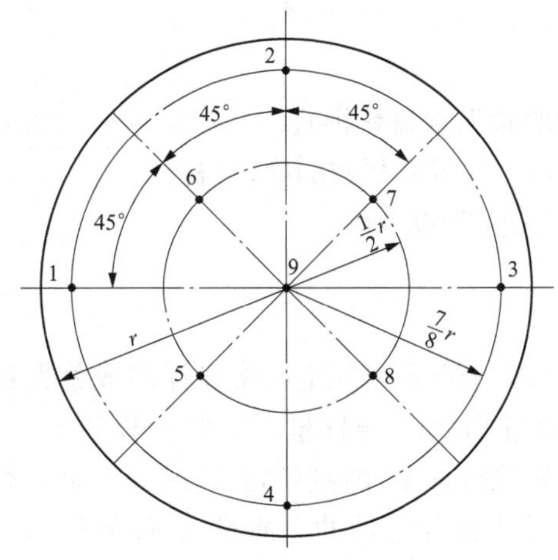

图 4-2 九点法缩分示意

（6）标准筛。实验室中使用的标准筛又称为分样筛，实验室常用各类标准筛号及孔径对照表见附录 A。标准筛筛网一般用细的铜合金丝制成，其规格以“目”表示。目数越小，标准筛的孔径越大；目数越大，标准筛的孔径越小。

五、煤样全水分测量的制取

（1）对于水分少的煤样，将煤样直接破碎到规定的粒度 6mm 以下，稍加掺和摊平后，用九点法缩分出不少于 500g 煤样，立刻密封于容量瓶中，贴好标签，送去做全水分测定。九点法缩分取样是在示意图 4-2 中标注的 9 个黑点位置等量取样。

(2) 对于水分较多的煤样，可用破碎机一次破碎到粒度小于 13mm，并缩分出不少于 2kg 煤样，立刻装入容量瓶中密封，贴好标签，送去做全水分测定。

实验二 煤中全水分的测定

一、实验目的

煤中水分是不可燃杂质，其含量差别很大。煤中水分含量增加时，煤中可燃成分相对减少，发热量降低；同时水分多会增加着火热，使着火时间推迟；水分多还会降低锅炉内部温度，使着火困难，燃烧也不完全。另外煤中水分会吸热变成水蒸气并随同烟气排出炉外，增加烟气量而使排烟热损失增大，使锅炉效率降低。原煤水分过多，还会给煤粉制备增加困难。测定煤中水分，掌握煤的特征指标是电厂稳定运行的重要检测项目。通过本实验使学生掌握 GB/T 211—2017《煤中全水分的测定方法》中测定煤中全水分和外在水分测定的方法。

二、实验原理及要求

实际应用状态下的煤称为工作煤或收到煤，其中所含水分即全水分（M_t）是由外在水分（M_f）和内在水分（M_{inh}）两部分组成。外在水分又称表面水分，这部分水分变化很大，且易于蒸发，可以通过自然干燥法去除。内在水分又称固有水分，是指煤样失去了外在水分后剩余的水分。内在水分需要在较高温度下才能去除。全水分可以表达为

$$M_t = M_f + \frac{100 - M_f}{100} M_{inh}$$

三、实验仪器设备

(1) 空气干燥箱：带有自动调节温度及鼓风装置，且温度能保持在 20～200℃范围任意温度恒定。

(2) 氮气干燥箱：带有自动调温装置，且温度能保持在 20～200℃范围任意温度恒定，有氮气进、出口，可以保持氮气在加热时间进行内部换气。

(3) 浅盘：由镀锌薄铁板或铝板、钢板等耐腐蚀又耐热的材料制成，其面积能以大约每平方厘米 0.8g 煤样的比例容纳 500g 煤样，而且盘的质量应小于 500g。

(4) 工业天平：精确度为 0.1g。

(5) 分析天平：精确度为 0.001g。

(6) 干燥器：内装干燥剂（变色硅胶或未潮解的块状无水氯化钙）。

(7) 玻璃称量瓶：直径为 70mm，高为 35～40mm，并带有严密的磨口盖。

(8) 普通氮气：瓶装氮气且有气体压力表，纯度不小于 99.9%。

(9) 取样大、小药勺，防护手套等。

四、样品的预备

(1) 煤样在送去实验室测定水分前，应按照 GB 474—2008 中规定：将煤样制成最大粒度不超过 13mm，煤样量约 3kg；或制成最大粒度不超过 6mm，煤样量不应少于 1.5kg。

(2) 对于接收到的装有水分测定煤样的容器，首先检查标签及容器密封情况并记录；然后将仪器表面擦拭干净，用工业天平称量煤样毛重（即煤样与容器的总质量）。如果称出的毛重少于标签上所记载的煤样毛重（减少量不超过 1% 视为煤样在运送过程中水分损失），

应将减少的重量算作水分损失量，并计算该量对煤样净重（标签上煤样毛重减去容器重）的百分数（W_1），计算煤样全水分时，应加入这项损失。

五、空气干燥基分析煤样的制备

在制备空气干燥基分析煤样前，首先要进行煤中外在水分或全水分的测定。经过粗碎且做过水分测定的实验煤样，方可细碎到全部通过 0.2mm 的筛子，然后须经空气干燥，使之达到空气干燥状态。操作方法如下。

（1）将按 GB 474—2008 取得的煤样，进行粗碎。

（2）将粗碎的煤样进行外在水分、全水分测定。

（3）将测定过水分的煤样进行细碎，过筛，制成 0.2mm 煤样。

（4）将制备好的 0.2mm 煤样放入洁净而干燥的盘中，摊成均匀薄层。

（5）将装有煤样的盘移到预先调节好温度的干燥箱中干燥，控制温度不超过 50℃，每小时称量一次，直到连续干燥 1h 后，煤质量变化不超过 0.1%，即达到空气干燥状态。

（6）煤样移出干燥箱，稍冷却后装入煤样瓶中，装入的煤样量不应超过煤样瓶容积的 3/4，盖好盖子，轻轻摇动试剂瓶，以便使样品混合均匀。

（7）瓶外贴好标签，注明样品名称、来源、采样者姓名及采样日期等制备信息。

（8）本教材涉及分析煤样均指 0.2mm 以下空气干燥基煤样。

六、煤样全水分的“一步法”测定

煤按照大类可以分为无烟煤、烟煤、褐煤。国家标准规定的氮气干燥法和空气干燥法针对褐煤检测有所不同。褐煤一般采用氮气干燥法，即使用氮气干燥箱完成实验。

1. 粒度在 13mm 以下的煤样全水分“一步法”

（1）用已称过质量的干燥、清洁的浅盘，称取粒度 13mm 以下煤样 500g±10g（精确到 0.1g），并将盘中的煤样均匀地摊平。

（2）将装有煤样的浅盘放入预先鼓风，并加热到 105～110℃的空气干燥箱中，在不断鼓风的条件下烟煤干燥 2～2.5h，无烟煤干燥 3～3.5h；对于褐煤需要放置在氮气干燥箱中，在不断通入干燥氮气的条件下，褐煤干燥 3～3.5h。

（3）从干燥箱中取出浅盘，趁热称重并记录（精确到 0.1g）。

（4）然后进行检查性的干燥试验，每次试验 30min，直到煤样的减量不超过 0.5g 或者质量有所增加时为止。在后一种情况下，应采用增重前的一次质量作为计算依据。

（5）计算煤中全水分

$$M_t = \frac{m_1}{m} \times 100 \tag{4-1}$$

式中 M_t——煤中全水分，%；

m——称取煤试样的质量，g；

m_1——煤样干燥后的损失质量，g。

2. 粒度在 6mm 以下的煤样全水分“一步法”

（1）用已经称过质量的干燥、清洁的称量瓶，准确称取粒度在 6mm 以下煤样 10～12g（精确到 0.001g），并将煤样称量瓶轻轻晃动，使之铺平在称量瓶底部。

（2）打开称量瓶盖，将装有煤样的称量瓶放入预先鼓风，并加热到 105～110℃的空气干燥箱中，在不断鼓风的条件下烟煤干燥 2～2.5h，无烟煤干燥 3～3.5h；对于褐煤需要放置在氮气干燥箱中，在不断通入干燥氮气的条件下，褐煤干燥 3～3.5h。

（3）从干燥箱中取出称量瓶，立即盖上盖子，在空气中放置 5min，然后放入干燥器中，冷却到常温（约 20min），称重（精确到 0.001g）。

（4）进行检查性的干燥，每次试验 30min，直到连续两次干燥试样的质量减少不超过 0.01g，或者质量有所增加时为止。在后一种情况下，应采用增重前的一次质量作为计算依据。

（5）计算煤中全水分

$$M_t = \frac{m_2}{m} \times 100 \quad (4\text{-}2)$$

式中 M_t——煤中全水分，%；

m——称取粒度 6mm 以下煤试样的质量，g；

m_2——煤试样干燥后的损失质量，g。

七、粒度在 13mm 以下的煤样全水分“两步法”测定（推荐使用）

1. 外在水分

（1）用已称过质量的干燥、清洁的浅盘，称取粒度 13mm 以下煤样 500g±10g（精确到 0.1g），并将盘中的煤样均匀地摊平。

（2）将装有煤样的浅盘放入预先鼓风，并加热到 40～50℃的空气干燥箱中，在不断鼓风的条件下使煤样干燥到质量恒定（连续干燥 1h 以上，质量变化不超过 0.5g），并记录质量数值，计算出试样干燥后质量损失量（g）。

（3）计算外在水分

$$M_f = \frac{m_3}{m} \times 100 \quad (4\text{-}3)$$

式中 M_f——煤试样的外在水分，%；

m——称取粒度 13mm 以下煤试样的质量，g；

m_3——煤试样干燥后的损失质量，g。

2. 内在水分

（1）将测定外在水分后的煤试样立即破碎到最大粒度 3mm 以下。

（2）在预先干燥并已称量质量的称量瓶内准确称取 10g±1g 试样（精确到 0.001g），使其平摊在称量瓶中。

（3）开称量瓶盖，将装有煤样的称量瓶放入预先鼓风，并加热到 105～110℃的空气干燥箱中，在不断鼓风的条件下烟煤干燥 2h，无烟煤干燥 3h；对于褐煤需要放置在氮气干燥箱中，在不断通入干燥氮气的条件下，褐煤干燥 3h。

（4）从干燥箱中取出称量瓶，立即盖上盖子，在空气中放置 5min，然后放入干燥器中，冷却到常温（约 20min），称重（精确到 0.001g）。

（5）进行检查性的干燥，每次试验 30min，直到连续两次干燥试样的质量减少不超过 0.01g，或者质量有所增加时为止。在后一种情况下，应采用增重前的一次质量作为计算依据。内在水分在 2.0% 以下时，不必进行检查性干燥。

（6）计算内在水分

$$M_{inh} = \frac{m_4}{m} \times 100 \quad (4\text{-}4)$$

式中 M_{inh}——煤试样的内在水分,%;

m——称取粒度 3mm 以下煤试样的质量,g;

m_4——煤试样干燥后的损失质量,g。

3. 全水分计算

$$M_t = M_f + \frac{100 - M_f}{100} M_{inh} \tag{4-5}$$

式中 M_t——煤中全水分,%;

M_f——煤试样的外在水分,%;

M_{inh}——煤试样的内在水分,%。

八、煤样水分损失补正

$$M_t' = W_1 + \frac{100 - W_1}{100} M_t \tag{4-6}$$

式中 M_t'——补正后的煤中全水分,%;

W_1——煤样在运送过程中的水分损失量,%;

M_t——计算得到煤中全水分,%;

当 $W_1 > 1\%$ 时,表明煤样在运送途中可能受到意外损失,则不作补正,但测得的水分则作为试验室收到煤样的全水分。在报出结果时应注明“未经补正水分损失”的测定结果,并将煤样容器的标签和密封情况一并报告。

九、全水分测定结果允许误差

煤样全水分测定允许误差见表 4-1。

表 4-1 全水分测定允许误差 (%)

全水分	重复性限
<10.0	0.40
≥10.0	0.50

十、实验室全水分快速测定方法

实验室在教学过程中,因学时限制,允许煤样全水分在进行过标准方法比对实验,且在实验结果满足误差允许范围内的情况下,采用快速测定方法完成水分干燥的过程。在保持实验其他条件与前述方法内容保持不变的情况下,煤样在 105~110℃的干燥温度可以提高到 145℃±5℃的干燥箱中完成,提高温度后即可相应地缩短对应的干燥时间,烟煤干燥 30min、无烟煤干燥 60min、褐煤干燥 45min。注意此方法不可作为仲裁使用。

实验三 煤的工业分析实验

一、实验目的

煤的工业分析也称技术分析和实用分析,是对煤样进行水分、灰分、挥发分和固定碳四个项目的分析总称。它是研究一切工业用煤的基础资料,也是了解和研究煤质最基本特性的参数指标值。本实验通过在规定的实验条件下,测定煤中水分、挥发分、灰分和固定碳含量的百分数,并观察评判焦炭的黏结性特征。通过实验使同学们在有限的课时内,了解煤的工业分析实验测定原理、方法、步骤及工业分析仪的使用操作方法。

二、实验原理

煤是一种含碳丰富的有机燃料，在加热到一定温度时，会发生一些加热分解反应。实验取一定量经过预处理的空气干燥基煤粉试样（其成分质量百分数在右下角用空气干燥基“ad”表示）使其在不同温度下加热，煤中的水分、挥发分依次逸出，按试样减轻的质量求算出空气干燥基水分和挥发分的百分量，然后将固定碳烧释，残余的质量即为灰分量，由此计算灰分含量。煤中固定碳的质量含量百分数是以 100 减去水分、灰分、挥发分质量含量的百分数而计算得出的数值。

三、实验仪器及材料

（1）空气（或氮气）干燥箱：带有自动调温装置，有气体进、出口，可以不断鼓风，并能保持温度在 250℃下任意温度恒定。氮气干燥箱须配有干燥氮气，供测定褐煤使用。

（2）箱形电炉：带有调温装置（最高温度 1300℃）炉膛有恒温区，附有热电偶和高温表，炉后壁上有排气孔。

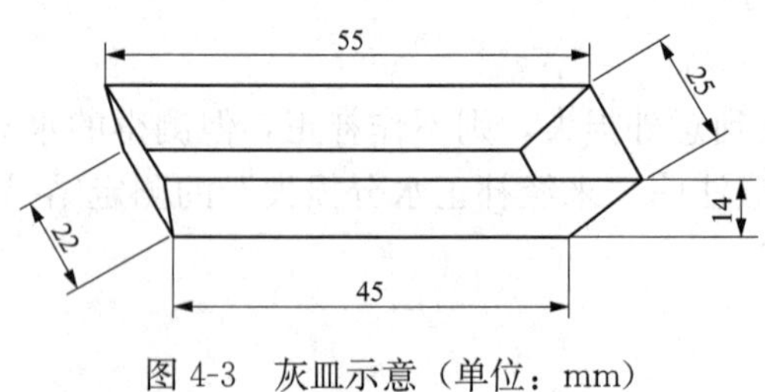

图 4-3 灰皿示意（单位：mm）

（3）玻璃称量瓶（或带盖瓷皿）：直径 40mm，高 25mm，并附有磨口的盖，预先干燥至恒重。

（4）灰皿（瓷舟）：如图 4-3 所示，瓷质、长方形，底长 45mm 底宽 22mm 高 14mm，使用前需预先灼烧至恒重。

（5）坩埚架：用镍铬丝制成的托架，其大小以能使放入箱形电炉中的坩埚不超过恒温区为限，并要求放在架上的坩埚底部距炉底 20～30mm。

（6）挥发分坩埚：如图 4-4 所示，直径 33mm、有配合严密盖的瓷坩埚，使用前需预先灼烧至恒重。

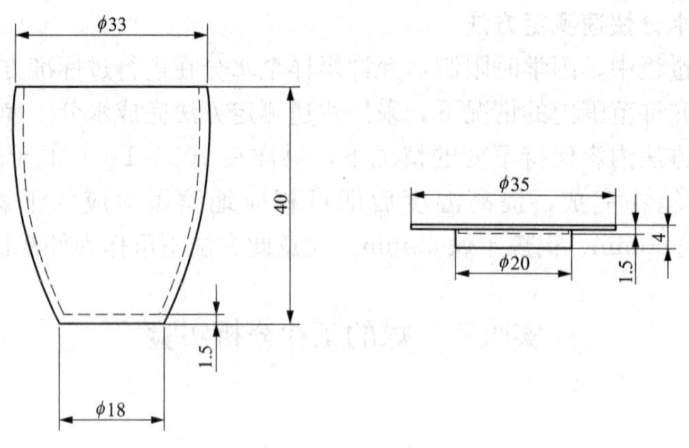

图 4-4 挥发分坩埚（单位：mm）

（7）干燥器：内装干燥剂（变色硅胶或块状无水氯化钙）。

（8）分析天平：可精确到 0.000 1g，优选电子分析天平。

(9) 分析煤样：粒度为 0.2mm 以下空气干燥基状态。

(10) 其他物品：样品勺、秒表、板刷、坩埚钳、耐热瓷板或石棉板、线手套、皮手套、碳素记号笔、试管刷、镊子、压煤饼机等。

四、实验内容和要求

(一) 水分的测定 (M_{ad})

1. 方法要点

称取一定量的分析试样，置于 105～110℃的干燥箱中，干燥到恒重，其失去的质量占试样原质量的百分数，即为分析试样空气干燥基水分 (M_{ad})。

2. 实验步骤

(1) 称取粒度小于 0.2mm 的空气干燥煤样 1g±0.1g (精确至 0.000 1g)，置于预先干燥至恒重 (精确至 0.000 1g) 的称量瓶中 (应事先编号)，摊平。

(2) 打开称量瓶盖，将称量瓶放入预先鼓风并加热到 105～110℃的干燥箱中进行干燥，在一直鼓风的条件下，烟煤干燥 1.5h，无烟煤干燥 2h。褐煤需要在氮气干燥箱中，连续通入氮气的条件下，干燥 2h。

(3) 从干燥箱中取出称量瓶，立即加盖，在空气中冷却 2～3min 后，放入干燥器中冷却至室温 (约 20min) 后称量。

(4) 进行检查性干燥，每次 30min，直到连续两次干燥煤样质量的减少不超过 0.001g 或质量增加时为止。在后一种情况下，要采用质量增加前一次的质量为计算依据。水分在 2%以下时，不必进行检查性干燥。

3. 结果计算与允许误差

$$M_{ad}=\frac{m_1}{m}\times 100\% \tag{4-7}$$

式中 M_{ad}——空气干燥基煤样水分的质量分数，%；

m_1——测水分的煤样干燥后失去的质量，g；

m——测水分的煤样质量，g。

4. 水分 (M_{ad}) 的实验室快速测定法 (适于实验室课堂教学，不适于仲裁及分析)

(1) 称取粒度小于 0.2mm 的空气干燥基煤样 1g±0.1g (精确至 0.000 1g)，置于预先干燥至恒重 (精确至 0.000 1g) 的称量瓶中 (应事先编号)，将试样摊平。

(2) 将装有试样的称量瓶打开盖，放入预先鼓风并加热到 145℃±5℃的干燥箱中，在一直鼓风的条件下干燥 10min (褐煤适合在氮气干燥箱内通入氮气条件下完成)。

(3) 将称量瓶从干燥箱中取出，立即盖上盖，在空气中冷却 2～3min，放入干燥器中冷至室温 (约 20min) 后称量。

(4) 根据煤样的质量损失计算出水分的质量分数即煤样空气干燥基水分。

(5) 水分的实验室快速测定法，适用于在有限的实验室课堂教学时间内测定煤样，使用前须做过该煤种实验误差比对允许测定实验，合格后方可采用这种测定方法。其计算方法及其他要求与 GB/T 211 和 GB/T 212 规定的方法相同，空气干燥基水分测定允许误差见表 4-2。

表 4-2 空气干燥基水分测定允许误差 （%）

水分 M_{ad}	同一实验室允许误差
＜5	0.20
5～10	0.30
＞10	0.40

（二）挥发分的测定（V_{ad}）

1. 方法要点

称取 1g±0.1g 分析煤样，放入带有严密盖子的瓷质挥发分坩埚中，在 900℃±10℃的温度下，隔绝空气加热 7min，以其失去的质量占煤样原质量的百分数，减去该煤样的水分（M_{ad}）差值，作为挥发分的测定结果数值。

2. 实验步骤

（1）称取 1g±0.1g 分析煤样（精确至 0.000 1g），放入已预先灼烧到质量恒重的坩埚中，摊平、加盖，放在坩埚架上。

（2）将高温电炉预先加热到 910℃左右。打开炉门，用坩埚钳迅速将放有坩埚的测量样品架送入高温电炉内恒温区。关闭炉门并立即开始计时（褐煤和长焰煤应预先压饼并切成约 3mm 的小块），准确加热 7min。坩埚架放入炉内，炉温会有所下降，要求在 3min 内使炉温恢复至 900℃±10℃，否则此实验作废。加热时间包括温度恢复时间在内。

（3）到规定时间后，从炉中取出坩埚，在空气中冷却 5min 左右后，再放入干燥器中，冷却到室温（约 20min），称重。

3. 结果计算

$$V_{ad}=\frac{m_2}{m}\times 100-M_{ad} \tag{4-8}$$

式中 V_{ad}——空气干燥基煤样中挥发分的质量分数，%；

m_2——测挥发分的煤样加热后减少的质量，g；

m——测挥发分的煤样质量，g。

4. 挥发分测定允许误差

挥发分测定允许误差见表 4-3。

表 4-3 挥发分测定允许误差 （%）

挥发分 V_{ad}	允许误差	
	同一实验室	不同实验室
＜20	0.30	0.50
20～40	0.50	1.00
＞40	0.80	1.50

5. 焦渣特征分类

挥发分测定后，坩埚中残留物为焦炭又称焦渣，焦渣是灰和固定碳的结合物。通过对焦渣的观察，可初步鉴定其特征。焦渣按以下规定划分，为了简便起见，通常用下列序号作为各种焦渣特征的代号。

(1) 粉状（1 型）：全部是粉末，没有互相黏着的颗粒。

(2) 黏着（2 型）：用手指轻碰即成粉末或基本上是粉末，其中较大的团块轻轻一碰即成粉末。

(3) 弱黏着（3 型）：用手指轻压即成小块。

(4) 不熔融黏性（4 型）：手指用力压才裂成小块，焦渣上表面无光泽，下表面稍有银白色光泽。

(5) 不膨胀熔融黏结（5 型）：焦渣形成扁平的块，颗粒的界限不易分清，焦渣上表面有明显银白色金属光泽，下表面银白色光泽更加明显。

(6) 微膨胀熔融黏结（6 型）：用手指压不碎，焦渣的上、下表面均有银白色金属光泽，但焦渣表面具有较小的膨胀泡（或小气泡）。

(7) 膨胀熔融黏结（7 型）：焦渣上、下表面有银白色金属光泽，明显膨胀，高度不超过 15mm。

(8) 强膨胀熔融黏结（8 型）：焦渣上、下表面有银白色金属光泽，焦渣高度超过 15mm。

（三）灰分的测定（A_{ad}）

煤中灰分的测定分为缓慢灰化法和快速灰化法两种，缓慢灰化法为仲裁法，快速灰化法可作为日常分析方法。

1. 方法要点

称取一定量的分析煤样，放入箱形电炉内，以一定的升温速率加热到 815℃±10℃，灰化并灼烧到质量恒定。从炉中取出冷却到室温称量，以残留物质量占煤样原质量的百分数，作为空气干燥基灰分（A_{ad}）。

2. 缓慢灰化法实验步骤（适合仲裁）

(1) 准确称取粒度为 0.2mm 以下的空气干燥基煤样 1g±0.1g（精确至 0.000 1g），置于预先灼烧至恒重的灰皿中，轻轻摆动使煤样摊平在灰皿中。

(2) 将称好煤样的灰皿排列在灰皿架上，用坩埚钳将灰皿架送入温度不超过 100℃的箱形电炉中，关上炉门并使炉门留有 15mm 左右缝隙，在不少于 30min 的时间内使炉温缓慢升至 500℃，在此温度下保持 30min 后。

(3) 继续升温到 815℃±10℃，关闭炉门，并在此温度下灼烧 1h。

(4) 从炉中取出灰皿放在石棉板上，在空气中冷却 5min 后放到干燥器中，冷却到室温（约 20min），进行称重，得到残留灰量，然后计算灰分。

(5) 进行检查性灼烧，每次 20min，直到质量变化小于 0.001g 为止，采用最后一次测定的质量作为计算依据，灰分小于 15% 时不进行检查性灼烧。

3. 快速灰化法实验步骤（日常快速分析）

（1）称取粒度为0.2mm以下的空气干燥基煤样1g±0.1g（精确至0.000 1g），置于预先灼烧至恒重的灰皿中，轻轻摆动使煤样摊平在灰皿中。

（2）将加入称好样品的灰皿分三、四排排列在灰皿架上，将预先加热到825℃的箱形电炉的炉门打开，把灰皿架缓缓推进高温电炉入口处，使第一排的灰皿中的煤样慢慢灰化。

（3）待5～10min后，煤样不再冒烟时，以每分钟不大于2cm的速度把二、三、四排的灰皿顺序推入炉内中恒温区（若煤样着火发生爆燃，则实验作废）。

（4）待样品全部送入恒温区后关闭炉门，使其在815℃±10℃的温度下，灼烧40min。

（5）从炉中取出灰皿，先放到空气中冷却5min，再放到干燥器中冷却到室温（约20min）后称重，得到残留灰的量，利用式（4-9）计算灰分。

（6）进行检查性灼烧，每次20min，直到质量变化小于0.001g为止，采取最后一次测定的质量作为计算依据。灰分小于15%的样本不进行检查性灼烧。如果遇到检查时结果不稳定，应改用缓慢灰化法测定。

4. 测定结果计算

$$A_{ad}=\frac{m_3}{m}\times 100\% \tag{4-9}$$

式中 A_{ad}——空气干燥基煤样灰分的质量分数，%；

m_3——测灰分的煤样恒重后的灼烧残留物质量，g；

m——测灰分的煤样质量，g。

5. 灰分测定允许误差（见表4-4）

表4-4 灰分测定允许误差 （%）

灰分 A_{ad}	允许误差	
	同一实验室	不同实验室
<15	0.20	0.30
15～30	0.30	0.50
>30	0.50	0.70

（四）固定碳的计算

$$FC_{ad}=100-(M_{ad}+V_{ad}+A_{ad}) \tag{4-10}$$

式中 FC_{ad}——空气干燥基煤样固定碳的质量分数，%。

五、误差分析

（1）所有测定项目都应用两份试样同时测定。如果测定结果的差值不超出允许误差时，则取其算术平均值作为测定结果；否则，应进行第三次测定，取两次相差最小而又不超出允许误差的结果平均后作为结果。如果第三次测定结果居于前两次结果的中间，而与前两次结果的差值都不超出允许误差时，则取三次结果的平均值作为结果。

（2）如果三次测定结果中任何两次结果的差值都超出允许误差，应舍弃全部测定结果，检查仪器和操作，然后重新进行实验测定。

六、实验报告要求

工业分析实验报告须写明：

（1）实验桌台号码，标注同组人姓名，写明实验日期。

（2）写明实验目的、实验原理、实验简要步骤。

（3）所有实验原始记录表与计算结果均填写在表4-5内。

表4-5　煤的工业分析实验记录与计算结果

分析项目		空皿质量 m_0(g)	加样后坩埚称重 m_1(g)	煤样质量 m_1-m_0(g)	加热后坩埚称重 m_2(g)	损失量或残留物量(g)	计算结果（%）	
							计算值	一组试样平均值
水分 M_{ad}	1							
	2							
挥发分 V_{ad}	1							
	2							
灰分 A_{ad}	1							
	2							
固定碳 FC_{ad}								

七、思考题及部分参考答案

（1）试判断分析实验煤样的焦渣特征分类。（答案略）

（2）挥发分对火电厂生产运行有什么影响？

答：挥发分是火力发电厂用煤的重要指标，挥发分的高低对煤的着火和燃烧有较大影响。挥发分高的煤易着火、火焰大、燃烧稳定，但火焰温度较低。相反挥发分低的煤不易点燃、燃烧不稳定，化学和机械不完全燃烧热损失增加，严重时甚至还能引起熄火。煤粉细度、送风方式、风粉条件都与挥发分有关，挥发分高的煤易燃烧完全，煤粉可以磨得粗些，挥发分低的煤，不易燃烧完全，煤粉要磨得细些。

煤的挥发分对煤粉锅炉燃烧器的结构形式和一、二次风的选择，炉膛形状及大小燃烧带的铺设，制粉系统的选型和防爆措施的设计都有密切关系。所以，在供应煤时，应尽可能根据原设计煤种的挥发分供给。

（3）评判焦渣特征的意义是什么？

答：挥发分逸出后遗留的焦渣特征是表示煤在骤热下的黏结、结焦性能。它对锅炉用煤的选择有积极的参考意义。对于链条炉，燃用粉状焦渣特征的煤，则容易被空气吹走，造成燃烧不完全，燃用黏结性强的煤，焦渣黏附在炉栅上，增加煤层阻力，妨碍通风。对于煤粉炉黏结性强的煤，则在喷入炉膛吸热后立即黏结在一起，形成空心的粒子团，未燃尽就被烟气带出炉膛，增加飞灰可燃物量，这些情况，都会导致锅炉效率降低，增加一次能源消耗，降低火电厂经济效益。因此，焦渣特征类型对锅炉燃烧用煤的选择和指导都有着实际应用价值。

（4）实验室测定的煤样工业分析数据以什么基准给出报告结果？如何换算？（答案略）

实验四　煤工业分析的自动化测定

煤的工业分析实验测定项目多，操作繁琐，耗费的测定时间较长，对于需要大批量进行的煤样检验，可以采用自动工业分析仪协助完成煤质的工业分析检测工作。但采用自动化工业分析仪进行测定时，煤样的准备仍然同样需要按本章实验一所要求，进行预先的煤样制备。另外采用自动化工业分析仪进行分析的煤样工业分析测定结果不得用于仲裁。本实验目的、实验原理与本章实验三相同。

一、实验设备

本次实验采用 SDTGA 5000 自动工业分析仪完成（仪器内部含电子天平）。该系统在 Windows 操作平台上控制主机运行，可同时进行 15 个试样的分析测定，系统自动程序控制完成升温、恒温、降温、存储、实验数据处理等程序化工作，提高了大批量煤样工业分析的测定效率。整个实验需要在制备完成空气干燥基分析煤样后，由操作者人工按照电脑操作提示完成加样、称量等动作，系统完成预设实验项目的送样、取样、加热、冷却、称量等传送工作。实验项目可选择水分、灰分、挥发分单独测定，也可以选水分-灰分联测，挥发分单独测定的方法。

二、自动工业分析仪的测量过程

（1）接通电源，开启工业分析仪及其控制计算机。

（2）打开 Windows 桌面的软件 SDTGA 5000 工业分析仪控制系统。

（3）在工业分析仪工作界面（见图 4-5），选择测试内容及测试方法。实验通常首选“测试项目”为“水分-灰分”联测，“测试方法”选择“经典快灰”。

（4）单击“开始实验”按钮，弹出试样窗口，键入“本次实验数量”，勾选“新编号”选项框。

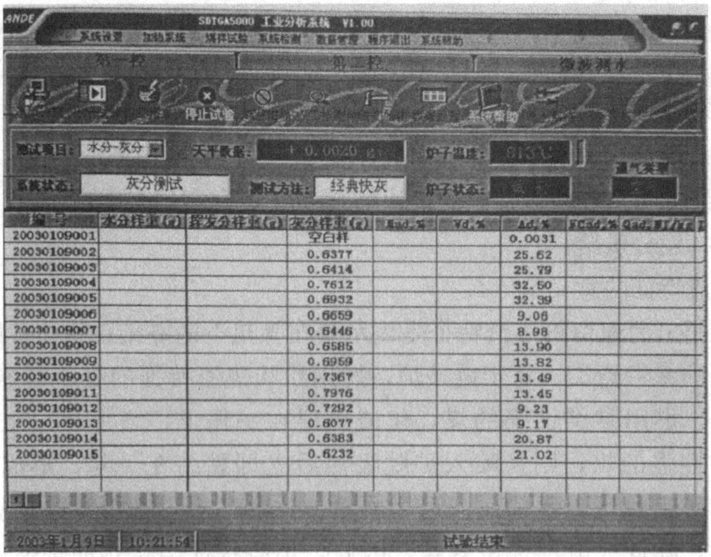

图 4-5　SDTGA 5000 工业分析仪操作界面

（5）按照仪器操作系统提示要求在称量盘上放置坩埚，系统自动称量空坩埚并记录数据完毕；提示人工加入 1g±0.1g 试样称量，质量称量合格后单击确认质量合格。然后同样方式，放置下一个试样，直至预设称量样本数量，全部人工加样，并称量完毕，单击“确认”，开始实验。工业分析仪外观如图 4-6 所示，工业分析仪放置样品位置如图 4-7 所示。

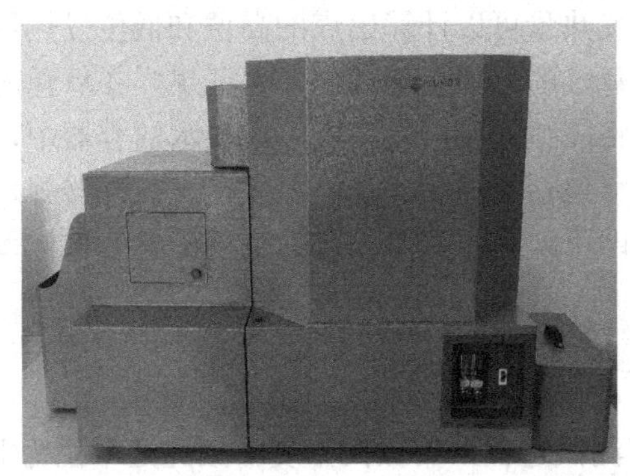

图 4-6 SDTGA 5000 工业分析仪外观

图 4-7 工业分析仪放置样品

（6）如系统内部反应炉已经达到预设项目温度并恒定，则开始自动进样，进行水分-灰分测定实验，实验进行大约 90min。当水分测定结束、灰分测定结束，系统进行退样、冷却、称量的动作，实验过程一直自动记录数据，并在计算机界面给出测试样品水分和灰分的实验计算结果。

（7）挥发分测定时，需在电脑分析仪工作界面选定测试项目“挥发分”，切记勾选“编号自动对应”单选框，利于挥发分的计算。

（8）按照系统提示要求，在称量盘上放置挥发分专用坩埚，称量空坩埚质量；然后人工加入 1g±0.1g 试样称量质量，称量完毕，单击确认质量合格，盖上坩埚盖，再次“确认”质量。然后按同样方式放置下一个坩埚称量，再次人工加入样本，直至全部试样称量完毕，单击“确认”，开始实验。注意：加入样本顺序和数量与“水分-灰分”联测项目应一致！

（9）待系统内部反应炉已经达到挥发分测定 900℃恒温，则实验仪器开始自动进样，进行挥发分测定实验。实验进行 7min 后，系统进行退样、冷却、称量，整个实验过程自动记录数据，并在最后给出测试样品的实验计算结果。

（10）实验结束可以打印输出空气干燥基分析煤样的实验结果。

（11）清理实验物品，并将桌面物品摆放整齐，关闭仪器电源。

（12）最后，将灰筒内实验过程中使用过的坩埚器皿取出，刷洗干净且干燥后，放入 900℃高温电炉内灼烧，冷却后取出放入干燥器中备下次使用。至此结束实验。

（13）实验必须注意要先测定水分或者“水分-灰分”联测，才可以测定挥发分项目。

实验五 燃煤发热量的测定

一、实验目的

燃煤发热量（又称为热值）是煤炭作为燃料利用的一个重要煤质特性指标，还是火电厂进煤的计价依据，也是火电厂计算标准煤耗率的主要参数。准确地测定燃煤发热量对核算能量的利用系数、企业对燃料的消耗定额、改善燃烧工况及准确地进行锅炉热力计算都具有重要意义。本实验通过使用氧弹式热量计的测量方法测定燃煤发热量，使学生掌握燃煤发热量测定的基本原理及操作方法。

二、实验原理

燃煤发热量是单位质量的煤质完全燃烧所放出的热量，实验室在氧弹热量计中测定的燃煤发热实测值，称为弹筒发热量，通过弹筒发热量可以计算出煤的高位和低位发热量。

实验取一定量的分析煤样放于充有过量氧气的氧弹热量计中，保证煤样在氧弹内完全燃烧，其燃烧所放出的热量会向周围传递。当将氧弹筒浸没在盛有一定量水的容器中，煤样燃烧后放出的热量等于使氧弹热量计量热系统（包括氧弹筒、水、温度计、搅拌器等）的温度升高所需热量。通过测定水温度的升高值，即可计算出实验测定的空气干燥基煤样氧弹弹筒发热量 $Q_{ad,b}$(kJ/kg)

$$Q_{ad,b}=\frac{K\Delta t-Q}{0.001m} \tag{4-11}$$

式中 K——氧弹热量计的热容量，kJ/℃（测试过程采用摄氏温度，故此处单位为 kJ/℃）；

Δt——浸没氧弹的水的温升值，℃；

Q——引燃物的放热量，kJ；

m——燃煤试样的质量，g；

1. 高位发热量 $Q_{gr,p}$

高位发热量是燃料在空气中完全燃烧所放出的热量，能够表征燃烧的质量，在评价燃料质量时常用高位发热量作为标准。由于燃料在常压下的空气中燃烧，因此燃料中的硫只能生成二氧化硫，氮变为游离氮，而且燃烧产物冷却到燃料原始温度时，水呈液体状态，这与燃料在弹筒内的燃烧情况是不同的。用弹筒发热量减去硫酸和硝酸的形成热和溶解热，为燃料的恒容高位发热量。恒容高位发热量与燃料在大气压下燃烧的恒压高位发热量稍有差异，在精度要求不高时，无须校正，可以将实验测定的恒容高位发热量视为燃料的高位发热量。

（1）恒容高位发热量计算

$$Q_{ad,gr}=Q_{ad,b}-(95S_{ad,b}+\alpha Q_{ad,b}) \tag{4-12}$$

式中 $Q_{ad,gr}$——分析试样的高位发热量，kJ/kg；

$Q_{ad,b}$——分析试样的弹筒发热量，kJ/kg；

$S_{ad,b}$——由弹筒洗液测得的煤的含硫量，%。当全硫含量低于 4%时或发热量大于 14.60MJ/kg 时，可用全硫或可燃硫代替 $S_{ad,b}$；

95——煤中每 1%硫的校正值，kJ；

α——硝酸生成热的校正系数。当 $Q_{ad,b}\leqslant 16.70$MJ/kg，$\alpha=0.001$；当 16.70MJ/kg $<Q_{ad,b}\leqslant 25.10$MJ/kg，$\alpha=0.0012$；当 $Q_{ad,b}>25.10$MJ/kg，$\alpha=0.0016$。

（2）总酸量的测定。在需要用弹筒洗液测定 $S_{ad,b}$ 的情况下，把弹筒内洗液煮沸 1～2min，取下稍冷后，以甲基红（或相应的混合指示剂）为指示剂，用氢氧化钠标准溶液滴定，以求出洗液中的总酸量，计算出 $S_{ad,b}$（%）为

$$S_{ad,b}=(cV/m-\alpha Q_{ad,b}/60)\times 1.6 \tag{4-13}$$

式中 c——氢氧化钠溶液的浓度，约为 0.1mol/L；

V——滴定用去的氢氧化钠溶液的体积，mL；

60——相当于 1mol 硝酸的生成热，kJ；

m——试样的质量，g。

2. 恒容低位发热量 $Q_{net.p}$

对于同一煤样，弹筒发热量值最大，低位发热量最小，而高位发热量介于两者之间。我国在锅炉的有关计算中常用的数值是经过换算的收到基低位发热量，工业上多以收到基煤的低位发热量进行计算和设计。

燃料在锅炉中燃烧时其燃烧条件与燃料在空气中和在氧弹中的燃烧条件有所不同。在锅炉中燃烧产物的温度较高，水呈汽态，随燃烧产物及烟气排出炉外。而氧弹中的燃烧，其燃烧产物的最终温度一般为 25℃，这时水蒸气凝结成水，在凝结过程中释放出热量，因此燃料在锅炉中燃烧时被利用的热量比在氧弹中测出的热量少，所少的热量等于水的汽化潜热。高位发热量减去水的汽化潜热既得到燃料的低位发热量，低位发热量是燃料能够有效利用的热量。

(1) 恒容低位发热量的计算。收到基的恒容低位发热量的计算方法为

$$Q_{net,V,ar}=(Q_{gr,ad}-206H_{ad})\frac{100-M_{ar}}{100-M_{ad}}-23M_{ar} \tag{4-14}$$

式中 $Q_{net,V,ar}$——煤的收到基低位发热量，kJ/kg；

$Q_{gr,ad}$——分析试样的高位发热量，kJ/kg；

H_{ad}——分析试样的空气干燥基的氢含量，%；

M_{ar}——收到基全水分，%；

M_{ad}——分析试样的空气干燥基水分，%。

(2) 恒压低位发热量的计算。由弹筒发热量算出的高位发热量和低位发热量都属恒容状态，在实际工业燃烧中则是恒压状态。严格地讲，工业计算中应使用恒压低位发热量，如有必要，恒压低位发热量可计算为

$$Q_{net,p,ar}=[Q_{gr,ad}-212H_{ad}-0.8(O_{ad}+N_{ad})]\frac{100-M_{ar}}{100-M_{ad}}-24.4M_{ar} \tag{4-15}$$

式中 $Q_{gr,ad}$——分析试样的高位发热量，kJ/kg；

H_{ad}——分析试样的空气干燥基氢含量，%；

O_{ad}——分析试样的空气干燥基氧含量，%；

N_{ad}——分析试样的空气干燥基氮含量，%；

M_{ar}——收到基全水分，%；

M_{ad}——分析试样的空气干燥基水分，%。

3. 热容量 K 的标定

(1) 热容量的标定。发热量测定的准确性关键在于标定热容量所能达到的准确度，以及热容量标定条件与发热量测定条件的相似性。在实践操作中应尽量减少由于热容量不准确而造成的系统误差，因此做好热容量的标定工作是保证获得准确发热量测定结果的基础。

(2) 标定方法。在相同的试验条件下，量热系统温度上升 1℃时所需要的热量称为热量计的热容量 (K)。它的标定方法是将一定量已知发热量的苯甲酸燃料（使用前需要在 60～70℃干燥箱预处理干燥 2～4h）放于充入氧气的弹筒内使其完全燃烧，测定水的温升，利用式 (4-11) 求出 K 值。热容量的标定一般应进行 3～5 次重复标定试验，计算实验结果的平

均值和标准差，其相对标准差不应超过 0.20%。若其超差，需再补做一次或两次实验，将符合要求的结果平均值作为该仪器的热容量（修约至 1J/℃）；若仍超差，则应对实验条件和操作技术进行仔细检查，纠正存在问题后再重新进行标定。

三、实验仪器

氧弹式量热计量热有两种标准方法，即绝热法和等温法。绝热法的基本原理是设法控制容器温度使之紧随内水温度的变化，以保证内水套与容器间无热交换；等温法是保证容器内水场温度在每次分析开始及过程中维持恒定，内水套与容器之间的热交换通过计算修正。

本实验使用仪器为 SDACM3100 型量热仪，该仪器属于等温式自动量热计，仪器无须人工称量内水桶水量和调节水温，而采用了由定容容器直接向内筒供水的方式。实验测定时称取煤样、装样和充氧等步骤需要人工操作完成，然后在计算机操作控制界面对仪器的 SD 控制器发出指令，使点火控制、温度控制、搅拌控制、水泵控制均由 SD 控制器控制完成。

四、实验试剂和材料

（1）氧弹。氧弹的结构如图 4-8、图 4-9 所示，是一种圆筒形弹体。筒体密封严密，用耐热耐腐蚀不锈钢制成。容积 250～350mL，筒内为煤样燃烧的空间，内部充入过量的氧气，承压 3MPa±0.2MPa。

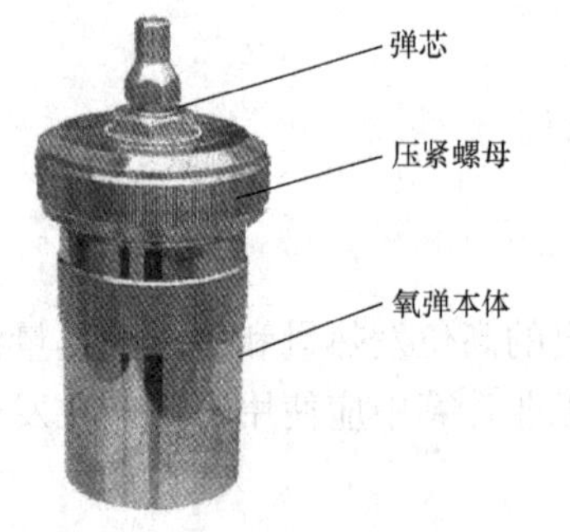

图 4-8　氧弹外观

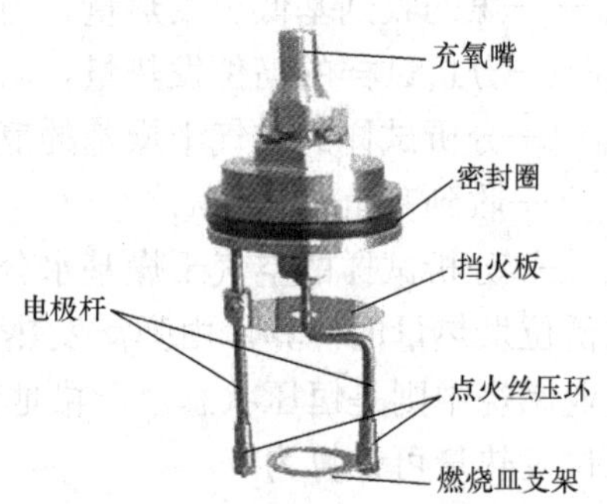

图 4-9　氧弹内部弹芯结构

（2）点火丝。直径 0.1mm 左右的铂、铜、镍铬丝或其他热值固定的金属丝（不同点火丝的热值：铁丝 6700kJ/kg；镍铬丝 1400kJ/kg；铜丝 2500kJ/kg）。

（3）蒸馏水或去离子水。

（4）苯甲酸。经计量机关检定并标明热值的苯甲酸试剂。

（5）燃烧皿。刷洗干净，烧至恒重。

（6）擦镜纸。使用前先测出燃烧热值（方法：抽取三四张纸，团紧，称准质量，放入燃烧皿中，然后按常规方法测定发热量，取三次结果的平均值作为标定值）。

（7）电子分析天平。精确到 0.000 2g。

（8）压饼机。螺旋式或杠杆式压饼机，能压制直径约 10mm 的煤饼或苯甲酸饼。

（9）干燥器及干燥剂。干燥器内加入干燥剂，干燥剂采用变色硅胶，遇变色须及时更换。

（10）自动充氧器。

（11）普通氧气 1 瓶。

（12）氧气瓶指示压力表（0～12.8MPa）。

(13) 氧气导管。直径 1～2mm 的无缝铜管。

(14) 氢氧化钠溶液：浓度为 0.1mol/L。

(15) 甲基红指示剂：0.2%（称取 0.2g 甲基红溶解在 100mL 水中）。

五、实验设备使用

1. 仪器加水

实验仪器为 SDACM 3100 量热仪，使用前需要打开桶盖往内桶加水，同时加水前应进行以下检查：

(1) 内桶内是否有异物；

(2) 所有水泵进、出水接管是否插接到位，有无变形状态；

(3) 放水口帽是否拧紧，溢水口是否打开。

检查无误后，运行测控软件，系统自动检测备用桶水位，若提示“欠水”需加蒸馏水或去离子水到内桶，通过内桶自动向外桶注水，连续加水直至系统不再提示“欠水”，或溢水口有水溢出（此时 SDACM 3100 总水量约 40kg）。加水完毕 24h 后（水温与室温平衡），方可进行实验。

每次启动仪器测控程序，计算机将自动检测系统内部总水量，如达不到规定要求，此时应采用手动加水方式通过内桶向外桶注水（注意控制加水量），否则仪器不能进行热容量标定和发热量测试实验。建议使用每半年更换一次水。

2. 充氧器的安装和使用

(1) 按图 4-10 连接减压阀、氧气瓶和充氧器，并紧固锁紧螺母。连接过程严禁弯折和扭曲充氧导管，整个气路中的连接处螺母不能使用任何油脂。

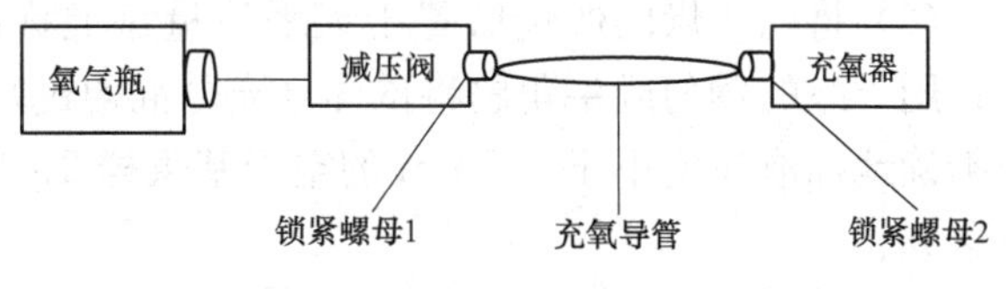

图 4-10 充氧器连接示意图

(2) 按下开锁按钮，松开后观察其是否能快速、灵活的可靠回弹。旋动充氧开关感受其是否转动灵活、扭力适中。

(3) 打开氧气瓶总阀，减压阀的高压表指示氧气瓶内的氧气压力应大于 4MPa，调节减压阀的气压调节螺杆，使低压表指示到 2.8～3MPa 的位置，此时整个气路应无漏气现象，否则重装直到正常为止。定期检查充氧器上的压力表与减压阀上的低压表指示值是否符合使用要求。

(4) 用充氧器充氧整个气路应无漏气且操作轻松，充氧器上压力表指示应与减压阀上的低压表指示基本一致。

(5) 逆时针旋转充氧开关至不能继续旋转为止，确保其处于完全关闭状态。切忌强行用力旋转充氧开关，以免造成充氧器损坏。

(6) 充氧器需要与氧弹头上刻有“X”或“Y”标记的量热仪氧弹配套使用。将充氧器对正氧弹头轻轻将充氧器下压到底，自锁机构将自动锁住氧弹头。

(7) 顺时针缓慢旋动充氧开关，当充氧器轻轻上抬后，再用稍快的速度将充氧开关旋到完全打开位置开始充氧，一般充氧约 30s。

(8) 充氧完毕将开关逆时针旋到关闭。

(9) 实验结束后，应关闭氧气总阀，并将气路中的氧气放掉（方法：关闭氧气瓶阀门，打开充氧器开关，放出气路中的残余气体使各指示表指示为零，然后关上充氧器开关）。

3. 氧弹使用前的检查

氧弹在使用前需要进行如下检查：

(1) 充氧嘴有无松动现象；

(2) 两根电极杆是否松动，挡火板（圆形不锈钢片）是否紧固，不能与两根电极杆短接；坩埚支架是否固定良好；

(3) 弹芯部分的进气孔是否畅通；

(4) 氧弹弹桶及氧弹盖上的螺纹以及密封圈上有无异物；

(5) 氧弹充氧后置入水中有无气泡往上冒，如有气泡表明氧弹漏气，需要更换密封圈；

(6) 外观有无碰撞痕迹；

(7) 检查无误后，将氧弹芯挂于氧弹支架上，准备实验用。

六、实验步骤（量热仪的使用步骤）

(1) 打开计算机和量热仪电源，在 Windows 桌面上直接双击名为“SDACM3100 量热仪”的快捷图标启动测控软件。

(2) 测控软件打开后，仪器会自动开始初始化，并在软件左下角显示“系统初始化”，初始化过程大约需要 5min 左右。初始化完成后软件会显示“系统就绪”，初始化完成后才能进行下一步操作。等待系统状态栏显示系统就绪后，系统跳出参数输入窗口，在系统设置内设置实验显示的参数，按提示设定后，才可以开始实验。

(3) 将已干燥的燃烧皿置于天平称量盘上称出其质量。若是电子天平，则直接归零去皮；用干净的钢勺或牛角匙将试样（充分混匀过）放入已称重且去皮的燃烧皿内，在燃烧皿中精确地称取粒度小于 0.2mm 的空干基煤样 1g±0.1g（称准到 0.000 2g），并记录下样品质量 m。

(4) 将氧弹的各部件及弹筒内部擦拭干净，弹芯的密封胶圈应稳妥置于槽内不得脱出，再往弹杯内放入 10mL 的蒸馏水，以溶解氮和硫所形成的硝酸和硫酸。

(5) 将氧弹上盖置于支架上，称好试样的燃烧皿放于燃烧皿架内，点火丝接到氧弹上盖的两个电极杆上，并压紧点火丝压环，调节下垂的点火丝使其尖点靠近或稍接触试样，注意勿使点火丝与燃烧皿接触，以免短路。将氧弹上盖放入弹杯上，用手将弹盖拧紧即可（严禁用任何工具拧紧弹帽）。

(6) 将氧弹小心拿到充氧器上缓缓地充入氧气，压力达到 2.8～3.0MPa。充氧时间不得少于 30s。当氧气瓶中的氧气压力降到 5MPa 以下时，充氧时间应酌量延长。

(7) 将氧弹小心地放入量热仪装好水的内筒中，检查氧弹的气密性（如氧弹无气泡冒出，表明气密性良好，如有气泡出现，表明氧弹漏气，应找出原因加以纠正，重新充氧），关闭自动量热仪上盖。

(8) 在软件控制窗口输入样品编号，并输入试样质量，系统设置自动进入实验状态，并自动完成内桶水量的称取和水温的调节；经过测温探头及测控电路准确地采集温度值，按程序自动完成氧弹点火、燃烧、降温等整个实验过程。仪器自动记录实验结果，计算弹筒发热量（对于一台微机控制多台量热计的实验要注意输入样品独立编号一定与试样质量所使用量热计编号对应）。

(9) 实验完成后取出氧弹，用放气阀将氧弹中的残留气体放出。用蒸馏水把氧弹内部及弹芯冲洗干净，确保无残余点火丝、无污垢，最后用氧弹专用抹布将氧弹各个部件擦干。

(10) 进入实验数据界面，输入试样的全水分、分析试样的水分、氢元素、硫元素的百分含量，复算高位发热量和低位发热量并输出实验结果。

(11) 实验结束清理实验物品，整齐摆放、清洁卫生，关闭计算机和量热仪电源。

七、数据计算

煤的发热量不同基准的换算

煤的发热量（低位发热量除外）各种不同基准可互换计算为

$$Q_{ar}=Q_{ad}\frac{100-M_{ar}}{100-M_{ad}} \tag{4-16}$$

$$Q_{d}=Q_{ad}\frac{100}{100-M_{ad}} \tag{4-17}$$

$$Q_{daf}=Q_{ad}\frac{100}{100-M_{ad}-A_{ad}-(CO_2)_{ad}} \tag{4-18}$$

式中 Q——弹筒发热量或高位发热量，J/g；

M_{ar}——收到基全水分，%；

M_{ad}——分析试样的空气干燥基水分，%；

A_{ad}——分析试样的空气干燥基灰分，%；

$(CO_2)_{ad}$——分析试样的碳酸盐二氧化碳含量（不足2%可忽略不计），%；

ar、ad、d、daf——分别代表收到基、空气干燥基、干燥基和干燥无灰基。

八、注意事项

(1) 燃煤发热量实验室应设在单独房间，不得在同一实验室进行其他实验项目。

(2) 室温应尽量保持恒定，每次测定时，室温变化不应超过1℃，冬、夏季室温以不超出15～35℃的范围为宜。室内应无强烈的空气对流，因此不应有强烈的热源和风扇等，实验过程中应避免开启门窗。实验室最好朝北，以避免阳光照射，热量计应放在不受阳光直射的地方。

(3) 充氧器与氧气瓶置放场所应严禁烟火与高温。

(4) 氧弹在使用过程中必须轻拿轻放。装样时应小心拧紧氧弹盖，注意避免坩埚和点火丝的位置因受震动而改变；每次实验前、后的氧弹必须清洗干净，并使用专用布擦干。氧弹盖不宜旋得过紧，旋到位后稍加一点力即可。氧弹必须定期进行质量检查水压测试。

(5) 严禁使用不配套的充氧器给氧弹充氧，严禁超压充氧（正常为2.8～3MPa)，充氧时间30s不得超过60s，如果充氧压力超过3.2MPa应将氧气放掉，调整减压阀输出至2.8～3.0MPa，重新充氧。每天实验结束后，应关闭氧气总阀，并将气路中的氧气放掉，使减压阀的高、低压表指向0MPa。

(6) 实验样品和燃烧皿的要求：煤样是按本章实验一要求预先制备，并将样品充分混匀；燃烧皿应干净，灼烧至质量恒定；若不小心洒落了少量已称量好的试样，则该试样应作废；杜绝使用隔天已称好的试样和点火失败、终止实验后的试样；实验操作不规范将直接影响实验结果，请务必遵守实验过程中的操作细节。

(7) 不能用仪器所配计算机上网、玩游戏，以免造成设备不能正常使用。

九、思考题

(1) 在测试发热量过程中对经常发生点火失败如何处理？对不易完全燃烧和易飞溅的煤应采取何种措施？

(2) 简述在测定发热量之前要将煤放在实验室环境下放置3h以上的原因。

(3) 简述安装点火丝的注意事项。

(4) 如何测量热值很低的煤的发热量?

实验六　燃气发热量的测定

一、实验目的

本实验通过燃气发热量测定，使学生掌握气体燃料发热量的测定方法，并实际测量燃气的低位发热量。

二、实验原理

燃气发热量测定采用容克式量热计，容克式量热计测量的发热量属于定压燃烧热。其原理是根据能量守恒定律，近似认为在稳态时，燃气燃烧放出的热量全部被水吸收。

在稳态，完全燃烧时，能量守恒方程为

$$Q_{KW}+Q_{RW}+Q_{QHX}=Q_{SXR}+Q_{PY}+Q_{SR} \tag{4-19}$$

式中　Q_{KW}——空气带入物理热，kJ；

Q_{RW}——燃气带入物理量，kJ；

Q_{QHX}——燃气化学热，kJ；

Q_{SXR}——冷却水吸收热，kJ；

Q_{PY}——排烟热损失，kJ；

Q_{SR}——散热损失，kJ。

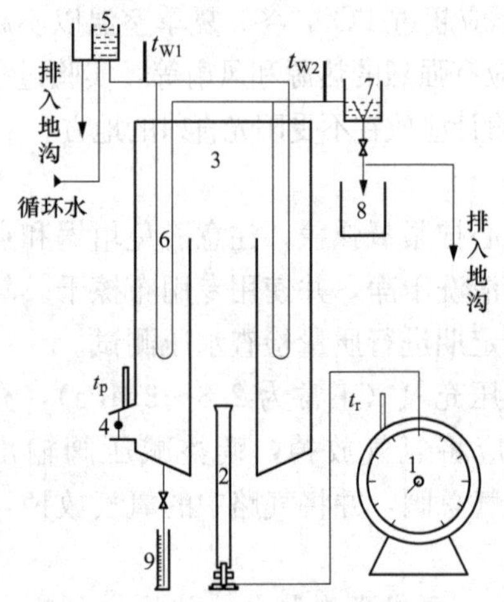

图4-11　容克式量热计及附件

1—湿式流量计；2—本生灯；3—容克式量热计；4—烟气蝶阀；5—恒水位箱；6—冷却器；7—溢水箱；8—水桶；9—量筒

如果使排烟温度控制到接近于环境温度，则$Q_{kW}+Q_{RW}\approx Q_{PY}$；如果使进水温度接近于环境温度，则$Q_{SR}$散热损失→0。这样燃气的化学能（即发热量）就等于冷却水吸收的热，即$Q_{QHX}=Q_{SXR}$。

三、实验仪器

(1) 容克式量热计及其附件如图4-11所示。

(2) 湿式气体流量计。

(3) 液化气源及调压器、量筒、水桶、磅秤、镜子、水桶、本生灯等。

四、实验步骤

1. 实验准备

(1) 按图示连接测量管线。

(2) 调整本生灯前燃气压力（200～300mm水柱）。

(3) 检查燃气系统密封性能。调整压力后关闭本生灯阀门，打开气源阀门。此时流量计指针转动一下后即应停止，在10min内，指针不动或移动不超过全周长的1%即为合格。

(4) 调整量热计。量热计定位，并使之保持垂直位置；缓缓开启水阀，调节本生灯使燃气完全燃烧，待燃烧稳定后（热负荷控制在3200～4200kJ/h），放入量热计内部。量热计插入深度为 4cm 以上，对好中心位置并固定牢，用反光镜对准本生灯，以便随时观察火焰情况。

(5) 调节水阀，使进、出口水的（t_{w1}、t_{w2}）温差控制在 10～12℃，调节排烟温度 t_p，应接近室温；当进、出口水温变化不大（应不超过 0.5℃），且有冷凝水连续稳定滴出时，即可正式开始实验测定。

2. 测试步骤

(1) 测量实验室室内干、湿空气温度及大气压力，填入记录表 4-6。

(2) 读出燃气温度及压力并记录填表；读取排烟温度，并记录数据。

(3) 对量热计的进、出口的冷、热水温做预备性读数（精确到 0.01℃）。

(4) 待量热计工作稳定后（大约燃烧 5L 燃气），收接冷凝水。

(5) 燃烧 1L 燃气后，开始测量冷却水量（旋转转向阀），每燃烧 0.2L 燃气读一次进、出水温度。

(6) 再燃烧 1L 燃气后，停止收接冷却水（旋转转向阀），称出冷却水质量 W(g)。

(7) 继续燃烧 1L 燃气（累计读数为 3L）后，再次开始测量冷却水量（重复前两条步骤）。

(8) 累计燃气量达 5L 时（取得了二次冷却水温及水量数据），称取冷凝水质量 G_{Ln}(g)。

(9) 关闭燃气源，取出本生灯，关闭水阀。

五、实验数据整理

1. 计算标准状态干燃气体积折算系数 f

将实际燃气体积折算为标准状态时干燃气体积的折算系数

$$f=\frac{B+p_r-\varphi p_{sb}}{760}\frac{273}{273+t_r} \tag{4-20}$$

式中 B——工作时大气压力，mmHg；

p_r——燃气压力，mmHg；

φ——燃气相对温度（采用湿式流量计时 $\varphi=1$），℃。

t_r——燃气温度，℃；

p_{sb}——由 t_r 查得的饱和水蒸气分压力，mmH_2O。

2. 冷凝水放热量 q(kJ/m^3)

$$q=2510\times\frac{G_{Ln}}{V_{Ln}f} \tag{4-21}$$

式中 G_{Ln}——实验期冷凝水量，g；

V_{Ln}——计量冷凝水时间内的燃气燃烧量，L；

2510——水的冷凝热，kJ/kg。

3. 低位发热量 $Q_{net,ar}$(kJ/m^3)

$$Q_{net,ar}=\frac{CW\Delta t}{V_{Lg}f}-q \tag{4-22}$$

式中 W——实验期冷却水量，g；

V_{Lg}——计量冷却水量时间内的燃气流过量，L；

Δt——热、冷水温度差（平均值），℃；

C——水的比热容，kJ/(kg·℃)。

六、注意事项

(1) 冷却水应先在高位水箱内储存若干小时，以使之接近环境温度后再使用。

（2）每次使用气体流量计前都须用标准体积的容器进行校正（实验室需预先校正）。

（3）实验时，明确知晓量热计中有水流动时，方可移入本生灯。当测量结束时，应先关燃气源，取出本生灯，最后关闭水源。

（4）本生灯在量热计中应连续地稳定燃烧，如发现熄火，应立即关燃气阀门，取出本生灯，用空气吹扫量热计后方可将本生灯重新放入，重新开始实验。

七、实验结果

实验过程记录和数据计算请填写在表 4-6 中，分析影响燃气发热量测量准确性的因素。

表 4-6　　气体燃料热值测定记录表

室内参数及折算系数项目	测定开始读数	测定终止读数	平均值	备注
室内温度 t(℃)				
大气压力 p(mmHg)				
烟气温度（℃）				
燃气温度（℃）				
燃气压力 H'_r(mmH$_2$O)				
燃气压力 H_r(mmHg)（$H_r=H'_r/13.54$）				
燃气中水蒸气分压力 H_{sb}(mmH$_2$O) 根据 t_r 查表				
折算系数 f				

<table>
<tr><td colspan="3" rowspan="2">项目</td><td>第一次</td><td>第二次</td><td>第三次</td></tr>
<tr><td>进/出</td><td>进/出</td><td>进/出</td></tr>
<tr><td rowspan="13">发热量 Q
(kJ/m^3，
标准状态下)</td><td rowspan="10">水
温</td><td>1</td><td></td><td></td><td></td></tr>
<tr><td>2</td><td></td><td></td><td></td></tr>
<tr><td>3</td><td></td><td></td><td></td></tr>
<tr><td>4</td><td></td><td></td><td></td></tr>
<tr><td>5</td><td></td><td></td><td></td></tr>
<tr><td>6</td><td></td><td></td><td></td></tr>
<tr><td>平均值</td><td></td><td></td><td></td></tr>
<tr><td>温度计校正值</td><td></td><td></td><td></td></tr>
<tr><td>校正后温度</td><td></td><td></td><td></td></tr>
<tr><td>温差 Δt</td><td></td><td></td><td></td></tr>
<tr><td colspan="2">水量 W(g)</td><td></td><td></td><td></td></tr>
<tr><td colspan="2">燃气体积 V_{Lq}(L)</td><td></td><td></td><td></td></tr>
<tr><td colspan="2">$Q=\frac{CW\Delta t}{V_{Lq}f}$</td><td></td><td></td><td></td></tr>
<tr><td rowspan="3">冷凝水放热量 q
(kJ/m^3，
标准状态下)</td><td colspan="2">冷凝水量 G_{Ln}(g)</td><td></td><td></td><td></td></tr>
<tr><td colspan="2">燃气总体积 V_{Ln}(L)</td><td></td><td></td><td></td></tr>
<tr><td colspan="2">$q=2510\times\frac{G_{Ln}}{V_{Ln}f}$</td><td></td><td></td><td></td></tr>
<tr><td rowspan="2">低位发热量 $Q_{net,ar}$
(kJ/m^3，标准状态下)</td><td colspan="2">$Q_{net,ar}=Q-q$</td><td></td><td></td><td></td></tr>
<tr><td colspan="2">平均值</td><td></td><td></td><td></td></tr>
</table>

实验七 碳氢测定实验

一、实验目的

煤中碳和氢的含量直接影响煤质发热量的大小，为了掌握煤炭的质量，合理利用资源，需要准确地测定煤中碳、氢含量。煤中碳、氢含量传统测定法多采用三节炉、两节炉法，但结构都比较复杂，且需要实验人员自行装配，操作技巧要求高、难度大。本实验借助 BCH-1 型半自动碳氢测定仪，学习碳、氢含量的测定，并实测实验用煤的碳、氢含量。

二、实验原理

实验使用仪器为 BCH-1 型半自动碳氢测定仪，采用库仑法测氢、重量法测碳。测定气路连接如图 4-12 所示，仪器主要由化学分析系统和控制系统两大部分构成。

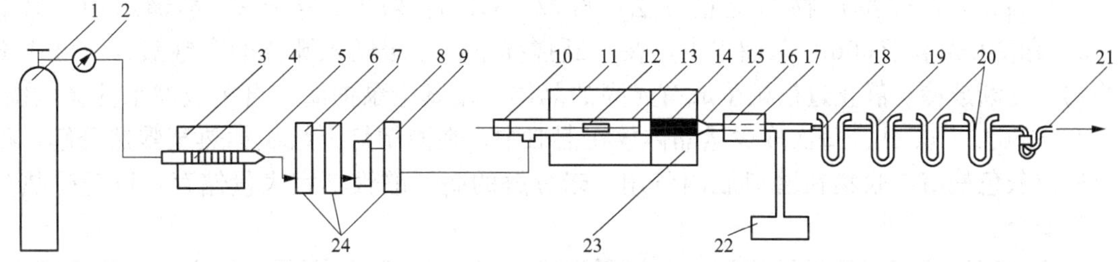

图 4-12 电量-重量法测定碳氢含量气路连接图

1—氧气钢瓶；2—氧气吸入器；3—净化炉；4—线状氧化铜；5—净化管；6—变色硅胶；7—固体氢氧化钠；8—氧气流量计；9—无水高氯酸镁；10—带推棒的橡皮塞；11—燃烧炉；12—燃烧舟；13—燃烧管；14—高锰酸银热解产物；15—硅酸铝棉；16—Pt-P_2O_5 电解池；17—冷却水套；18—除氮 U 形管；19—吸水 U 形管；20—吸收二氧化碳 U 形管；21—气泡计；22—电量积分器；23—转化炉；24—气体干燥管

1. 化学分析系统

在化学分析系统中氧气以约 80mL/min 的流量经净化炉及净化系统后得到纯净（不含 CO_2 和水）的氧。纯净的氧气流送入燃烧炉作载气，样品在燃烧炉内燃烧后生成 CO_2、H_2O 及硫、氢、氮的化合物，经转化炉除去硫、氯化合物，再进入电解池，H_2O 被电解池内 P_2O_5 膜吸收生成 HPO_3，氮化合物和 CO_2 分别被吸收系统中的吸收剂吸收。

2. 控制系统

控制系统有温度控制电路、电解控制电路和数据处理电路。样品燃烧生成的 H_2O，被电解池吸收生成 HPO_3。电解 HPO_3 时，当电解电流大于终点控制电流时，继电器吸合电解开始，电解电流经模数转换电路产生数字脉冲信号，对该脉冲信号进行积分，由显示器显示氢的含量。电解需要不同的工作电压，由电压调节电路控制，当电解电流降至终点电流时，终点控制电路控制电解结束，数据电路产生脉冲信号给极性转换电路，而极性转换电路定时改变电解回路中电解池电极的电压极性，从而实现库仑法对氢的测定。

三、实验试剂及材料

1. 实验主要试剂及材料

（1）变色硅胶。

（2）氢氧化钠：块状或颗粒状，化学纯。

(3) 无水高氯酸镁：二级，粒度 1～3mm，化学纯。

(4) 氧化铜：二级，线状（长约 3mm）。

(5) 碱石棉：二级或三级，或粒度 2～3mm 的钠石灰。

(6) 高锰酸银热解产物：用化学纯高锰酸钾和化学纯硝酸银制备。

(7) 粒状二氧化锰：化学纯，制成 2～3mm 备用。

(8) 三氧化二铬：化学纯，粉状。

(9) 硫酸：化学纯，密度 1.84g/cm^3。

(10) Pt-P_2O_5 电解池涂膜液：用磷酸（分析纯）丙酮（分析纯）配置。

(11) 其他：燃烧舟、气泡计、U 形管、橡皮塞、橡皮帽、药勺、烧杯、量筒、玻璃棒、真空泵、过滤器、酒精灯、分析天平（精准到 0.000 2g）等。

2. 实验专用试剂配制

(1) 高锰酸银热解产物的配置方法：称取 100g 高锰酸钾溶于 2L 蒸馏水中，另取 107.5g 硝酸银先溶于 50mL 蒸馏水中，在不断搅拌下，缓缓倾入沸腾的高锰酸钾溶液中搅拌均匀，逐渐放冷，静止过夜则生成有光亮的晶体，用真空泵抽滤，再用蒸馏水洗涤数次，并在 60～80℃干燥 4h。每次取少量晶体放在器皿中，在酒精灯上缓缓加热至骤然分解，得到疏松银灰色残渣，收集在磨口瓶内备用。未分解的高锰酸银不宜大量储存，以免受热分解，不安全。

(2) 电解池涂膜液的配置方法：分别量取 3mL 磷酸，7mL 丙酮，倒入 20mL 烧杯中，充分摇匀即可。

四、实验操作步骤

(1) 打开氧气通路，调节氧气吸入器（压力表）旋扭，使流量指示为 80mL/min。

(2) 通冷却水，调节冷却水使水流出时呈细水柱状即可。

(3) 打开电源，在升温的同时，做 U 形管（二氧化碳吸收管）恒重实验。即将二氧化碳吸收管磨口塞旋开，与系统连接，并接上气泡针，接通氧气使氧气流保持 80mL/min，按一下复位键，待仪器报点（10min）后，取下吸收管，关闭活塞。在天平旁放置 10min 左右称量，并记录数据。再与仪器相连，重复上述实验，直到二氧化碳吸收管质量变化不超过 0.000 5g 时，视为达到恒重。

(4) 选择极性开关。仪器的极性转换键，应在每天使用时进行交换，这对维持电解池良好工作状态大有益处。

(5) 待三段炉温升至需要的温度指示值后，即可做正式样品分析（若是新电解池则做 1～3 个废样，以平衡电解池状态。作废样不需连上吸碳管，样品亦无须标准，步骤与分析正式样品一样）。

(6) 废样做完后，在预先灼烧过的燃烧舟中称取粒度小于 0.2mm 的空气干燥基煤样 70～75mg，均匀铺平，在煤样上均匀盖一层三氧化二铬（可把此燃烧舟暂存入不带干燥剂的干燥器中存放）。

(7) 接上已恒量的二氧化碳吸收管和气泡计，并以 80mL/min 的流速通入氧气。按预处理键，将电解池电解到终点，清除残余水分。打开带有镍铬丝推棒的橡皮塞，迅速将燃烧舟放入燃烧管入口端，及时塞紧带推棒的橡皮塞，用推棒推动燃烧舟，使舟的一半进入燃烧炉炉口，按复位测定键，观察煤样燃烧后（约 90s），可将全舟推入燃烧炉炉口，待样品燃烧平衡无火星后（约 3min）即可将全舟推入高温区，并立即拉回推棒。不要让推棒红热部分回拉到靠近橡皮塞处，以免使橡皮塞过热分解。

（8）在 10min 后（电解已达到终点，否则需适当延长时间），取下二氧化碳吸收管，关闭活塞，在天平旁放置 10min 后称量（称量前应旋开一下 U 形管活塞）；记录质量。

（9）打开带推棒的橡皮塞，用带钩的镍铬丝棒取出燃烧舟，塞上带推棒的橡皮塞。

五、氢空白值的测定

（1）测定氢的空白值与二氧化碳吸收管的恒重实验同时进行，也可在碳氢测定之后进行。在三段炉温达到指定温度后，保持氧气流速为 80mL/min，按预处理键将电解池电解到终点，清除系统残余水分。在一个预先灼烧过的燃烧舟内加适量的三氧化二铬（数量和煤样分析时相当），打开带推棒的橡皮塞，放入燃烧舟，塞紧橡皮塞，按空白键。用推棒将燃烧舟一次性推到高温带，立即拉回推棒，9min 后，仪器自动电解，等待电解到达终点后，记下仪器显示的氢毫克数。若两次空白值不超过 0.05mg，则取两次测定平均值，为当天氢的空白值。

（2）样品分析结束后，关掉电源、水源、气路，将气泡计调过来接到无水高氯酸镁 U 形管上。

六、实验结果计算

1. 氢值的计算

（1）总氢值 H 的计算

$$H=\frac{m_2-m_3}{m}\times 100\% \tag{4-23}$$

（2）空气干燥基氢值 H_{ad}的计算

$$H_{ad}=\frac{m_2-m_3}{m}\times 100\%-0.111\,9M_{ad} \tag{4-24}$$

（3）干燥基氢值 H_d 的计算

$$H_d=\frac{H-0.111\,9M_{ad}}{100-M_{ad}}\times 100\% \tag{4-25}$$

式中 m_2——样品氢的仪器显示值，mg；

m——试样质量，mg；

m_3——当日氢的仪器空白值，mg；

M_{ad}——分析煤样的空气干燥基水分值，%；

0.111 9——将水折算成氢的系数。

2. 碳值的计算

（1）空气干燥基碳值 C_{ad}计算

$$C_{ad}=\frac{0.272\,9m_1}{m}\times 100 \tag{4-26}$$

（2）干燥基碳值 C_d 计算

$$C_d=\frac{0.272\,9m_1}{m(100-M_{ad})}\times 100 \tag{4-27}$$

式中 m_1——U形管吸收二氧化碳增重的质量，mg；

m——试样质量，mg；

0.272 9——将二氧化碳折算成碳的系数。

七、注意事项

（1）一般新装碱石棉U形管，刚开始做样时，第二吸收管不增重，做数次样品分析后，若第二吸收管增质量达50mg以上时，表明第一个吸收管已经失效，须要及时更换。

（2）分析样品时应注意避免带入各种人为误差，如手汗，雨季潮湿的器皿要保持干燥。

实验八 燃煤哈氏可磨性指数测定

一、实验目的

煤的可磨性是反映煤在机械力作用下被磨成小颗粒的难易程度的一种物理性质，也是火电厂衡量制粉电量消耗的一把尺度。可磨性指数还是选择磨煤机型式，计算磨煤机出力和功率的重要依据之一。本实验通过煤的可磨性指数测定，帮助学生进一步巩固煤的可磨性指数概念，学会煤的可磨性指数测定方法。

二、实验原理和方法

1. 实验原理

煤是一种脆性物质，当受到外界机械力作用时，会被磨碎成许多大小不同的颗粒。在工程上常用哈氏仪测定煤的可磨性，并用哈氏指数HGI来表示。其值越大，煤就越易破碎，其值越小，煤就越难破碎。

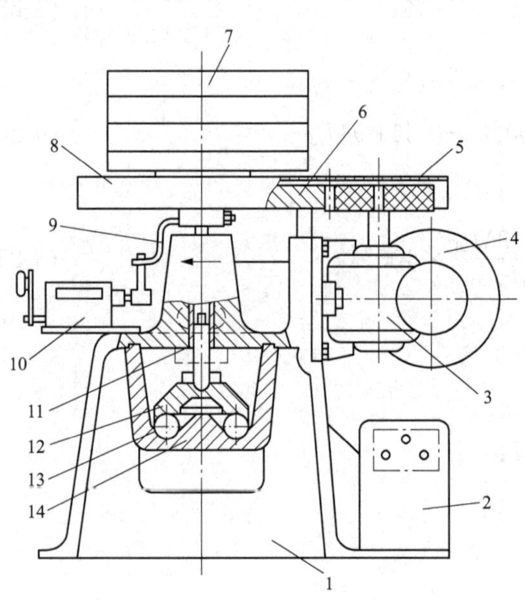

图4-13 哈氏可磨性实验仪

1—机座；2—电器控制盒；3—蜗轮盒；4—电动机；5—小齿轮；6—大齿轮；7—重块；8—护罩；9—拨杆；10—计数器；11—主轴；12—研磨环；13—钢球；14—研磨碗

本实验使用KER-60型煤的可磨性指数测定仪，如图4-13所示。

该仪器采用国家标准规定的Hardgrove法测定哈氏可磨性指数HGI。Hardgrove法（简称哈氏法）基本原理是根据廷格破碎定律，磨碎煤粉所消耗的能量与被磨碎的煤粉颗粒增加的表面积成正比的原理。

我国动力用煤可磨性（用哈氏指数表示）变化范围25HGI～129HGI，其中多数为55HGI～85HGI。

通常认为大于86的煤为易磨煤，小于62的煤为难磨煤。

2. 实验方法

称取一定粒度、一定质量的煤样，置于哈氏可磨指数测定仪（俗称哈氏磨）中研磨，然后在规定的条件下筛分，称量筛上煤样的质量，从由标准煤样绘制的校准曲线上查得哈氏可磨性指数，或按 $HGI=6.93M+13$ 计算实验结果。

三、实验仪器及材料

1. 仪器设备

实验采用 KER-60 型哈氏可磨性指数测定仪，仪器的主要构成如下。

（1）仪器由上碗机构、蜗轮盒、传动齿轮、研磨环和研磨碗、电动机以及转数控制器组成。

（2）电动机通过蜗轮、蜗杆和一对齿轮减速后，带动主轴和研磨环以 20r/min±1r/min 的速度运转。研磨环驱动研磨碗内的 8 个直径为 25.4mm 的钢球在弧形槽的轨道内转动。

（3）上碗机构置于机体和研磨碗的底部，由桥形底座、螺旋凸盘、托碗芯轴、手柄等组成。当扳动手柄时，带动螺旋凸盘回转，从而形成芯轴的垂直升降运动，完成上碗操作。

（4）电气系统由转数控制器、霍尔元件（磁钢）组成，能显示工作转数，并在主轴旋转 60r 后自动停机，若主机发生故障时可以急停，再次启动转数可以累加。

（5）由重块、齿轮、主轴和研磨环施加在钢球上的总垂直力将煤样研磨，按煤磨制成粉的难易程度来确定哈氏可磨性指数。

2. 实验材料

（1）实验筛：孔径 0.071、0.63mm 及 1.25mm 的标准筛，配有筛盖与筛底盘。

（2）保护筛：能套在实验筛上的大孔筛。

（3）振筛机：可以容纳直径为 200mm 的一组垂直套叠的标准实验筛（含筛盖及筛底盘），垂直振击频率为 149min^{-1}，水平回转频率为 221min^{-1}，回转半径为 12.5mm。

（4）工业分析天平：精度 0.01g，最大称量 100～200g。

（5）托盘天平：精度 1g，最大称量 1000g。

（6）分析煤样：烟煤和无烟煤。

（7）毛板刷、大样品勺、托盘等。

四、煤样的制备要求

按照标准要求制备实验煤样，是获得可靠测定结果的前提。煤样的制备要求如下。

（1）按照本章实验一所述方法，先将原煤样中的大块煤用碎煤机破碎至 6mm 以下，把煤样混匀摊平，使其达到空气干燥基状态，并将其缩分出不少于 1kg 的煤样。

（2）将煤样分批制成 0.63～1.25mm 间的粒度。未通过孔径为 1.25m 标准筛的粗粒度应再进行破碎、筛分，直至全部试样通过 1.25mm 的筛子为止。

（3）为保证样品的代表性，所制备的煤样量不得少于原自然干燥基煤样量的 45%；否则该煤样予以作废。

（4）对搁置过久的样本，包括标准煤样，在测定前应在振筛机上重新筛分 1 次，以去除试样表面因风化作用而附着的细粉。

五、实验内容及步骤

（1）检查并试运行哈氏可磨性测定仪的运转与计数、自停功能是否正常，以保证仪器运转 60r±0.25r 后自动停止。

（2）彻底清扫研磨碗、研磨环和钢球，把钢球尽可能均匀地分布在研磨碗内。

（3）称取 50g±0.1g 粒度为 0.63～1.25mm 空气干燥基煤样（称准至 0.01g），将其均匀摊置于研磨碗中。并平整表面，将落在研磨碗凸起部分和球上面的煤样扫到钢球周围。

（4）将 8 个钢球均匀对称地置于研磨碗内的煤样中，盖上研磨环，放入桥型底座上的预定位置处，注意主轴和研磨环十字槽方位对正，确认无误，扳动上碗机构的手柄，向右运转，使研磨碗顶升到位，再将其挂在机体两侧的异型螺栓上，拧紧螺母。此时，研磨碗通过钢球、研磨环将主轴顶起，使主轴全部负荷（284N±2N）均匀施加在 8 个钢球上。注意调整好机体两侧的异型螺栓，使研磨碗的两耳与机体止口平面间隙一致。

（5）将转数控制器调到零位，启动电动机，仪器运转 60r±0.25r 后自动停止。

（6）将保护筛、200 目标准实验筛（孔径为 0.071mm）及筛底盘依次叠好。松开异型螺栓，卸下研磨碗。将钢球和磨碎的煤都倒在保护筛上，并将研磨碗、钢球及研磨环上黏附的煤粉刷入保护筛内，把钢球放回研磨碗内，再把黏附在保护筛上的煤粉刷至 200 目的筛分筛中，取下保护筛，盖上筛盖（如操作仔细，保护筛也可不用）。

（7）将筛盖、200 目筛分筛、筛底盘一起置于振筛机上振筛 10min 后，刷 200 目筛外底 1 次，重复上述操作先、后各再振筛 5min，各刷筛外底 1 次，合计振筛 20min。

（8）称取 200 目筛上的煤样量，称准至 0.01g；再称量 200 目筛下的细煤粉量，同样称至 0.01g。如果筛上及筛下煤样的质量总和少于 49.5g，则此次实验结果作废，须重新称样测定。

六、精密度要求

（1）测定前应将标准煤样上附着的细粉筛除；每一煤样应由同一台哈氏磨测定，并由同一人操作，重复测定 4 次，计算出 200 目筛下的煤粉量，取其算术平均值。

（2）按哈氏可磨性测定精密度的规定（见表 4-7）要求，哈氏可磨性指数需修约到整数报出。

表 4-7 哈氏可磨性测定精密度

重复性 HGI	再现性 HGI
2	4

七、结果计算

（1）由校准曲线查出结果。根据 200 目筛下煤粉量，通过应用标准煤样预先绘制出的校准曲线查出测试煤样的可磨性指数。

（2）计算结果。在缺少标准煤样的情况下，哈氏可磨性指数也可计算为

$$\mathrm{HGI} = 6.93m + 13 \tag{4-28}$$

式中 m——200 目实验标准筛下的细粉量，g。

八、标准曲线绘制方法的计算示例

国家标准煤样通常由标准值为 40～110 的 4 个煤样组成，按本实验的测定步骤测定上述一组标准煤样的哈氏可磨性指数，然后绘制成标准曲线。

例如，某单位使用的一组标准煤样，由哈氏磨测得的结果见表 4-8。

表 4-8 某单位标准煤样哈氏可磨性指数测定记录

序号	哈氏可磨性指数 HGI（标准值）	200 目筛下煤粉均值（g）
1	36	3.71
2	63	7.68
3	85	10.72
4	111	14.46

（1）在直角坐标纸上，以标准煤样通过200目筛的细粉量为纵坐标，以标准煤样的哈氏可磨性指数标准值为横坐标，绘制出标准曲线。

（2）假设某煤样测定实验，其200目筛下细粉量为8.50g，由标准曲线查得该煤样的哈氏指数为70。

（3）实验中200目筛下细粉量 m_2，可根据煤样质量 m 减去200目筛上的粗粉量 m_1 求得。

九、仪器校准及使用要求

（1）每年至少应用标准煤样校准哈氏可磨指数测定仪一次。

（2）当更换操作人员，更新或检修哈氏可磨指数测定仪及主要配件以及怀疑仪器存在问题时，均应采用标准煤样予以校准。

（3）研磨碗、钢球及研磨环在每次使用后应擦拭干净，防止生锈。

（4）蜗轮盒内的润滑油应定期更换，主轴、齿轮等部分需加润滑油或润滑剂。

（5）仪器用完，应切断电源，清理实验台和房间内散落的煤粉尘。

实验九 煤粉细度与均匀性指数的测定实验

一、实验目的

煤粉细度与均匀度对煤粉气流着火和焦炭燃尽以及磨煤运行费用都有直接影响。煤粉粒度大粗粉多，着火较困难，燃烧与燃尽时间都长；在相同的煤粉细度下，煤粉越均匀，粗粉越少。但这将导致磨煤设备运行费用增加。因此在制粉和燃烧过程中，需要测定煤粉细度和均匀度进行技术经济性能比较，确定煤粉经济细度，使火电厂在科学合理的经济条件下运行。

二、实验原理

煤粉细度是表征煤粉中各种粒度的分布占总体质量的百分率，能很好地反映煤粉的均匀特性。它是监督制粉系统运行工况的主要煤质指标，在电厂常用90μm孔径的筛上煤粉质量 R_{90} 和200μm孔径的筛上煤粉质量 R_{200} 来控制煤粉细度（褐煤和油页岩常用 R_{200}、R_{500} 表示，实验过程中要注意加以区别对待）。影响煤粉细度的因素有：煤的类别、挥发分、磨煤机类型及有无分离器等。

实验称取一定质量的煤粉样，置于规定的实验筛中（标准筛号对照表见附录A），在振筛机上筛分完全，根据筛上残留煤粉质量，计算出煤粉细度 R_x，其角标 x 表示筛孔的尺寸，显然 R_x 值越大，煤粉就越粗。常用筛子孔径有以单位厘米长度的孔数为单位的，也有以单位英寸长度的孔数“目”为单位的，使用时需加以区分注意。

$$R_x = \frac{a}{a+b} \times 100\% \tag{4-29}$$

式中 a——煤粉试样筛分后留在筛子上的质量，g；

b——通过筛子的煤粉质量，g。

煤粉均匀度可用煤粉均匀性指数 n 表示，n 值越大，煤粉颗粒直径就越均匀。若已知 R_{90}、R_{200}，则 n 值可以计算为

$$n=\frac{\lg\ln\frac{100}{R_{200}}-\lg\ln\frac{100}{R_{90}}}{\lg\frac{200}{90}} \tag{4-30}$$

三、实验仪器及材料

（1）检定合格的标准实验筛：直径 200mm 配有筛盖及底盘的实验筛，筛网孔径分别为 90 、200、500μm（褐煤和油页岩常用 R_{200}、R_{500}），煤粉细度与筛子孔径对照见表 4-9。

（2）工业天平：精确度 0.01g。

（3）振筛机：宜采用具有垂直振动和水平运动的振筛机，无振筛机可采取手工振动筛子。

（4）槽式二分器：小型密封式。

（5）实验用的煤样、手锤、秒表、软毛刷、大小药勺、不锈钢盛样盆、手套、口罩等。

表 4-9 煤粉细度与筛子孔径对照

序号	名称	常用标号		
1	筛号（每厘米长的孔数）	12	30	70
2	孔径（筛孔的内边长，μm）	500	200	90
3	煤粉细度（%）	R_{500}	R_{200}	R_{90}

四、实验方法和要求

1. 实验方法

（1）将筛子底盘和孔径 90μm 及 200μm 的筛子自下而上依次叠加在一起（注意大号筛在上，小号筛在下）。

（2）准确称取 25g 空气干燥基煤粉样，置于上述孔径为 200μm 的实验筛中，盖好筛盖。

（3）将已叠置好并有称重煤样的一套筛子装入振筛机支架上，启动电源，振筛 15min，取下筛子，刷孔径为 90μm 的筛外底一次。

（4）装上筛子，再筛分 5min，再刷孔径为 90μm 的筛外底一次，然后称量底盘质量。

（5）为使筛分达到完全，必须进行检查性筛分。方法：再振筛 2min，称量底盘质量，筛下煤粉量增重不超过 0.1g，则认为筛分完全。

（6）取下筛子，分别称量孔径为 200μm 及 90μm 筛上残留的粉量，称准到 0.01g。

2. 人工筛分方法

先把试样放于小号筛（如 90μm 孔径）的筛子中进行筛分，筛分完成后，把留在筛上的煤粉倒入较大号筛（如 200μm 孔径）的筛了中进行筛分。注意在每种筛子筛分的最后都要进行检查性筛分。人工筛分时除按上述实验方法称量、记录数据外，还应该严格遵守下列技术操作要求。

（1）用 90μm 孔径的筛子进行筛分时，筛分过程要求如下：首先筛分 15 回（约 3min），用软干刷子仔细刷筛底一次；再筛分 10 回（约 2min），刷筛底一次；接着再筛 25 回（约 5min），刷筛底一次；最后再筛分 25 回结束，筛分全过程约 15min。

（2）用 200μm 孔径的筛子中进行筛分时，与上述方法基本相同，先后筛分 10、25、40 回，并各刷筛底一次，最后再筛分 10 回结束。

五、结果计算

实验测定数据记录在表 4-10 上，人工筛分煤粉细度 R_X 按式（4-29）计算；使用振筛机时，R_X 由式（4-29）可以得出 R_{200}、R_{90} 计算为式（4-31）和式（4-32）；煤粉均匀性指数 n 按式（4-30）计算；煤粉细度和均匀性指数测定精密度要求重复性均小于 0.5%

$$R_{200}=\frac{m_{200}}{G}\times 100 \tag{4-31}$$

$$R_{90}=\frac{(m_{200}+m_{90})}{G}\times 100 \tag{4-32}$$

式中 R_{200}——煤粉细度（未通过孔径 200μm 筛上的煤粉量占煤样的质量分数），%；

R_{90}——煤粉细度（未通过孔径 90μm 筛上的煤粉量占煤样的质量分数），%；

m_{200}——孔径 200μm 筛上的煤粉质量，g；

m_{90}——孔径 90μm 筛上的煤粉质量，g；

G——煤粉试样的质量，g。

六、煤粉细度实验记录

表 4-10 煤粉细度测定实验记录表

序号	项目名称		符号	单位	数据来源与计算公式	数值		平均
						1	2	
1	煤粉试样质量		G	g	按规定称取			
2	留在 90μm 筛上的煤粉质量		m_{90}	g	筛分测定			
3	留在 200μm 筛上的煤粉质量		m_{200}	g	筛分测定			
4	机械筛分	90μm 筛号煤粉细度	R_{90}	%				
5		200μm 筛号煤粉细度	R_{200}	%				
6	人工筛分	90μm 筛号煤粉细度	R_{90}	%				
7		200μm 筛号煤粉细度	R_{200}	%				
8	煤粉均匀度可用煤粉均匀性指数		n	—				

实验十 烟气成分分析

锅炉在运行过程中，燃料燃烧产生的烟气组成和容积随运行工况的改变会有变化，烟气的含量及成分直接反映出炉内的燃烧工况。因而在锅炉燃烧调整和运行监督中，都需要对锅炉烟气进行成分分析。燃料燃烧后的烟气主要成分有 CO_2、SO_2、O_2、H_2O、N_2、CO 等气体成分。测定计算烟气量和烟气组成，不但可以得到炉膛出口过量空气系数、得知炉膛的空气供给量，还可以测量锅炉排烟的过量空气系数确定排烟热损失。

一、实验目的

本实验通过使用奥氏烟气分析仪测定干烟气中主要气体成分的容积百分数，使学生学会奥氏烟气分析仪测定烟气成分的基本原理和方法，为进行相应的热力测试及计算提供锅炉燃烧的实测数据。

二、实验原理

奥氏烟气分析仪是利用选择性化学吸收法，按容积测定烟气气体成分的仪器。它主要由三个化学吸收瓶组成，利用不同化学药剂对气体的选择性吸收特性而进行实验测定。

1. 吸收瓶Ⅰ

第 1 个吸收瓶内盛放氢氧化钾溶液（KOH），强碱苛性钾溶液会吸收烟气中的 CO_2 与 SO_2 气体。在烟气成分中常用 RO_2 表示 CO_2 与 SO_2 容积总和，即 $RO_2=CO_2+SO_2$。

第 1 个吸收瓶内的化学反应式

$$2KOH+CO_2 \longrightarrow K_2CO_3$$
$$KOH+SO_2 \longrightarrow K_2SO_3$$

2. 吸收瓶Ⅱ

第 2 个吸收瓶内盛放焦性没食子酸的苛性钾溶液［$C_6H_3(OK)_3$］，它可吸收烟气中的 RO_2 与 O_2 气体。当 RO_2 气体被吸收瓶Ⅰ吸收后，吸收瓶Ⅱ则只吸收烟气容积中的 O_2 气体。焦性没食子酸的苛性钾溶液吸收 O_2 的化学反应式为

$$4C_6H_3(OK)_3+O_2 \longrightarrow 2[(OK)_3C_6H_2—C_6H_2(OK)_3]+2H_2O$$

3. 吸收瓶Ⅲ

第 3 个吸收瓶内盛氯化亚铜的氨溶液［$Cu(NH_3)_2Cl$］，它可吸收烟气中的 CO 气体。

其化学反应式为

$$Cu(NH_3)_2Cl+2CO \longrightarrow Cu(CO)_2Cl+2NH_3$$

氯化亚铜的氨溶液能同时吸收 CO、O_2 两种气体，故烟气应先通过吸收瓶Ⅱ，使 O_2 被吸收，这样再通过吸收瓶Ⅲ时，吸收的烟气只有剩下的 CO 气体。

4. 计算方法

在环境温度下，烟气中的过饱和蒸汽将结露成水，因此在进入分析仪器前，烟气应先通过过滤器，使饱和蒸汽被吸收，故在吸收瓶中的烟气容积为干烟气容积，气体容积单位为 Nm^3/kg，测定的各种成分为干烟气容积成分百分数表示为

$$CO_2+SO_2+O_2+CO+N_2=100\%$$

$$RO_2=\frac{V_{RO_2}}{V_{gy}}\times 100\% \tag{4-33}$$

$$O_2=\frac{V_{O_2}}{V_{gy}}\times 100\% \tag{4-34}$$

$$CO=\frac{V_{CO}}{V_{gy}}\times 100\% \tag{4-35}$$

$$N_2=\frac{V_{N_2}}{V_{gy}}\times 100\% \tag{4-36}$$

三、实验仪器及材料

(1) 奥氏烟气分析仪，如图 4-14 所示。主要部件：过滤器、气体量筒（100mL）、水准瓶、三通旋塞、吸收瓶。

(2) 化学药品：分析纯氢氧化钾、焦性没食子酸、甲基橙、氯化铵、蒸馏水、氯化钠、氯化亚铜、稀盐酸、紫铜丝、氨水等。

(3) 托盘天平（用以称量配置吸收剂的化学药品）、500mL 烧杯、玻璃棒、200mL 液体量筒、脱脂棉、凡士林、乳胶管、剪刀、镊子、医用胶布等。

(4) 吸收剂配置。

1）KOH 溶液：称取 100g KOH 溶于 200mL 蒸馏水中。溶解要缓慢以防发热飞溅，溶液澄清后缓缓注入吸收瓶Ⅰ中。

2）$C_6H_3(OK)_3$ 溶液：称取 20g 焦性没食子酸 $C_6H_3(OH)_3$ 溶于 60mL 蒸馏水中，另外称取 100g KOH 溶于 200mL 蒸馏水中，分别得到无色透明液。然后将这两种溶液混合，即得到呈褐色的焦性没食子酸苛性钾溶液 $C_6H_3(OK)_3$，缓缓注入吸收瓶Ⅱ中。

3）$Cu(NH_3)_2Cl$ 溶液：称取 66g 氯化铵溶于 200mL 蒸馏水中，再加入 50g 氯化亚铜。把配制成的溶液盛于另一内有紫铜丝的瓶中，使它充满该瓶。用时倾出清液，再按 3∶1 比例加入相对密度为 0.91 的氨水，即得到青色的氯化亚铜的氨溶液 [$Cu(NH_3)_2Cl$]，缓缓注于吸收瓶Ⅲ中，作第三瓶吸收药液使用。

4）三种吸收药液可以根据选择的吸收瓶容积，按上述配置比例自行增减配置液体总量，溶液浓度对精度要求不高。

5）封闭溶液：仪器系统内量筒和水准瓶的水不应吸收烟气中任一种成分，这种水称为封闭溶液。封闭溶液可采用饱和食盐水，由蒸馏水加氯化钠（NaCl）达到饱和状态配制而成。溶液中通常加入少量甲基橙和盐酸，呈红色，以使读数清晰，更直观易于读取。

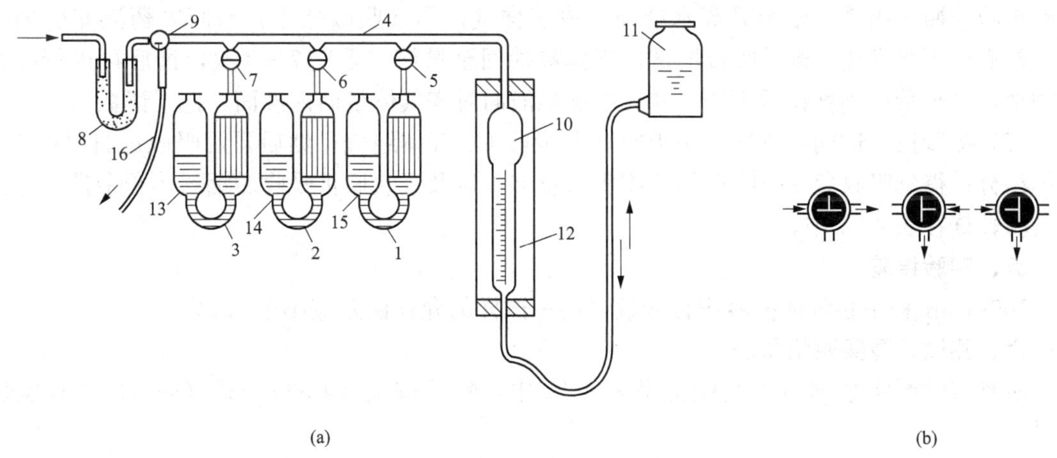

图 4-14 奥氏烟气分析仪

（a）奥式烟气分析仪结构简图；（b）三通旋塞的操作位置

1、2、3—吸收瓶；4—梳形管；5、6、7—旋塞；8—过滤器；9—三通旋塞；10—量管；11—水准瓶；12—水套管；13、14、15—缓冲瓶；16—抽汽

（5）烟气发生器：烟气试样可直接取自锅炉烟道，也可取自烟气发生器（实验室使用）。

四、实验过程

1. 检查气密性

（1）检查两通旋塞与吸收瓶间的连接管漏气。将三通旋塞通向大气，然后提高水准瓶，使量筒液面升至上刻度，再关闭三通。稍提高水准瓶，同时开启吸收瓶Ⅰ的二通旋塞，再相应降低水准瓶，使药液位至瓶颈小口处，立即关闭二通。检查药液位稳定，则说明二通旋塞与吸收瓶Ⅰ的连接部分不漏气。用同样的方法检查吸收瓶Ⅱ、Ⅲ的旋塞与其连接部分气密性。

（2）检查三通旋塞与其他连接部分。三通旋塞置于通大气位置，使量筒内液面升至上刻度，关闭三通旋塞。降低水准瓶，观察量筒内液位，经 1～2min 后液位仍不发生变化，说明系统严密不漏气。

2. 取烟气试样

(1) 换气。为取得真实烟气试样，奥氏烟气分析仪与取样管接通后，应先进行换气。换气可用三通旋塞和水准瓶来完成，首先三通旋塞通大气，提高水准瓶把量筒内的存气排除；然后把三通旋塞接通取样管，降低水准瓶吸取烟气试样。重复多次，直至把取样管中、分析仪中全部烟气换成新鲜试样气体。

(2) 取样。要求在大气压下取得试样烟气 100mL。三通旋塞置于通向取样管位置，降低水准瓶吸取烟气至量筒最低刻度线以下，关闭三通。提高水准瓶，使量筒内液面在下刻度线上。此时，将水准瓶与量筒间的橡皮管用手指夹住，迅速开启与关闭三通旋塞，使量筒内烟气瞬间通向大气，烟气压力等于大气压力。松开所夹橡皮管，使水准瓶液位与量筒液位下刻度线对齐，不符合要求时应重复上述方法取样。

3. 实验测量

(1) 首先用吸收瓶Ⅰ吸收 RO_2 气体。稍提高水准瓶，转动吸收瓶Ⅰ的二通旋塞使烟气通路至吸收瓶Ⅰ内部。渐渐升高水准瓶，将试样气体压入吸收瓶Ⅰ，与瓶内药液充分的接触。然后放下水准瓶，未被吸收的试样气体被抽回至量筒。重复 7～8 次，最后再进行检查性测量，直至量筒刻度指示不变。最后水准瓶液面对齐气体量筒内液面，记下读数 A。

(2) 接着按上述同样方法，用吸收瓶Ⅱ吸收 O_2 气体组分；然后再用吸收瓶Ⅲ吸收 CO 气体组分；得到吸收瓶Ⅱ吸收后烟气体积余量 B，以及吸收瓶Ⅲ吸收后烟气体积余量 C。记录实验数据在表 4-11 中。

五、实验误差

100mL 试样中各气体的容积百分数，同一试样的允许误差应小于 0.2%。

六、测试计算实验记录表

所有实验测定数据填入实验记录表 4-11 中，然后按式 (4-33)～式 (4-36) 计算实验结果。

表 4-11　烟气分析实验记录表

序号	名称	符号	单位	数值来源与计算	数值			
					1	2	3	平均
1	烟气取样量	V	mL	实际取样	100	100	100	
2	瓶Ⅰ吸收后烟气体积余量	A	mL	实测				
3	瓶Ⅱ吸收后烟气体积余量	B	mL	实测				
4	瓶Ⅲ吸收后烟气体积余量	C	mL	实测				
5	RO_2 容积百分数	V_{RO2}	%	$100-A$				
6	O_2 容积百分数	V_{O2}	%	$A-B$				
7	CO 容积百分数	V_{CO}	%	$B-C$				
8	N_2 容积百分数	V_{N2}	%	C				

七、注意事项

(1) 水准瓶的升降不宜太快，以防止量筒中的水冲出，且防止吸收瓶中的吸收剂被抽出。

(2) 测量读数时必须把水准瓶液位与量筒液位对齐，这样才能保持量筒内试样在大气压下，使测量准确。

(3) 三个吸收瓶的测定顺序切勿颠倒，测量程序必须是吸收瓶Ⅰ、吸收瓶Ⅱ、吸收瓶Ⅲ，吸收顺序不能颠倒，才能得到准确的测定结果。

(4) 注意全过程中分析器所有连接部位和旋塞、管路都必须严密，防止泄漏。各旋塞可涂凡司林密封，一旦发生漏气应立即堵漏，并重新开始实验。

(5) 分析试样气体温度应与环境温度接近，最高不超过 40～50℃。

(6) 吸收剂药液不能直接与皮肤或衣服接触，一旦接触立刻用大量清水冲洗。

八、思考题

(1) 奥氏烟气分析仪三个吸收瓶的药液都是什么?

(2) 奥氏烟气分析仪三个吸收瓶的顺序为什么不能颠倒?

(3) 实际生产中测量烟气成分还有哪些方法?

(4) 如何利用测得的烟气成分百分数计算烟道的过量空气系数?

(5) 简要说明烟气分析的意义和用途。

实验十一　锅内自然水循环过程实验

一、实验目的

本实验通过双锅筒（汽包）采用半定量实验法验证自然循环工作原理，使学生观察了解在自然循环条件下，平行管汽-液双相的流动结构及不同热负荷下的流动偏差现象，验证自然循环停滞、倒流、下降管带汽等故障现象，促进理论课程的学习。

二、实验原理

自然循环锅炉中的循环系统是由上锅筒（汽包）、下联箱、下降管和上升管组成，循环动力是靠上升管与下降管之间的压力差来维持的。上升管由于受热，工质随温度升高而密度变小，在一定的受热强度及时间下，上升管内会产生部分蒸汽，形成汽水混合物，从而使上升管工质密度大大降低。这样不受热的下降管工质密度与上升管工质密度形成一个差值，依靠这个密度差产生的压差，上升管的工质向上流动，下降管的工质向下流动进行补充，形成循环回路。只要上升管的受热足以产生密度差，循环便不会停止。

自然循环如果是单循环回路（只有一根上升管和下降管），由上升管上升至上锅筒的工质将由下降管得到补充，使上升管得到足够的冷却，因而循环是正常的。但锅炉的水冷壁并非由简单的回路各自独立组成，而是由上升管并排组成受热管组，享有共同的汽包、下降管、下联箱，这样组成的自然循环比单循环具有更大的复杂性，各平行管之间的循环相互影响，如果各上升管受热不均匀，由于某些原因受热弱的管子中的工质将出现停滞、倒流现象。

1. 循环停滞

当并列的上升管受热不均匀时，在受热弱的上升管中，汽水混合物的密度便大于受热强的管子中汽水混合物的密度（见图 4-15)。从图中可以看出：a 管受热强，管中汽水混合物的密度 $\rho'_{汽水}$ 小；b 管受热弱，管中汽水混合物的密度 $\rho''_{汽水}$ 大。因此受热弱的上升管 b 所产生

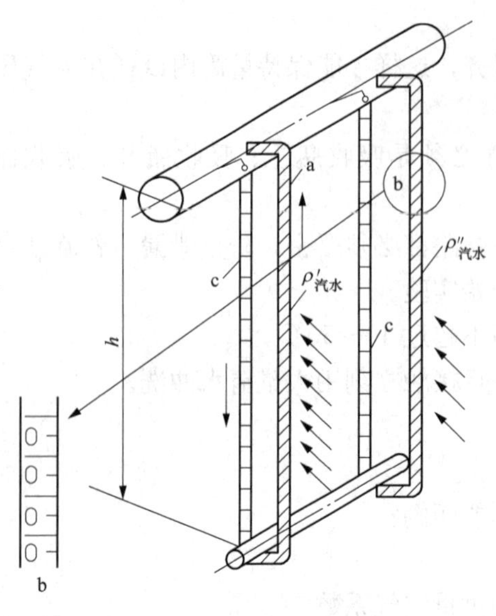

图 4-15 循环停滞现象

的运动压头比受热强的上升管 a 要小。

b 管受热很弱，则极小的运动压头，便不能保证上升管中的工质以最低的允许速度做稳定的流动，而会处于停止不动的状态，这种现象就称为循环停滞。很显然，当发生循环停滞时，传热情况将大大恶化，如果上升管是直接引入汽包的蒸汽空间的，则在受热弱的上升管的上部，将形成不动的自由水面，这样管壁温度将会急剧增高而使管壁过热。也就是在受热弱的上升管中，其有效压头不足以克服下降管的阻力，使汽水混合物处于停滞状态，或流动得很慢，此时只有气泡缓慢上升，在管子弯头等部位容易产生气泡的积累使管壁得不到足够的水膜来冷却，而导致高温破坏。

2. 循环倒流

当并列的上升管受热严重不均匀时，在受热最弱的上升管中所产生的运动压头就很小；同时由于受热最强的上升管中工质的流速很大而产生抽吸作用，会使受热最弱的上升管中工质的循环流速成为负值。即管中的工质将朝着与正常循环方向相反的方向流动，这种现象就称为循环倒流（或循环倒转）。发生循环倒流时，假如汽水混合物沿着整个管子平均地向下流动，则暂时不会发生事故。但是由于在受热管子中不断产生的一部分气泡由于浮力的作用总是力图上升，所以气泡的运动方向与水的流动方向相反，而当气泡上升的运动速度与水向下的运动速度相等时，便会发生气泡的停滞，产生所谓的“汽塞”现象。这时发生“汽塞”的管段会因得不到有效的冷却而很快地过热烧坏。原来工质向上流的上升管，变成了工质自上而下流动的下降管。产生倒流是在受热弱的管子中，其有效压头不能克服下降管的阻力所致。如倒流速度足够大水量较多，有足够的水来冷却管壁，管子仍能可靠工作；如倒流速度很小，则蒸气泡受浮力作用可能处于停滞状态，容易在弯头等处积累，使管壁受不到水的冷却而过热损坏。

三、实验装置

锅内自然水循环实验由 GLY-1 工业锅炉演示模型装置完成。该装置由自然水循环系统组成，系统由七根玻璃制上升管、三根玻璃制下降管、一个上锅筒和一个下联箱所组成，在上锅筒的左右两侧端面上固定着 20mm 厚的玻璃视镜，用来观察工质的加热与水位状况；前后两边是上升管和下降管，上升管和下降管上端连接着上锅筒，下端连接着下联箱，7 根上升管，每根都缠绕一根额定功率为 500W 的加热电热丝，选择 24、36、57 每两根为一组，分成三组，通过相应的电子调压器来调节输入电压，并利用开关来接通或断开电源；第 1 根则只用开关来接通和断开电源，用以改变加热状况。

调节各上升管的加热程度（或停止加热），可以演示出上升管和下降管中正常自然水循环时系统中的水汽流态、柱状和弹状气泡的现象；也可以演示自然水循环中的常见的故障，停滞和倒流。

水循环系统安装在实验台支架的左半部分，在实验台支架的右半部分，装有系统的控制电路。演示时，除调整和观察加热电压外，通过按下控制面板上的电流检测按钮，还可以测定加热电路中的电流大小，用以计算上升管的加热电功率。

四、实验操作步骤

(1) 使用前，首先加水至上锅筒的水位线处。

(2) 接通三相电源，开启总电源开关。

(3) 检查电路和仪表无异常情况后，将各加热开关置于接通位置。将三只调压旋钮旋至电压表指示为零。

(4) 将三只调压旋钮旋至电压表指示接近 220V，加热至工质进入沸腾状态，此时可以从上升管和下降管中观察到正常的自然水循环状态，所有的上升管中的水向上流动，而下降管中的水则向下流动。在沸腾剧烈时，可以看到管中产生柱状和弹状气泡的水、汽两相混合的流动状态。

(5) 为了能够在热水循环系统中演示常见的停滞和倒流的故障现象，在上述实验工况下，可采用三种方案来模拟一些上升平行管的受热不均匀情况，从而使受热弱的上升管中产生并观察到上述故障现象。

方案一：选择任一组调压加热电路，下调电压至 30V 左右，使这组（两根）上升管产生降温，从而可导致在受热弱的上升管中出现故障。

方案二：选择任意二组调压加热电路，断开一组（两根）上升管的加热开关，下调另外一组（两根）加热电压至 30V 左右，使其中两根上升管降温，另两根上升管断电停止加热，也会在这些受热弱的上升管中导致故障出现。

方案三：选择任一组调压加热电路，不下调调压器电压，而断开这一组（两根）上升管的加热开关，使这一组（两根）上升管断电不加热，也可以在这两根受热弱的上升管中出现故障。

(6) 实验结束后，将所用调压器调至零位，并断开总电源。

五、实验记录

将实验结果填入实验记录表 4-12 及表 4-13 当中，并写出实验报告。

表 4-12　　自然水循环汽水流动状态实验记录表

状态数据	电压（V）	电流（A）	加热时间（s）

表 4-13　　自然水循环常见故障现象演示结果记录表

管列/数据	电压（V）	电流（A）	加热时间（s）	现象
上升管 1				
上升管 2				
上升管 3				
上升管 4				

续表

管列/数据	电压（V）	电流（A）	加热时间（s）	现象
上升管 5				
上升管 6				
上升管 7				

实验十二　锅炉热平衡实验（Ⅰ）

一、实验目的

锅炉热平衡实验是测定锅炉效率及各项热损失的实验。通过锅炉运行时热量的收支平衡关系，分析影响锅炉效率的因素，分析研究热损失分别表现在哪些方面，以判断锅炉设计和运行水平，进而寻求降低热损失的方法，提高锅炉经济运行的有效性。

二、实验原理和方法

锅炉的输入热量等于锅炉输出的热量时，锅炉的这种热量收、支平衡关系称为锅炉热平衡。输入锅炉的热量是指伴随燃料送入锅炉的热量，输出热量包括两部分：一部分为用于生产蒸汽（或热水）的热量（有效利用热）；另一部分为热损失。热平衡实验是在锅炉燃烧调整正常且热力工况稳定后，对各实验项目进行测试。对燃煤锅炉，锅炉热平衡测试通常是以1kg 固体燃料为基础进行计算的。在稳定工况下，锅炉热平衡方程可写为输入热量＝有效利用热＋各项热损失，表达为

$$Q_r = Q_1 + Q_2 + Q_3 + Q_4 + Q_5 + Q_6 \tag{4-37}$$

式中　Q_r——1kg 燃料输入锅炉热量，kJ/kg；

Q_1——锅炉的有效利用热，kJ/kg；

Q_2——排烟热损失的热量，kJ/kg；

Q_3——可燃气体未完全燃烧热损失的热量，kJ/kg；

Q_4——固体未完全燃烧热损失的热量，kJ/kg；

Q_5——散热损失的热量，kJ/kg；

Q_6——灰渣物理热损失的热量，kJ/kg。

以输入的热量为100%来建立热平衡，并以 q 表示有效利用热和各项热损失，则有

$$q_1 + q_2 + q_3 + q_4 + q_5 + q_6 = 100\% \tag{4-38}$$

式中　$q_1 = \dfrac{Q_1}{Q_r} \times 100\%$　为锅炉有效利用热占输入热量的百分比，即为锅炉热效率 η；

$q_i = \dfrac{Q_i}{Q_r} \times 100\%$（$i = 2 \sim 6$）　分别表示各项热损失占输入热量的百分比。

以 1kg 燃料输入锅炉的热量为基础，锅炉有效利用热量和各项热损失之间的平衡关系如图 4-16 来表示。

锅炉热平衡实验是锅炉热工实验中最基本的一项实验。它可以作为新产品鉴定实验、锅炉设备运行调整实验及运行比较实验。

锅炉设备在运行中应当定期进行热平衡实验，以查明影响锅炉效率的主要因素，作为改

进锅炉效率，降低热损失的依据。

1. 热平衡实验的负荷要求

（1）锅炉的额定负荷。

（2）锅炉的最低负荷。

（3）额定负荷和最低负荷中间的经济负荷。

（4）短时间的最大负荷（超额定5%～10%）。改变工况，原则上应重复进行两次测试。

2. 锅炉热平衡实验的方法

锅炉热平衡实验是计算锅炉效率的实验，锅炉热效率为锅炉有效利用热占输入热量的百分比，用符号η表示。锅炉热平衡实验可以通过正平衡和反平衡两种方式测定锅炉运行热效率。在工业锅炉的测试中，多采用正平衡方法并辅以一些主要的热损失项目测试；而电站锅炉由于效率高、容量大，燃料量不易精准测量，有效利用热的测定也可能引入较大误差，因此常采用反平衡法测定锅炉效率，这样不仅可以得出精度较高的热效率，还可以测得各项热损失，从而找出降低锅炉热损失、提高锅炉热效率的途径。在电站锅炉测定热效率时也可以采用正、反平衡两种方法同时进行的方式，以使两种方式测定结果可以互相核对。

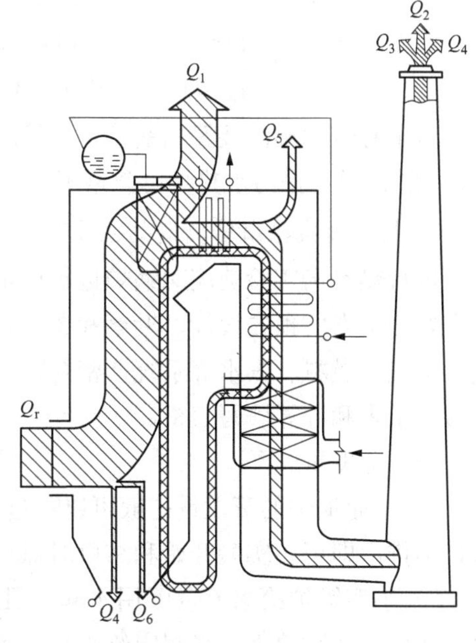

图4-16 锅炉热平衡示意图

（1）正平衡法。通过计算锅炉有效利用热和输入热量直接计算锅炉热效率的方法称为正平衡法，也称为输入-输出热量法。对于燃煤锅炉（燃煤和空气都未利用外部热源预热），一般锅炉的输入热量Q_r即为燃煤的收到基低位发热量$Q_{net,ar}$即$Q_r=Q_{net,ar}$。那么正平衡法，锅炉热效率η计算为式

$$\eta=q_1=\frac{Q_1}{Q_r}\times100\% \tag{4-39}$$

（2）反平衡法。在锅炉稳定运行工况下，通过实验测出锅炉的各项热损失（q_2、q_3、q_4、q_5、q_6），然后再计算锅炉热效率的方法称为反平衡求效率法，也称为热损失法。反平衡法可以根据式（4-40）计算，即可求出锅炉热效率η

$$\eta=100-(q_2+q_3+q_4+q_5+q_6) \tag{4-40}$$

3. 锅炉有效利用热

锅炉有效利用热量Q_1是水和蒸汽流经各受热面所吸收的热量。空气虽然在空气预热器中吸热，但又被送到炉内参与燃烧，这部分热量属于锅炉内部的热量循环，不应计入锅炉的有效利用热。因此有效利用热量为

$$Q_1=\frac{Q}{B}=\frac{D_{sh}(h''_{sh}-h_{fw})+D_{rh}(h''_{rh}-h'_{rh})+D_{bl}(h_{bl}-h_{fw})}{B} \tag{4-41}$$

式中 Q——单位时间总有效利用热，kJ/s；

Q_1——单位燃料的有效利用热，kJ/kg；

B——锅炉的燃料消耗量，kg/s；

D_{sh}、D_{rh}、D_{bl}——过热蒸汽、再热蒸汽、排污水的流量，kg/s；

h''_{sh}、h_{fw}——过热器出口蒸汽焓和锅炉给水焓，kJ/kg；

h''_{rh}、h'_{rh}——再热器出、入口蒸汽的焓，kJ/kg；

h_{bl}——排污水焓（等于汽包压力下的饱和水焓），kJ/kg。

对于有连续排污装置的锅炉，计算时需计入排污水带走的热量。当锅炉排污量不超过蒸发量的2%时，排污水热量可忽略不计。为了简化实验，实验期间一般都暂停排污。

4. 热平衡实验所需测定的主要项目

进行热平衡实验前应对锅炉进行严格及全面的检查，编写热平衡实验方案和实验大纲，并做好测试点的预先设计、勘察和布置，确保锅炉各设备均能正常运行并符合实验要求，烟气、空气、燃料、汽水等系统严密合格，且实验所用仪表已经校验标定，并预先设计好测试项目记录表和计算填写表格。

（1）蒸发量。

1）工业锅炉的蒸发量一般可以通过测定锅炉的给水流量来确定，只要管路系统没有渗漏，不排污即可。实验开始和结束时保持汽包蒸汽压力和水位一致，给水流量就是蒸发量。

2）小型锅炉给水流量可用水箱、孔板流量计等测定。可用量水箱或按水箱中水位变化（适用于间歇给水）来测定给水量，用水表测定误差较大。

3）对于有再热器的电站锅炉而言，锅炉的有效利用热量包括锅炉输出的过热蒸汽吸收热量、锅炉输出的再热蒸汽吸收热量、锅炉自用饱和蒸汽吸收热量和排污水吸收热量，对于再热器喷水减温还需加上喷水量自锅炉吸热变为再热蒸汽吸收热量，具体情况依据实际测试的炉型而定。

（2）蒸汽焓和给水焓。干饱和蒸汽的焓 h_q 是指相当于平均蒸汽压力下的数值。可按测得的蒸汽压力求其平均值后查表。蒸汽压力一般可直接使用锅炉上的运行监督压力表读值，但其精度不应低于1.5级。给水焓在数值上近似等于给水温度，也用平均值。

（3）燃料消耗量。实际燃料消耗量是指单位时间内实际供给锅炉的燃料量，用符号 B 表示，单位为kg/s或者t/h，可以写成

$$B=\frac{Q}{Q_r\eta}\times 100\% \tag{4-42}$$

式中 Q——单位时间锅炉总有效利用热，kJ/s。

实际燃料消耗量在实验中也可以通过实验测量得到。

（4）机械未完全燃烧热损失 q_4。机械未完全燃烧热损失是由于灰中未燃烧或未燃尽的碳所造成的热损失，也称为固体未完全燃烧热损失。机械未完全燃烧热损失是燃煤锅炉主要热损失之一，通常仅次于排烟热损失。以煤粉炉为例，其主要包括飞灰、灰渣和沉降灰三项损失，实验期间可以由平均每小时的灰质量 G_{fh}、G_{lz} 和 G_{cjh} 以及化验分析所得的三者的可燃物含量 C_{fh}、C_{lz}、C_{cjh} 质量百分数按式（4-43）、式（4-44）计算求得。碳的发热量按32 700kJ/kg，即

$$q_4=\frac{Q_4}{Q_{net,ar}}\times 100\%=\frac{32\,700(G_{fh}C_{fh}+G_{lz}C_{lz}+G_{cjh}C_{cjh})}{BQ_{net,ar}}\% \tag{4-43}$$

灰样全部收集后称重、化验，用灰平衡法计算得到

$$G_{fh}=\frac{BA_{ar}-G_{lz}(100-C_{lz})-G_{cjh}(100-C_{cjh})}{100-C_{fh}}$$

$$q_4=\frac{32\ 700A_{ar}}{Q_r}\left(\alpha_{fh}\frac{C_{fh}}{100-C_{fh}}+\alpha_{lz}\frac{C_{lz}}{100-C_{lz}}+\alpha_{cjh}\frac{C_{cjh}}{100-C_{cjh}}\right) \tag{4-44}$$

式中 A_{ar}——煤的收到基灰分，%。

灰渣的可燃物含量，可在收集的灰渣中取样，并用四分法缩样，送化验室化验分析而得出。飞灰的取样较难，一般在锅炉烟道中抽取烟气，经旋风分离器而获得灰样；也可采用除尘器除下的飞灰作为飞灰可燃物含量试样，飞灰试样同样需要经过缩分后送到化验室分析。

（5）排烟热损失 q_2。排烟热损失是由于锅炉排烟温度高于环境温度所造成的热损失。它是锅炉各项热损失中最大的一项。排烟热损失取决于排烟容积和排烟温度，即受排烟焓大小的影响。它由排烟焓和空气带入锅炉的热量之差，并考虑因一部分可燃物没有燃烧（即没有 q_4）而予以修正。排烟热损失可计算为

$$q_2=\frac{Q_2}{Q_{net,ar}}\times 100\%=\frac{h_{py}-\alpha_{py}h_{lk}^0}{Q_{net,ar}}\left(1-\frac{q_4}{100}\right)\times 100\% \tag{4-45}$$

式中 h_{py}——排烟焓，kJ/kg；

α_{py}——排烟处的过量空气系数；

h_{lk}^0——理论冷空气焓，kJ/m^3（标准状态下）。

排烟焓决定于排烟温度、烟气中各组成成分的容积和定压容积比热。排烟温度用热电偶测定；烟气中各组成成分的容积可以根据燃料的元素分析和过量空气系数计算，也可以通过实际烟气分析测定得到；而比定压热容则可以按照排烟温度在它们的特性表中查得。

排烟处的过量空气系数根据排烟处的烟气分析结果，计算为

$$\alpha=\frac{1}{1-\frac{79}{21}\times\frac{O_2-0.5CO}{100-(RO_2+O_2+CO)}} \tag{4--46}$$

式中，RO_2、O_2、CO 分别为排烟中的三原子气体、氧气和一氧化碳的容积百分数。随冷空气带入的热量取决于冷空气温度、比定压热容和容积。燃料燃烧所需的理论空气量由元素成分计算而来。冷空气温度通常在送风机入口处用温度计测量。

（6）化学未完全燃烧热损失 q_3。化学未完全燃烧热损失是由于烟气中含有可燃气体造成的热损失，也称可燃气体未完全燃烧热损失。由于可燃气体（CO、H_2、CH_4、C_mH_m）燃烧不完全而造成的这项热损失主要决定于 CO 的含量，在燃烧固体燃料时其他气体体积为0，CO 可由烟气分析仪直接测得，或根据 RO_2、O_2 和燃料的特性系数 β 计算出来。化学未完全燃烧热损失可由式（4-47）计算，需注意式（4-47）中 CO 及 α_{py} 均为同一测点采样分析的数值

$$q_3=\frac{126.4COV_{gy}(100-q_4)}{Q_{net,ar}}\% \tag{4-47}$$

式中 V_{gy}——干烟气容积，m^3/kg。

按燃料元素分析成分和过量空气系数计算干烟气容积为

$$V_{gy}=V_{RO_2}+V_{N_2}^0+V_K^0(\alpha_{py}-1) \tag{4-48}$$

(7) 散热损失 q_5。锅炉在运行中，汽包、联箱、汽水管道、炉墙等的表面温度均高于环境温度，会通过自然对流和辐射向周围环境散失热量，称为锅炉的散热损失。锅炉负荷变化时，燃料消耗量近似成等比例变化，而锅炉外表面的温度变化不大，锅炉总的散热量也就变化不大，则可近似认为散热损失是与锅炉运行负荷成反比变化。散热损失取决于锅炉的散热面积、炉体表面温度以及周围空气温度等多种因素，难以实测。散热损失通常参考有关经验公式计算取得，可参考周强泰主编的《锅炉原理》(第三版) 图 8-3。部分小型实验锅炉散热损失按容量取值见表 4-14。

表 4-14 部分小型实验锅炉散热损失按容量取值

锅炉蒸发量 (t/h)		2	10	20
q_5(%)	有省煤器	3.5	1.7	1.3
	无省煤器	3.0	1.5	—

(8) 灰渣物理热损失 q_6。锅炉的其他热损失通常包括灰渣的物理热损失和冷却热损失两项。在测试锅炉实验中，一般没有后一项，其他热损失即为灰渣物理热损失。当燃煤的折算灰分小于 10%时，固态排渣煤粉炉可忽略炉渣的物理热损失，否则计算为

$$q_6=\frac{(G_{fh}+G_{lz}+G_{cjh})C_{hz}t_{hz}}{BQ_{net,ar}}\times 100\% \tag{4-49}$$

式中 t_{hz}——灰渣温度，固态排渣煤粉炉通常取 600℃；

C_{hz}——灰的平均比定压热容，相当于 600℃时灰的平均比定压热容为 0.932kJ/(kg·℃)。

(9) 通过以上各项热损失的测定，就可以利用式 (4-40) 计算出锅炉的热效率。

反平衡法又称为热损失法，测试较为复杂，但能够算出各项热损失，从而便于寻找出提高锅炉经济性的有效措施。

三、实验准备和要求

为保证做好热平衡实验，要求学生以严肃认真的态度在教师的指导下，周密组织，分工负责，认真协调配合。

1. 实验策划

(1) 明确实验目的和要求，实验前须写出针对性实验大纲，弄清实验的原理和方法，熟知测量项目和测点布置情况。

(2) 安排所需测试项目的测量，包括蒸汽压力、温度、蒸汽湿度、烟气分析和煤、灰渣、漏煤、飞灰的称量及取样等，分工明确定岗定人测试取样。每个人须熟悉各自测量对象及所要使用的仪表、设备，并预先准备好记录表格。

(3) 如有条件，最好进行一次预备性实验，以便运行和测定人员熟悉实验的组织、操作及相互配合协作。实验前检查各处测点和仪表有无问题，运行工况是否符合要求，以便及时采取补救措施。

2. 实验要求

(1) 实验正式开始前，锅炉应在实验所要求的工况下稳定运行 1～2h，即把锅炉燃烧调整到正常和热力工况稳定的情况下运行。

(2) 实验开始前锅炉进行预备性排污，冲洗水位表和吹灰，除去清灰、渣斗中的灰渣。

(3) 实验期间安全阀不得起跳，不得吹灰，一般不得排污。

(4) 实验开始和结束时，汽包中的水位、压力以及煤层厚度和燃烧工况均应基本一致。实验期间力求保持运行工况的稳定，负荷和汽压的波动范围控制在 10%以内。

(5) 整个实验要连续进行，每次测定时间一般不少于 4h。通常的做法是待水位、压力、煤位等恢复到与实验开始相同时，作为结束的时刻。

(6) 测定和运行人员要各自坚守岗位，集中精力，认真操作、准确记录数据。如果发现意外情况，要立即报告负责人员，及时处理。

(7) 记录时间间隔，汽压 10min，排烟温度 10min，烟气分析 15min。其他随时计量或 15min 一次。

3. 实验数据整理

(1) 平均值的计算要忠实于原始记录，个别离群太远又有足够理由删除的数据方可删去。

(2) 所有计算都须逐项校对正确，各项计算过程以表格形式列出，便于对比分析。

(3) 正、反平衡测得的热效率，两者偏差不应大于 5%。

(4) 根据分析，若有理由怀疑化验结果时，可要求对煤、渣、灰等试样进行复验（一般分析样品在化验报告提交后尚应保存两周）。

(5) 燃料煤样、灰渣经取样、采集、缩分后送化验室磨制成分析样本，进行发热量、工业分析、元素分析、灰分分析等基础项目测定。所有取样必须有代表性，制样必须规范，测定必须符合国标规定。

四、锅炉热平衡实验过程及记录

(1) 实验测试对象依据实验条件允许的实际情况下，以某单位运行的电站煤粉锅炉现场测试及取得的分析样本为基础进行相应热平衡实验数据计算；或以某单位运行的供暖锅炉为实际测试对象。

(2) 本实验以指导教师为总负责人，以实际现场安排为指令，因实验对象目标不同选取计算公式有差异时以理论教材为准，表 4-15、表 4-16 为实验记录及测试数据计算表，表内公式仅供计算推荐使用。

表 4-15　　锅炉热平衡实验记录表

序号	名称	符号	单位	设计数据（数据仅供参考）
1	额定蒸发量	D	kg/h	
2	汽包蒸汽压力	p	MPa	
3	给水温度	t_{fw}	℃	
4	排烟温度	t_{py}	℃	
5	炉膛热负荷	q_v	MJ/m^3	
6	锅炉热效率	η	%	

表 4-16　　**锅炉热平衡实验数据记录计算表**

序号	名称	符号	单位	数据来源或计算公式（表列所有实验公式及数据仅供学生计算参考使用）	额定负荷实验数据	经济负荷实验数据	70%负荷实验数据	110%负荷实验数据
1	燃料收到基元素碳	C_{ar}	%	元素分析数据				
2	燃料收到基元素氢	H_{ar}	%	元素分析数据				
3	燃料收到基元素氧	O_{ar}	%	元素分析数据				
4	燃料收到基元素氮	N_{ar}	%	元素分析数据				
5	燃料收到基元素硫	S_{ar}	%	元素分析数据				
6	燃料收到基灰分	A_{ar}	%	工业分析数据				
7	燃料收到基水分	M_{ar}	%	水分分析数据				
8	煤干燥无灰基挥发物	V_{daf}	%	工业分析数据				
9	燃料空气干燥基水分	M_{ad}	%	工业分析数据				
10	煤的收到基低位发热值	$Q_{net,ar}$	kJ/kg	发热量测定数据				
（一）锅炉正平衡热效率								
11	给水流量	D_{gs}	kg/h	实验数据				
12	锅炉蒸发量	D	kg/h					
13	蒸汽压力	p	MPa					
14	饱和蒸汽焓	i_{bq}	kg/kJ	查表				
15	汽化潜热	γ	kg/kJ					
16	蒸汽湿度	w	%	实验数据				
17	给水温度	t_{gs}	℃					
18	给水焓	h_{gs}	kJ/kg	查表				
19	燃料消耗量	B	kg/s	实验数据				
20	燃料的物理热	i_r	kJ/kg					
21	有效利用热	Q_1	kJ/kg	式（4-41）				
22	锅炉正平衡效率	η	%	$\eta=\frac{Q_1}{Q_r}\times 100\%$				

续表

序号	名称	符号	单位	数据来源或计算公式（表列所有实验公式及数据仅供学生计算参考使用）	额定负荷实验数据	经济负荷实验数据	70%负荷实验数据	110%负荷实验数据
（二）锅炉反平衡热效率								
23	烟道飞灰质量	G_{fh}	kg/h					
24	沉降灰质量	G_{yl}	kg/h	实验数据				
25	冷渣质量	G_{lz}	kg/h	实验数据				
26	烟道飞灰含碳量	C_{fh}	%	化验分析				
27	沉降灰含碳量	C_{cjh}	%	化验分析				
28	冷渣含碳量	C_{lz}	%	化验分析				
29	烟道飞灰百分比	α_{yh}	%	$\frac{G_{fh}(100-C_{fh})}{BA_{ar}}\times 100\%$				
30	沉降灰百分比	α_{cjh}	%	$\frac{G_{cjhl}(100-C_{cjh})}{BA_{ar}}\times 100\%$				
31	冷渣百分比	α_{lz}	%	$\frac{G_{lz}(100-C_{lz})}{BA_{ar}}\times 100\%$				
32	固体未完全燃烧热损失	q_4	%	式（4-44）				
33	排烟处 RO_2 容积百分比	RO_2	%	实验数据				
34	排烟处过剩氧气容积百分比	O_2	%	实验数据				
35	燃料特性系数	β		$\beta=2.35\frac{H_{ar}-0.126O_{ar}+0.038N_{ar}}{C_{ar}+0.375S_{ar}}$				
36	排烟处 CO 容积百分比	CO	%	实验数据或 $CO=\frac{21-\beta RO_2-(RO_2+O_2)}{0.605+\beta}$				
37	排烟处过剩空气系数	α_{py}		实验数据或 $\alpha_{py}=\frac{1}{1-\frac{79}{21}\times\frac{O_2-0.5CO}{100-(RO_2+O_2+CO)}}$				
38	理论空气量	V^0	m^3/kg	$0.0889(C_{ar}+0.375S_{ar})+0.265H_{ar}-0.0333O_{ar}$				
39	RO_2 容积	V_{RO_2}	m^3/kg①	$V_{RO_2}=1.866\left(\frac{C_{ar}}{100}+0.375\frac{S_{ar}}{100}\right)$				
40	理论氮气容积（$\alpha=1$）	$V^0_{N_2}$	m^3/kg①	$0.79V^0+0.8\frac{N_{ar}}{100}$				

续表

序号	名称	符号	单位	数据来源或计算公式（表列所有实验公式及数据仅供学生计算参考使用）	额定负荷实验数据	经济负荷实验数据	70%负荷实验数据	110%负荷实验数据
41	理论水蒸气容积（$\alpha=1$）	$V^0_{H_2O}$	m³/kg①	$0.111H_{ar}+0.0124M_{ar}+0.0161V^0$				
42	排烟处过剩空气量	$(\alpha_{py}-1)V^0$	m³/kg①	$(\alpha_{py}-1)V^0$				
43	排烟处烟气容积	V_{py}	m³/kg①	$V_{py}=V_{RO_2}+V^0_{N_2}+V^0_{H_2O}+0.016(\alpha_{py}-1)V^0+(\alpha_{py}-1)V^0$				
44	气体未完全燃烧热损失	q_3	%	式（4-43）				
45	排烟温度	t_{py}	℃	实验数据				
46	排烟处每立方米 RO_2 气体焓	$(Ct_{py})_{RO_2}$	kJ/m³①	查表				
47	排烟处每立方米氮气焓	$(Ct_{py})_{N_2}$	kJ/m³①	查表				
48	排烟处每立方米水蒸气焓	$(Ct_{py})_{H_2O}$	kJ/m³①	查表				
49	排烟处每立方米过剩空气焓	$(Ct_{py})_k$	kJ/m³①	查表				
50	排烟处每千克飞灰焓	$(Ct_{py})_k$	kJ/kg	查表				
51	排烟焓	h_{py}	kJ/kg					
52	冷空气温度	t_{lk}	℃	实验读取数据				
53	每立方米冷空气焓	$(Ct)_{lk}$	kJ/m³①	查表				
54	理论空气焓	h^0_{lk}	kJ/kg	$V^0(Ct)_{lk}$				
55	排烟热损失	q_2	%	式（4-45）				
56	散热损失	q_5	%	取经验值				
57	冷渣温度	t_{lz}	℃	实验数据				
58	沉降灰灰焓	$(Ct)_{cjh}$	kJ/kg	实验数据				
59	冷渣焓	$(Ct)_{lz}$	kJ/kg	实验数据				
60	灰渣物理热损失	q_6	%	式（4-49）				
61	热损失之和	$\sum q$	%	$q_2+q_3+q_4+q_5+q_6$				
62	锅炉反平衡热效率	η	%	$100-\sum q$				

① 标准状态下。

实验十三 锅炉热平衡实验（Ⅱ）

锅炉热平衡实验不论是针对电站锅炉还是工业锅炉实际教学实验都会受到客观条件的限制，本实验选取热水锅炉模拟装置，来完成实验室锅炉热平衡实验测试项目。

一、实验目的及任务

输入锅炉设备的燃料输入热量等于锅炉输出热量，锅炉的这种热量收、支平衡关系称为锅炉热平衡。输入锅炉的热量是指伴随燃料送入锅炉的热量，输出热量包括锅内水和蒸汽吸收的有效热量以及各项热损失。本次热平衡实验利用热水锅炉模拟装置判断锅炉的运行情况，并完成以下测定工作：

（1）确定实验锅炉的热效率；

（2）确定实验锅炉的各项热损失。

二、实验原理

实验原理与本章实验十二相同。锅炉设备的作用是将送入炉内的燃料释放出热量，加热水以此产生一定温度和压力的蒸汽。送进锅炉内的燃料不会全部完全燃烧放热，而放出的热量也不会全部被利用，必有一部分以各种不同的方式损失掉。按能量守恒的原则，送入炉内的输入热量应该与被利用的热量以及各项损失的热量之和相等，即输入热量＝输出热量＋各项热损失的热量，这就是所谓的锅炉设备的热平衡。以输入热量为100％来建立热平衡，并以 q 表示有效利用热量和各项热损失，则有

$$q_1+q_2+q_3+q_4+q_5+q_6=100\%$$

1. 锅炉的输入热量 Q_r

本实验设备是以石油液化气为燃料的实验台装置。对于以液化气作为燃料的热水锅炉，输入热量可视为是液化气的收到基低位发热量 $Q_{net,V,ar}$，燃料经取样分析并经过热量计测定热值后，即可求出低位发热量（$Q_r=Q_{net,V,ar}$）。注意气体取样须有代表性。

2. 有效利用热 Q_1 和热效率

对于实验设备的热水锅炉，其有效利用热（Q_1，kJ/kg）等于加热给水的热量即热水锅炉从进水到出水所吸收的热量

$$Q_1=D(h_{rs}-h_{gs})/B \tag{4-50}$$

式中 D——热水锅炉的给水量，kg/h；

h_{rs}——热水锅炉工作压力下热水焓，kJ/kg；

h_{gs}——进水焓，kJ/kg；

B——燃料消耗量，kg/h。

有效利用热占锅炉输入热量的百分数，即锅炉热效率为

$$\eta=q_1=\frac{Q_1}{Q_r}\times100\% \tag{4-51}$$

3. 固体未完全燃烧热损失 q_4

由于本实验所用燃料是液化气，因此 $q_4=0$。

4. 排烟热损失 q_2

可以由排烟焓和空气带入锅炉的热量之差，计算为

$$q_2 = \frac{Q_2}{Q_r} \times 100\% = \frac{h_{py} - \alpha_{py} V_k^0 (Ct)_{lk}}{Q_r} \times 100\% \tag{4-52}$$

式中 h_{py}——排烟焓，kJ/kg；

α_{py}——排烟处的过量空气系数；

V_k^0——燃料燃烧所需的理论空气量，m^3/kg；

$(Ct)_{lk}$——空气的焓，kJ/kg。

排烟焓决定于排烟温度、烟气中各组成成分的容积和比定压热容。排烟温度用热电偶测定，配电位差计读其毫伏数而查得；烟气中各组成成分的容积可取烟气实际测量，也可根据燃料的元素分析和过量空气系数计算；而比定压热容则可按照排烟温度在它们的特性表中查得；排烟处的过量空气系数，可根据排烟处的烟气分析结果计算

$$\alpha_{py} = \frac{1}{1 - \frac{79}{21} \frac{O_2 - 0.5CO}{100 - (RO_2 + O_2 + CO)}} \tag{4-53}$$

式中 RO_2、O_2、CO——分别为排烟中三原子气体、氧气、一氧化碳的容积百分数。

随冷空气带入的热量决定于空气温度、比热容和容积。燃料燃烧所需理论空气量由元素成分计算。空气温度通常在风机入口处用玻璃温度计测量。

5. 气体不完全燃烧热损失 q_3

由于可燃气体燃烧不完全而造成的这项热损失，主要决定于 CO 的含量。CO 可由烟气分析仪直接测得，或根据 V_{RO_2}、V_{O_2} 和燃料特性系数 β 计算出来。因此气体不完全燃烧损失便可计算

$$q_3 = \frac{126.4 CO V_{gy}}{Q_{net,ar}} \times 100\% \tag{4-54}$$

式中 V_{gy}——干烟气容积。

按燃料元素成分和过量空气系数计算干烟气容积

$$V_{gy} = V_{RO_2} + V_{N_2}^0 + (\alpha - 1) V_k^0 \tag{4-55}$$

但需注意，上述式（4-54）及式（4-55）中 CO 及 α 均应为同一测点采样分析的数值。

6. 散热损失 q_5

此项损失决定于锅炉散热面积、炉体表面温度以及周围空气温度、流动情况等多种因素，可参考相关经验公式计取。

7. 其他热损失 q_6

本实验中，锅炉的其他热损失可忽略不计，即 $q_6 = 0$

8. 反平衡法的锅炉热效率 η

通过以上各项热损失的测定，也可反算出锅炉热效率

$$\eta = q_1 = 100 - (q_2 + q_3 + q_4 + q_5 + q_6)$$

以这种反平衡法求热效率，又叫热损失法，虽然测试方法较为复杂，但能够算出各项热损失，便于寻找提高锅炉经济性的有效措施。

三、实验设备

1. 樱花强排式燃气热水器

该实验装置是热水锅炉的模拟装置，体积小，结构简单，易于操作。其燃气压力为

2.8kPa，额定热负荷为21kW，最低启动水压为0.02MPa，额定产热水能力为10kg/min，额定功率为50Hz，额定电功率为30W。

2. 液化气流量计

液化气流量计主要用于精准测量液化气的流量。实验装置燃气允许最大流量为4m^3/h，允许最大压力为10kPa，允许最小流量为0.025m^3/h，容积为1.2dm^3。

3. 数字巡检显示仪

该显示仪主要用来测量炉膛进、出口及中心等各处的温度。其特点是采用数字校正及自校准技术，能够精确稳定测量。

4. 浮子流量计

该装置主要用于测量进、出口水侧的流量，其允许的最大水压为1MPa。

5. 风速仪

该装置主要用于测量实验产生的烟气流量。

四、实验方法及步骤

1. 选择实验负荷

为了求得锅炉在负荷变化范围内的运行特性数据，各项实验应选取在实验锅炉的四种负荷稳定运行情况下进行：

（1）实验锅炉的额定负荷；

（2）实验锅炉的最低负荷；

（3）在额定与最低负荷之间选择适当的两个中间值，其中一个最好在经济负荷范围内。

每改变一种工况，原则上应重复进行两次测试。如两次测试的结果相差过大时，需重做一次或多次。

2. 实验前的准备工作

实验开始前，为保证全部热水锅炉设备的热工况完全稳定，必须观察烟道各部位的温度指示值是否已达稳定。在实验进行过程中，凡有可能扰动工况的操作都应避免。如因测试时过长，必须进行操作时，应将受操作干扰的一段时间及测试结果在实验记录中扣除并予以情况说明。

3. 实验步骤

（1）明确实验目的和要求，清楚实验原理和方法以及测量项目和各测点位置。

（2）检查实验所需的仪器是否安放到位，各开关是否能正常工作，给水是否准备充分，各仪器是否能正常工作。

（3）打开给水开关、液化器开关及送风开关，做好点火前准备。

（4）当给水充满整个管道后便可接通热水锅炉电源，使热水锅炉投入正常工作中。此时，要观察出口水的温度，当出口水温度升到一个平稳的温度点时，便可读出各测点的值并做相应的记录。每隔5min测量一次，进行多次测量并记录相应数据在表4-17中。

五、实验记录

实验测试数据记录及计算填写在表4-17中。

表 4-17　　热平衡实验装置测试数据记录表

测试项目	给水量	燃料消耗量	排烟温度	干烟气容积	V_{RO_2}	V_{O_2}	V_{CO}	锅炉效率	备注
额定负荷									
经济负荷									
选择负荷									
最低负荷									

六、实验报告要求

（1）由实验结果绘出绘制锅炉效率与负荷的关系特性曲线。

（2）简述反平衡法测定锅炉效率的优点。

（3）影响锅炉排烟温度和排烟容积的因素有哪些？

第五章　燃煤电厂污染物控制

实验一　火电厂烟气脱硫演示模型

燃煤电厂烟气中的 SO_2 排放是自然环境中有害气体的主要工业来源之一，火电行业存在着十分严峻的烟气治理问题。迄今为止国内外已开发出多种电厂脱硫技术，其中烟气脱硫是控制 SO_2 气体排放的有效手段。目前我国火电燃煤机组多已装设烟气脱硫装置，其中石灰石-石膏湿法烟气脱硫技术较为成熟，应用广泛，通过烟气脱硫模型可以对这项工艺技术进行相应学习。

一、实验目的

本实验观察学习燃煤电厂石灰石-石膏湿法喷淋式烟气脱硫演示模型（见图 5-1），学习掌握脱硫系统中各部件的实际工作原理，加深对脱硫技术的理解，增强对脱硫运行过程的感性认知，掌握烟气脱硫的基本运行知识。本次学习需完成以下任务：

（1）掌握实验模型中各部件的工作原理、工作方式及性能指标；

（2）对照理论教材分析比较石灰石-石膏湿法烟气脱硫与其他烟气脱硫技术的优缺点。

彩图

图 5-1　火电厂烟气脱硫系统工艺流程模型

二、湿法烟气脱硫基本原理

石灰石-石膏湿法烟气脱硫系统是利用石灰石（$CaCO_3$）作为脱硫剂，通过向吸收塔内喷入吸收剂浆液，与烟气充分接触混合，并对烟气进行洗涤，使烟气中的 SO_2 与浆液的 $CaCO_3$ 以及鼓入的强氧化空气发生反应，吸收并排除烟气中的 SO_2，生成副产品二水硫酸钙即生石膏（$CaSO_4 \cdot 2H_2O$）的过程。

1. 生产工艺

燃煤在锅炉内燃烧排出的烟气，经过除尘器→引风机→脱硫增压风机加压→热交换器→吸收塔，烟气逆流而上与吸收塔上部喷淋下来的石灰石浆液进行充分的气液接触，反应生成亚硫酸钙（$CaSO_3$），流入吸收塔的氧化槽中，通过向氧化槽通入空气，使 $CaSO_3$ 强制氧化成二水硫酸钙（生石膏），然后对生石膏作脱水处理，生成固态石膏。若石膏的纯净度和洁白度符合要求则可作为建筑材料进行综合利用，否则与炉渣一并废弃处理。洗涤净化后的烟气从吸收塔顶部通过除雾器除去雾滴而引出，到热交换器并升温至约85℃后，经烟道由烟囱排入大气当中。

石灰石-石膏湿法烟气脱硫工艺是一套非常完善的系统，它包括烟气换热系统、吸收塔脱硫系统、脱硫剂浆液制备系统、石膏脱水系统和废水处理系统。系统结构完善也相对复杂，因而湿法脱硫工艺一次性投资相对较高。在上述脱硫系统的几大分类系统中，只有吸收塔脱硫系统和脱硫浆液制备系统是脱硫系统必不可少的；烟气换热系统、石膏脱水系统和废水处理系统可根据各个工程的具体情况适当简化设置，火电厂烟气脱硫系统演示如图5-2所示。

2. 脱硫的主要化学反应

吸收过程 $SO_2 + H_2O \longrightarrow H_2SO_3$

$H_2SO_3 \longrightarrow H^+ + HSO_3^- \longrightarrow 2H^+ + SO_3^{2-}$

溶解过程 $CaCO_3 + H^+ \longrightarrow Ca^{2+} + HCO_3^- \longrightarrow Ca^{2+} + CO_3^{2-} + H^+$

氧化过程 $HSO_3^- + \frac{1}{2}O_2 \longrightarrow SO_4^{2-} + H^+$

$SO_3^{2-} + \frac{1}{2}O_2 \longrightarrow SO_4^{2-}$

中和过程 $HCO_3^- + H^+ \longrightarrow CO_2 \uparrow + H_2O$

$Ca^{2+} + CO_3^{2-} + 2H^+ + SO_4^{2-} + H_2O \longrightarrow CaSO_4 \cdot 2H_2O + CO_2 \uparrow$

结晶过程 $Ca^{2+} + SO_3^{2-} + \frac{1}{2}H_2O \longrightarrow CaSO_3 \cdot \frac{1}{2}H_2O$

$Ca^{2+} + SO_4^{2-} + 2H_2O \longrightarrow CaSO_4 \cdot 2H_2O$

3. 烟气脱硫的现状

石灰石-石膏湿法烟气脱硫工艺运行可靠，脱硫效率高，能够适应大容量机组、高浓度SO_2含量的烟气条件，工业应用中脱硫效率可达95%以上。因为吸收剂廉价、易得且利用率高，副产品石膏也具有综合利用的商业价值，所以应用较为广泛；但其一次性投资费用高，工业运行中需消耗大量的水，且容易造成结垢堵塞等问题，加入添加剂虽能有效地防止结垢，但却会增加运行成本，若石膏销路不好，也会造成固体排放物的堆积问题，造成二次污染。

三、实验设备

火电厂烟气脱硫系统工艺流程系统演示版如图5-2所示。

烟气脱硫（Flue Gas Desulfurization，FGD）是世界上唯一大规模商业化应用的脱硫方法，是控制酸雨和二氧化硫污染最为有效的技术手段。按脱硫方式和产物处理形式划分，FGD一般可分为干法、半干法和湿法三类。

（1）干法烟气脱硫技术（DFGD）是在无液相介入的完全干燥条件下进行脱硫反应，主要有炉内喷钙、尾部增湿、活化脱硫等过程。干法脱硫反应物呈粒状，具有无污水废酸排出、设备腐蚀小，烟气设备也相对简单的优点，但设备体积过大，吸收过程气固反应速率低，脱硫效果差。

（2）湿法烟气脱硫技术（WFGD）是采用碱性浆液或溶液作吸收剂在湿状态下脱硫和处

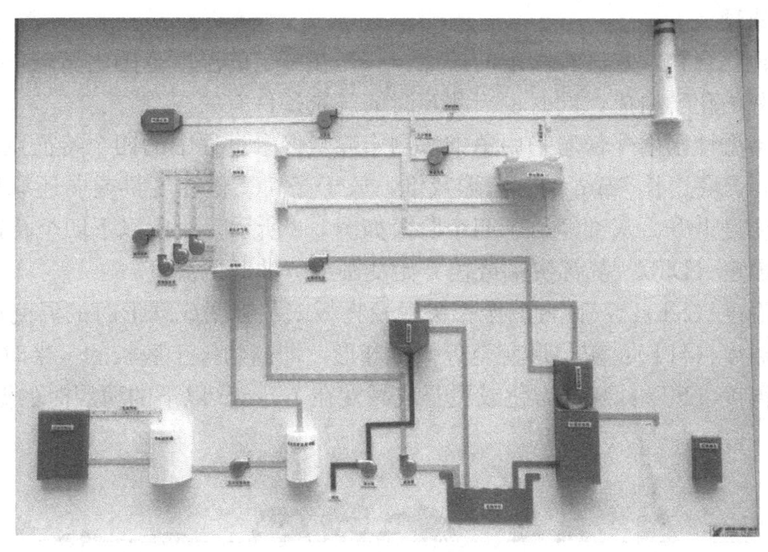

彩图

图 5-2 电厂烟气脱硫系统演示板

理脱硫产物，主要有石灰、石灰石-石膏法等多种方法。该法具有脱硫反应速度快，脱硫效率高等优点，但投资和运行维护费用都很高，脱硫产物处理较难，容易造成二次污染，系统复杂，启停不灵便。其中石灰石-石膏湿法烟气脱硫技术具有吸收资源丰富、成本低廉等优点，是技术最成熟、实用业绩最多的工艺，脱硫效率在 95%以上。

(3) 半干法烟气脱硫技术（SDFGD）是在气、固、液三相中进行脱硫反应，利用烟气显热蒸发吸收液中的水分，从而使最终产物为干粒状。主要有循环悬浮式半干法、喷雾干燥法、气体悬浮吸收烟气脱硫工艺等。半干法兼有干法和湿法的一些特点，既具有湿法脱硫反应速度快、脱硫效率高的优点，又具有干法无污水、废酸排出，脱硫后产物易于处理的优点。

四、实验报告要求及思考题

(1) 本实验要求学生绘出湿法脱硫工艺过程流程图。

(2) 简述主要的脱硫方式及各自的优缺点。

(3) 湿法烟气脱硫都有哪些化学反应过程?

(4) 烟气脱硫技术一般可以分为几类？简述各自的优缺点。

实验二 煤灰熔融性的测定

煤燃烧后产生的灰分在高温下的熔融性是锅炉用煤的重要检测特性指标。对于煤粉燃烧固态排渣的锅炉，它是判断炉膛结渣可能性的依据之一。为了减少结渣的危险，煤粉炉要求燃烧灰熔点较高的煤；而对于层燃锅炉燃用灰熔点较低的煤可形成适当的融渣，起到保护炉排的作用；对于液态排渣煤粉炉，较低的灰熔点温度更有利于排渣。

一、实验目的

本实验通过观察煤灰熔融过程，掌握煤灰熔融的变形温度（DT）、软化温度（ST）、半球温度（HT）、流动温度（FT）四个特征温度的测定方法，并实测煤样的灰熔融性。

二、实验原理

煤灰不是纯化合物，它没有固定的熔点，只是在一定的温度范围内熔融，其熔融温度本质上取决于煤灰的化学组成，同时也与测定时的气氛条件有关。

测定煤灰熔融性国内外普遍采用角锥法测定煤灰熔融过程中的四个特征点温度。即将灰样制成高 20mm、底边长 7mm 的三角形灰锥，放于充满氧化性气氛或弱还原性气氛的电炉中加热，随着温度上升，灰锥经历了四个阶段如图 5-3 所示，对应以下四个特征温度：

（1）变形温度（DT）：灰锥尖端或棱开始变圆或弯曲时的温度；

（2）软化温度（ST）：灰锥弯曲至锥尖触及托板或灰锥变成球形时的温度；

（3）半球温度（HT）：灰锥形变至近似半球形，即高约等于底长的一半时的温度；

（4）流动温度（FT）：灰锥熔化或展开成高度在 1.5mm 以下的薄层时的温度。

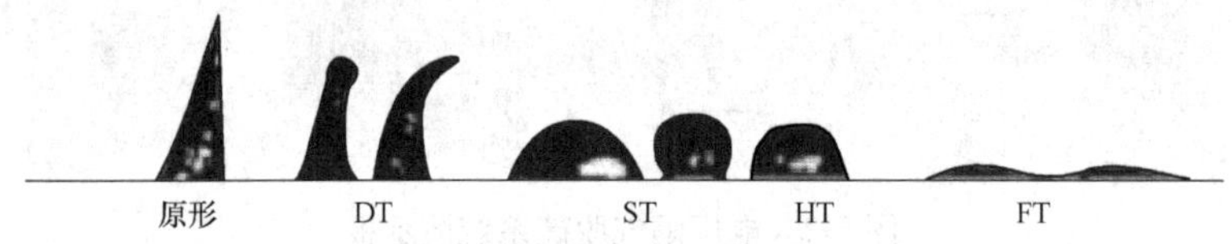

图 5-3　煤灰熔融过程中灰锥形态变化

煤灰熔融特性主要取决于它们的化学成分组成的共晶体，同时气体介质的氧化性、还原性对煤灰熔融特性也有影响。锅炉炉膛中多呈弱还原性气氛，而实验室在氧化性气氛中测定的煤灰熔融性特征温度略高于在弱还原性气氛中的测定值。

煤灰熔融过程中灰锥形态变化在上述四个特征温度中，ST 更具特征性，通常作为衡量煤灰熔融性的最为重要指标。

三、实验设备和材料

1. 灰熔融性测定仪

我国生产的煤灰熔融性测定仪多为管式高温炉，采用晶闸管调压来实现温度的程序控制，采用硅碳管作为发热元件，温度指示多为数字显示，观测温度和灰锥变化可用戴墨镜肉眼人工观测判断也可用录像、摄像等装置作为记录判定。满足下列条件的高温炉均可做测定仪使用：

（1）能按规定的程序加热到 1500℃；

（2）有足够的恒温带（各部分温差小于 5℃）；

（3）炉内气氛可控制为弱还原性和氧化性；

（4）能在实验过程中观察试样的形态变化。

本实验使用 SDAF 2000a 灰熔融性测定仪，炉内气氛可在封碳法或通气法中任选一种方法控制实验进行。

2. 实验材料

（1）烟气分析器一台（通常用奥氏烟气分析仪和一氧化碳检测管）。

（2）碳物质：灰分不大于 15％ 、粒度不大于 1mm 的无烟煤、石墨或其他碳物质。

（3）糊精：化学纯，配成 10g/100mL 的溶液，现用现配。

（4）刚玉舟（见图 5-4）：供承载含碳物质用并放置灰锥托板，耐热温度在 1500℃以上。

（5）灰锥模具（见图 5-5）：由铜或不锈钢加工而成，煤灰在此模具中加工成边长为

7mm、高为 20mm 的三角锥体实验样本。

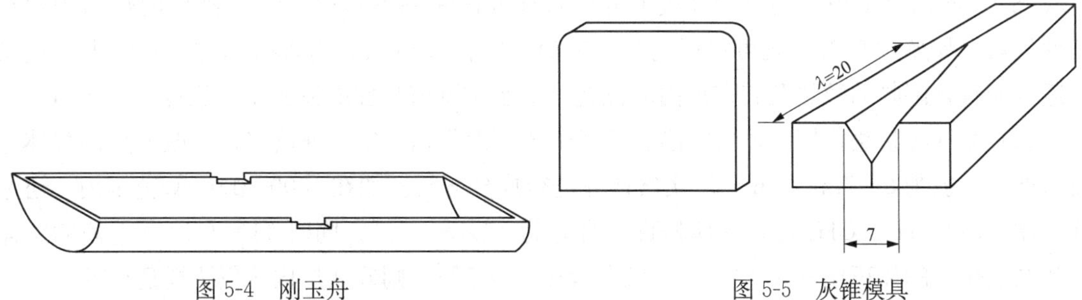

图 5-4　刚玉舟　　图 5-5　灰锥模具

(6) 灰锥托板：由优质刚玉加工制成的长方形托板，正面均匀分布 2 个正三角形坑，其面积略大于灰锥试样的底，能耐温 1500℃以上。

(7) 标准灰样：国家计量主管部门批准的，具有标准值证书。

(8) 其他材料用具：凡士林、单面刀片、瓷砖、手电筒、标准筛、中号玛瑙研钵等。

四、实验准备

1. 实验要点

将煤灰在模具中成型制成灰锥试样，置于灰熔融性测定仪（俗称灰熔点炉）中，控制一定的气氛条件，并以一定的升温速率升温，观测或记录灰锥在受热过程中的四个特征点温度。注意当炉温到 1500℃，不论灰锥试样形态如何，测定结束。

2. 灰样制备

取粒度小于 0.2mm 的空气干燥基煤样足量，按本书"煤的工业分析"实验中灰分的测定方法，将煤样在高温电炉中灼烧至完全灰化，然后用玛瑙研钵将灰研细至 0.1mm 以下（粒度越细灰锥的成型越好），作为测试用实验用灰。

3. 灰锥制作

(1) 取 1～2g 研细的灰样放在瓷板上，加入数滴 10% 配置好的糊精溶液润湿，调成可塑状，在灰锥模具中挤压成型。

(2) 将成型后的灰锥小心地推到瓷板上（将刀片涂抹少许凡士林把灰锥从模具中取出），在空气中干燥或在 60℃的干燥箱中干燥，备用。

(3) 用 10%的糊精液与待测灰样调成浆状物作黏合剂，将制好的灰锥固定在灰锥托板的三角坑内，放置时要使灰锥垂直棱面与托板表面垂直，干燥后即可进行煤灰熔融性的测定。

(4) 加工好的灰锥试样应该锥尖完好，表面光滑平整，棱角分明。

4. 炉膛内的控制气氛（任选一种）

(1) 氧化性气氛：炉内不放任何含碳物质，并使空气自由流通。

(2) 弱还原性气氛：炉内封入碳物质。即在刚玉舟中央放置石墨 15～20g，两端放置无烟煤 40～50g；或采用另一种炉内通入 CO 40%±5%和 CO_2 60%±5%混合气体的方法。

5. 炉内气氛的检查

炉内气氛性质的检查，通常采用标准灰样检查或直接从炉内取气体分析两种方法，任选一种。用标准灰样作参比进行对照的检查方法，因操作简洁，而被普遍采用。

（1）应用标准灰样检查法。把标准灰样加工成灰锥试样。如实测得到标准灰锥试样的DT、ST、HT、FT值与还原性气氛下的已知标准值相差不超过50℃，则说明炉内为弱还原性气氛。如超过50℃，则可根据它与标准值的差值及封入炉内含碳物的氧化情况，更换或适当调整含碳物的数量及其在炉内的位置，直至实测值与标准值相差不超过50℃为止。

（2）取气分析法。用一根气密刚玉管从炉子高温带以一定的速度（以不改变炉内气体组成为准，一般为6～7mL/min）取出气体并进行成分分析。如在1000～1300℃范围内，还原性气体（CO、H_2、CH_4等）的体积百分含量为10%～70%，同时1100℃以下它们的总体积和二氧化碳的体积比不大于1∶1，氧含量低于0.5%，则确认炉内气氛为弱还原性。

五、测定步骤

（1）接通控制电源，开启计算机，启动Windows桌面SDAF2000a灰熔融性测定仪控制系统程序。

（2）（在弱还原性气氛中测定）在刚玉舟中放置石墨15～20g，铺平。

（3）打开灰熔融性测定仪左侧门及背景盖板，将安置好灰锥试样的托板置于刚玉舟上，将刚玉舟徐徐推入炉内恒温区域，至灰锥于高温带并紧邻热电偶热端，摆正。注意灰锥试样应该推入冷态高温炉中，高温炉最高温不宜超过100℃，否则灰锥试样很容易倾倒。

（4）单击操作界面的"开始实验"弹出界面，微调反射镜和托板的位置，使灰锥图像落在测控软件图像框的相应区域且图像中灰锥托板水平。同时鼠标调节电脑界面，将同时放入的两灰锥图像均匀分布，并呈现在两个对称的长方形图框中。

（5）开启SDAF2000a灰熔融性测定仪电源，开始加热；在控制系统程序界面，选择实验气氛；并输入实验手动编号，单击"确认"按钮，系统自动进入测试状态。

（6）盖上背景盖，关闭右侧门。如在氧化性气氛中的测定，只是炉内不加含碳物质，通空气，燃烧管口也不必封闭，令空气可以自由流通。

（7）实验过程由计算机程序控制，炉温栏不断显示炉温变化，当炉温达到1000℃后，系统开始判断灰锥的高度及形状。

（8）当灰锥图像接近GB/T 219—2008《煤灰熔融性的测定方法》中"灰锥熔融性特征示意图"所描述的形状时，系统报出灰锥的变形温度（DT）、软化温度（ST）、半球温度（HT）、流动温度（FT），并显示数据和图像。

（9）当炉温达到1500℃时，测定结束。如1500℃时灰锥仍未变形则报DT＞1500℃，当然ST、HT及FT均大于1500℃。

（10）将实验测试数据记录在表5-1中，并进行整数修正。

六、煤灰熔融过程中的特征点温度人工判断

（1）变形温度（DT）：灰锥尖端或棱开始变圆或弯曲时的温度，如锥尖保持原型、灰锥倾斜和弯曲，不算变形温度。

（2）软化温度（ST）：灰锥弯曲至锥尖触及托板或灰锥变成球形时的温度。

（3）半球温度（HT）：灰锥形变至近似半球形，即高约等于底长的一半时的温度。

（4）流动温度（FT）：灰锥熔化展开成高度在1.5mm以下的薄层时的温度。

七、实验结果记录和报告

表 5-1　　实验测定记录表

实验气氛及控制方法			
煤灰熔融特征温度	1 号实验值（℃）	2 号实验值（℃）	平均值（修约至 10℃）
变形温度（DT）			
软化温度（ST）			
半球温度（HT）			
流动温度（FT）			
过程中产生的灰锥试样发生烧结、收缩、膨胀、鼓泡等现象及其相应温度			

八、实验误差要求

实验测定允许误差见表 5-2。

表 5-2　　实验测定误差表

煤灰熔融特征温度	重复性（℃）	再现性（℃）
变形温度（DT）	≤60	—
软化温度（ST）	≤40	≤80
半球温度（HT）	≤40	≤80
流动温度（FT）	≤40	≤80

九、注意事项

（1）加热电流不得超过 25A。

（2）炉温超过 1500℃时须停止实验。

（3）灰锥试样应该推入冷态高温炉中，放样高温炉最高温度不宜超过 100℃。

（4）实验完毕不可立即急于把刚玉舟拿出，须关闭电源，冷却至室温后再把刚玉舟取出。

十、思考题

（1）灰熔融性测定时炉膛内怎样控制弱还原性气氛？

（2）灰熔融性测定时四个特征点温度都是什么？哪个更具有特征性？

（3）煤灰熔融过程中的特征点温度人工判断规则是什么？

实验三　灰渣可燃物测定实验

一、实验目的

飞灰与炉渣均是煤在高温下燃烧的产物，灰、渣特性与煤质特性紧密相关，并对火电行业生产有着重要影响。燃煤锅炉的灰、渣当中都会残存一定量的未燃尽的物质，本实验主要学习对锅炉灰、渣进行含碳量的测定方法，让学生进行灰、渣可燃物含量的实际操作测定。

二、实验原理

称取一定的灰或渣使其在 815℃±10℃下缓慢灰化，根据其减少的量计算可燃物含量式（5-1），注意计算可燃物含量时应减去样品中的水分和二氧化碳含量（可忽略不计）。

$$CM_{ad}=100-A_{ad}-M_{ad}-(CO_2)_{car,ad} \tag{5-1}$$

三、仪器设备

（1）高温炉：配热电偶及高温控制表（指示到1℃），炉温能保持815℃±10℃，炉后壁的上部带有直径25～30mm、高约300mm的烟囱，炉门上有直径约20mm的通气孔。

（2）热电偶及温度指示仪表（每年校准一次）。

（3）分析天平：精度0.000 1g。

（4）瓷灰皿：长方形，长45mm、宽22mm、高14mm。

（5）其他材料用具：破碎机、细粉机、玛瑙研钵、大小药勺、手锤、标准筛、小锹等。

四、实验测定步骤

（1）取实验分析的飞灰或炉渣，先将炉渣破碎到小于3mm，通常缩分至1kg留样，使其达到空气干燥基状态，干燥过程中同时测定灰样水分，方法见本书第四章实验二。

（2）将空气干燥基灰或渣样本磨制成为0.2mm的灰样，难于磨碎的大颗粒渣可用玛瑙研钵将样品进一步研细。

（3）称取粒度小于0.2mm的灰或渣样1g±0.1g，参照本书第四章实验三的方法，测定灰或渣样的空气干燥基水分（M_{ad}）。

（4）称取粒度小于0.2mm的灰或渣样1g±0.1g，称量精确度为0.000 1g，置于已恒重的灰皿中，轻轻摆动使样本摊平在灰皿中。

（5）将称好样品的灰皿按序号排列在灰皿架上，将灰皿架送入温度不超过100℃的高温电炉中，关上炉门并使炉门留有15mm左右缝隙，在不少于30min的时间内使炉温缓慢升至500℃，在此温度下保持30min。

（6）然后继续升温到815℃±10℃（此灼烧温度可适当提高50℃），关闭炉门灼烧1h。

（7）从炉中取出灰皿，放在石棉板上，在空气中冷却5min后放到干燥器中，冷却到室温（约20min），称重m_2。一般情况下，无须进行检验性灼烧。

五、实验结果

将实验过程数据和相应的测量计算结果记录于表5-3中。

表5-3　实验记录与计算结果表

实验项目	空皿质量 m_0(g)	加样后质量 m_1(g)	样本质量 m(g)	加热后称重 m_2(g)	测定结果 (%)	测试项目 (平均值%)
水分（%） M_{ad}						
灰含量（%） A_{ad}						

$$M_{ad}=\frac{m_2-m_1}{m_1-m_0}\times 100\% \tag{5-2}$$

$$A_{ad}=\frac{m_2-m_0}{m_1-m_0}\times 100\% \tag{5-3}$$

式（5-1）中$(CO_2)_{car,ad}$为空气干燥基灰、渣样中碳酸盐二氧化碳含量（可忽略不计），

将式（5-2）、式（5-3）带入式（5-1）中，计算灰、渣可燃物测定结果

$$CM_{ad}=100-A_{ad}-M_{ad}$$

式中　CM_{ad}——空气干燥基灰渣样中可燃物含量，%；

A_{ad}——空气干燥基灰渣样中的灰分含量，%；

M_{ad}——空气干燥基灰渣样中的水分含量，%。

六、灰、渣可燃物含量测定实验允许误差（见表 5-4）

表 5-4　实验允许误差

灰、渣可燃物 CM_{ad}(%)	重复性（%）	再现性（严格要求，%）
≤5	0.20～0.30	0.40
>5	0.40～0.50	0.80

实验四　燃煤全硫测定实验

煤中全硫测定方法很多，GB/T 214—2007《煤中全硫的测定方法》中提出的有：艾士卡法（重量法）、高温燃烧中和法和高温燃烧库伦法。艾士卡是一种经典的重量分析方法，优点很多，在各种全硫测定方法中居首要地位，但是操作比较烦琐，完成一个煤样测定耗时较长，不适合学生在课堂较短的时间内完成实验，因此可以利用库伦法原理采用测硫仪对学生进行全硫测定教学实验。

一、实验目的

本实验通过分析测定入炉燃料煤的全硫含量，使学生掌握燃煤全硫测定方法，并以此数据计算理论烟气中 SO_2 气体产量，掌握燃料形成气态污染物状况，更好地对固硫和脱硫技术进行应用研究。

二、实验原理

煤中硫常以三种形式存在，即有机硫、硫化铁硫、硫酸盐硫，前两种为可燃硫，后一种归为灰分称为固定硫，在相应计算时一般近似用全硫分代替可燃硫。本实验中煤样在催化剂作用下于空气流中燃烧分解，其中硫生成硫氧化物，当二氧化硫被碘化钾溶液吸收，那么对电解碘化钾溶液所产生的碘进行滴定，可以根据电解所消耗的电量，计算煤中全硫的量。

1. 库仑滴定原理

库仑滴定法是根据库仑定律提出来的，库仑定律也就是法拉第电解定律，当电流通入电解液中，在电极上析出物质的量与通过电解液的电量成正比。

根据库仑定律，当电解液在电解过程中，通入 96 500C（即 1F）电量，会在电极上析出 1mol 的物质，即

$$\omega=\frac{It}{Fn}M \tag{5-4}$$

式中　ω——电极上析出物质的量，g；

I——通入电解液的电流，A；

t——通入电流的时间，s；

F——法拉第常数，96 500；

n——电解反应时电子的转移数；

M——物质的摩尔质量，g/mol。

2. 工作原理

定硫仪在根据库仑滴定原理进行全硫测定时，取煤样在 1150℃高温及催化剂三氧化钨的作用下，于空气流中燃烧分解，煤中各种形态的硫均被燃烧转化为 SO_2 和极少量 SO_3 气体而逸出，反应式为

$$煤 + O_2 \xrightarrow{\triangle\ 催化剂} CO_2\uparrow + H_2O\uparrow + N_2\uparrow + SO_2\uparrow + SO_3(极少)\uparrow + Cl_2\uparrow \cdots$$

$$4FeS_2 + 11O_2 \longrightarrow 2Fe_2O_3 + 8SO_2\uparrow$$

$$2MSO_4 \longrightarrow 2MO + 2SO_2 + O_2\uparrow (M 指金属元素)$$

$$2SO_2 + O_2 \rightleftharpoons 2SO_3$$

生成的 SO_2 和少量的 SO_3 被空气流带入电解池内与水化合生成亚硫酸（H_2SO_3）和少量的硫酸（H_2SO_4），其中亚硫酸立即会被电解液中的碘氧化成硫酸（H_2SO_4），使溶液中的碘减少而碘离子增加，破坏了碘-碘化钾电对的电位平衡，使溶液中指示电极间的电位升高，于是仪器自动判断启动电解，并根据指示电极上的电位高低，控制与之对应的电解电流的大小与时间，在电解电极上生成与 H_2SO_3 反应消耗的数量相等的 I_2 的数量，从而使电解液重新回到平衡状态。系统自动电解碘化钾溶液生成碘来氧化滴定 H_2SO_3 的反应式为

阳极　$2I^- - 2e \longrightarrow I_2$，$2Br^- - 2e \longrightarrow Br_2$

阴极　$2H^+ + 2e \longrightarrow H_2$

碘（溴）氧化 H_2SO_3 反应为

$$I_2 + H_2SO_3 + H_2O \longrightarrow 2I^- + H_2SO_4 + 2H^+$$

$$Br_2 + H_2SO_3 + H_2O \longrightarrow 2Br^- + H_2SO_4 + 2H^+$$

电解过程中产生的单质碘（单质溴）所消耗的电量相当于产生的亚硫酸的量，通过当量化学反应式可以看出，每一个当量亚硫酸反应相当于一个当量的碘。电解产生的碘（电生碘）所耗用的库仑电量，由电路采样、变换，计算机进行积分运算，然后按法拉第电解定律，等当量反应计算出试样中硫的含量。由于硫的摩尔质量为 32，电解反应时电子的转移数目为 2，带入式（5-4），得到煤样含硫量

$$S(\%) = \frac{Q \times 16 \times 100}{96\ 500m} \tag{5-5}$$

式中　S——全硫含量，%；

Q——电量，C（库仑）；

m——试样质量，g。

三、实验仪器

实验使用仪器为 KZDL-9W 型电脑定硫仪，仪器包含的主要部件如下。

（1）高温裂解炉：仪器设备采用管式高温炉为燃烧炉，其加热元件为一端接线的双螺纹硅碳管（ϕ30×400），为保护硅碳管，在其外部套一刚玉护管，然后再填充高铝和硅酸铝保温棉，以达到良好的保温性能。

（2）电解池：电解池材料用透明的有机玻璃制成，容积约 400mL，电解池的上盖与其壳体用橡胶密封圈密封，在上盖上还固定有一对铂电解电极和一对铂指示电极，电解电极面

积 1×1.5（cm^2），电解阴极置于电解池的中心，电解阳极置于电解池的边缘，以使生成的碘尽快扩散；指示电极面积 0.5×1（cm^2），电解池下侧装有一烧结玻璃熔板气体过滤器，将燃烧后放出的气体喷成雾状，以便在全部电解液中被搅拌均匀。

（3）磁力搅拌器：由一转速可调节的电机带动电解池内封装的铁芯搅拌棒转动，搅动马达转速为 500r/min，搅拌速度越快越有利于分析结果趋于准确，但不宜搅拌太快，避免引起搅拌失步。

（4）电磁泵：负责抽气系统和吹气系统，抽气系统使试样产生的 SO_2 和少量的 SO_3 气体快速溶解到电解池中，吹气系统使实验结束出来的石英舟快速冷却。

（5）干燥器：除去空气中酸性气体和水分等杂质，由于从电解池中抽出的气体含水量大，须经常烘烤和更换硅胶。

（6）流量计：玻璃管浮子流量计，配有针形阀，用于控制调节流速。

（7）定硫仪工作流程如图 5-6 所示。

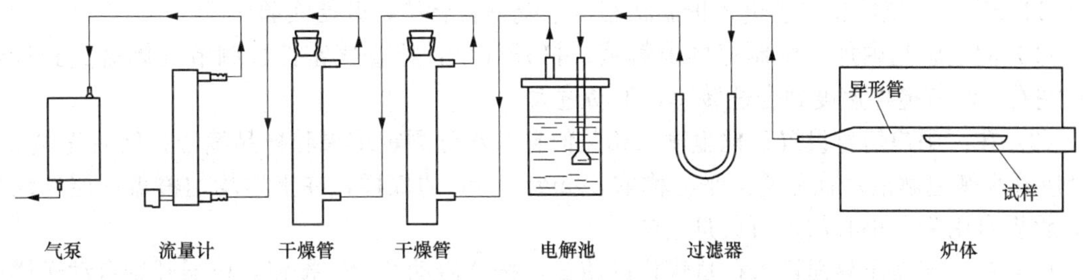

图 5-6　定硫仪工作流程

四、实验工具和主要试剂

（1）专用石英舟和专用瓷舟（仪器专配）。

（2）500mL 烧杯。

（3）10mL 量筒。

（4）碘化钾：分析纯。

（5）溴化钾：分析纯。

（6）冰乙酸：分析纯。

（7）三氧化钨：分析纯。

（8）变色硅胶。

（9）标准煤样：（有元素成分）。

（10）工业分析天平：精确度 0.1mg。

（11）其他材料用具：药勺、玻璃棒、试剂瓶、镊子、板刷、蒸馏水（去离子水）等。

五、实验操作准备

（1）开启计算机、定硫仪主机电源，进入测控程序界面，待程序初始化处理结束后，再开启高温炉电源，进入高温炉加热。

（2）观察温度指示是否上升，若在 2min 后温度无明显上升，应停机查找原因，若炉温在 30min 内还升不到 1000℃，应观察炉膛颜色是否正常，若炉膛明显过亮应及时检查热电偶是否正常；若炉温在 15min 左右就上升到 1000℃以上，应停机检查固态继电器等是否有问题。

(3) 升温阶段可进行以下工作。

1) 检查变色硅胶：若70%已变色则应进行更换。

2) 装电解液：打开气泵，拨开左边第一个净化管胶囊，即可将电解液抽到电解池内。

3) 检查气密性：用手夹紧过滤器前端的胶管，若流量计指示能降到1000mL/min以下，则认为气密性良好，否则应检查过滤器，电解池及净化管是否漏气。

4) 检查气流量：调节流量计流量旋钮，使气流量稳定在1000mL/min；如达不到，则检查气路是否有打折现象或气泵皮碗是否老化。

5) 可准备3～5个废样并称取部分实验样品，磁舟加样时应尽可能使试样在石英舟内均匀铺开；称取样品时，操作应规范，不同的煤样应分别使用各自的样勺。不要轻易用手直接接触石英舟，加三氧化钨时应尽量做到在煤样上均匀覆盖一薄层（废样一般用中硫样品）。

六、实验步骤

(1) 打开主机电源，单击电脑桌面图标，进入测硫仪操作界面，温度自动设定。当炉温升到1150℃时，仪器将自动进入恒温状态，系统准备就绪，开始实验。

(2) 向电解池内加入配制好的电解液，打开气泵，检查气密性，调节气体流量到标识1.0左右，调节搅拌速度到合适转速，不易过大。

(3) 在“用户信息设置”框里输入相关信息，水分测定结果和样品编号；然后先做3～5个废样平衡电解液；在分析天平上称取50mg±2mg的煤样，在上边均匀覆盖一层三氧化钨，将瓷舟用镊子小心放入石英舟当中。

(4) 在电脑操作界面输入称量煤样的质量，按“启动开始”按钮，机器开始自动送样进入反应炉当中；实验过程由仪器控制完成，待测出硫值不为零时，开始正式实验。

(5) 准确地称取50mg±2mg的煤样（精确度0.1mg），把待测样品放入瓷舟当中，重复步骤3、4，完成不同实验样品的多次测定。

(6) 实验结束，应先关闭气泵、搅拌器，再关闭电源，退出操作程序。

(7) 整个实验做完后，应将电解液放出，装入棕色瓶内避光，密封保存以备下次使用；并用蒸馏水将电解池清洗干净。清理工作台台面，结束实验。

七、注意事项

(1) 实验前的瓷舟应清除干净，严禁沾有未知的试样，瓷舟应定期进行清洗或更换。

(2) 添加煤样前，应先将试样瓶中的样品充分搅匀，样品的水分值最好是当天测定值。

(3) 一般每个实验时间为10～15min，时间过长属于不正常，此时应观察电解情况，如果电解液变成暗红，应立即停机，更换电解液，并检查电解及线路是否有故障。

(4) 连续做3个以上废样，且没有电解指示示数时应检查废样是否是中硫样品；系统是否漏气，以至燃烧的硫根本未进入电解池内。

(5) 实验时间间隔应尽可能短，时间过长，仪器将自动关闭气泵、搅拌等功能且有可能要求再做废样。实验过程中，应随时注意流量计的指示，保证流量始终为1000mL/min左右。

(6) 电解液应定期进行更换，一般周期为200个试验左右，或已影响测定结果时。电解池也应定期进行清洗，一般用棉纱，酒精擦去铂电极上的污垢，再用蒸馏水对电解池极片等进行彻底清洗，调试前，电解池要进行一次彻底清洗。

(7) 过滤器的脱脂棉也应定期进行更换或清洗，以免堵塞气路导致流量计流量掉到

1000mL/min 以下。

(8) 更换变色硅胶或流量计调不到 1000mL/min 时应注意是否有硅胶颗粒堵塞硅胶管。

八、允许误差

实验测定允许误见表 5-5。

表 5-5 实验测定允许误差

$S_{t,ad}$	重复性	再现性
<1	0.05	0.15
1～4	0.10	0.25
>4	0.20	0.35

九、电解液配制

称取 5g 碘化钾、5g 溴化钾，溶于 250mL 蒸馏水中，然后加 10mL 冰乙酸即可。电解液可重复使用，使用时间的长短可根据重复使用次数和试样含硫量高低而定，一般周期为 200 个试验左右。但每次正式做试样分析前应先进行烧废样 3 次左右，使电解溶液中碘-碘离子对的电极电位达到平衡时，实验方有效。另外，电解液的 pH 值在 1～3 时可以使用，但 pH 值小于 1 时，应重新配置电解液。

十、思考题

(1) 全硫分析的意义?

(2) 煤中的硫一般以什么状态存在?

(3) 全硫测定的方法有哪些?

第六章　汽 轮 机 实 验

实验一　汽轮机结构模型（Ⅱ）

燃煤发电是世界上最主要的发电方式之一，也称为火力发电。火力发电主要是利用煤等燃料燃烧产生蒸汽推动蒸汽轮机运转以驱动发电机发电。所以汽轮机是火力发电厂的主力设备，汽轮机结构及工作原理则是能源与动力工程专业必修课程学习的重要内容。汽轮机本体主要由转动部分（转子）和固定部分（静子）组成。转动部分包括动叶栅、叶轮、主轴、联轴器等；固定部分包括汽缸、蒸汽室、喷嘴室、隔板、隔板套、汽封、轴承、轴承座、机座、滑销系统等。汽轮机的级由喷嘴叶栅（或静叶栅）和与它配合的动叶栅组成，而叶栅又是由多个叶片组成，本节课程根据实验室展示的模型和实物（见图 6-1），帮助学生学习掌握汽轮机主要零部件的性能，更全面地学习掌握汽轮机基础知识。

一、汽轮机主要零件——叶片

叶片是汽轮机中数量和种类最多的零件（其加工量占整个汽轮机加工量的 30%～50%），由多个叶片组成的叶栅可以完成蒸汽的能量转换过程。工作时，叶片不仅承受高速转动时离心力所产生的静应力和汽流作用的动应力，还要承受高温、腐蚀和冲蚀作用。叶片要有足够的强度、良好的型线，以满足汽轮机安全经济运行的要求。叶片按用途分可以分为静叶片和动叶片；叶片按叶型沿叶高变化规律分可分为等截面叶片和变截面扭叶片。东方汽轮机厂生产的 300MW 冲动式汽轮机所有压力级动叶片均为扭叶片。

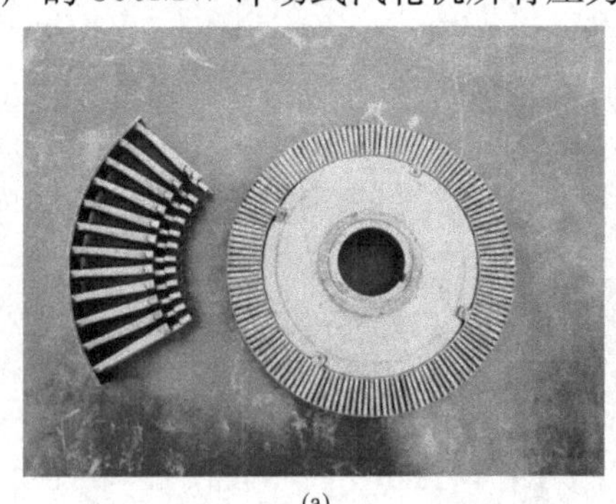

(a)

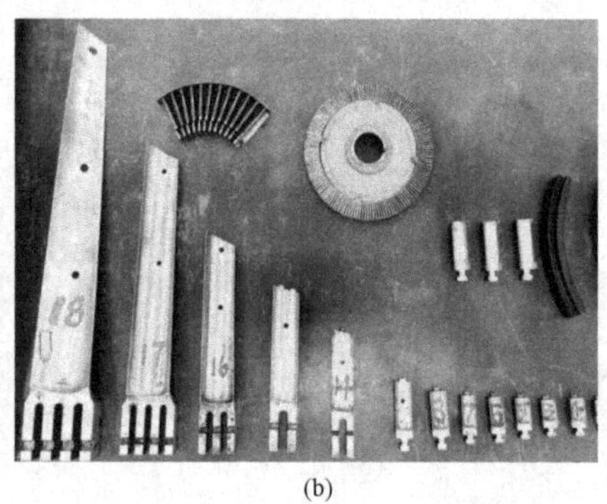

(b)

图 6-1　转子结构模型

(a) 动叶栅及其部分结构；(b) 动叶片

二、叶片的结构

叶片（主要指的是动叶片）的组成：由叶型（也称叶身）、叶根和叶顶三部分组成。

1. 叶型

(1) 叶型是叶片的最基本工作部分，相邻叶片的叶型部分构成汽流通道。

(2) 叶片的横截面形状称为叶型，叶型决定了汽流通道的变化规律。

(3) 叶型的结构尺寸主要取决于静强度和动强度的要求和加工工艺的要求。

(4) 工作于湿蒸汽区的叶片要做强化处理。

(5) 叶型截面的变化可作为叶片的分类形式。

2. 叶根

(1) 叶根的作用：叶根是将动叶片固定在叶轮或转鼓上的连接部分。

(2) 叶根的要求：它的结构应保证在任何运行条件下叶片都能牢固地固定在叶轮或转鼓上，同时力求制造简单、装配方便。

(3) 叶根的分类：常用的叶根形式有T形、叉形和枞树形。

1) T形叶根结构简单、加工方便，被短叶片普遍采用；缺点是在工作时轮缘有张开的趋势，外包T形叶根可以阻止轮缘张开。

2) 叉形叶根叉尾数目可以根据叶片离心力大小选择，叶根强度高，适应性好，但装配工作量很大。

3) 枞树形叶根和对应的轮缘承载面接近于等强度，承载能力大，强度适应性好，拆装方便。缺点是加工复杂，精度要求高。

3. 叶顶

汽轮机的短叶片、中长叶片和长叶片通常在叶顶用围带连在一起，构成叶片组。

长叶片也可以通过叶型部分的拉金或者拉金与围带连接成组；或者围带和拉金都不用，成为自由叶片。

(1) 围带。

作用：减小叶片工作的弯应力；增加叶片刚性以避开共振；形成一个封闭的汽流通道，减小级内漏汽损失。

(2) 拉金。

1) 拉金的作用：增加叶片的刚性，改善其振动性能。

2) 拉金的结构：通常为6～12mm的实心或空心金属丝或金属管，穿在叶型部分的拉金孔中。

三、汽轮机级的工作原理

现代电站汽轮机均为多级汽轮机，多级汽轮机是由在同一轴上的若干汽轮机级串联组合而成。汽轮机级由喷嘴叶栅和与它相配合动叶栅所组成，它是汽轮机做功的基本单元。当具有一定温度和压力的蒸汽通过汽轮机级时，首先在喷嘴叶栅中将蒸汽所具有的热能转变为动能，然后在动叶栅中将其动能转变为机械能，从而完成汽轮机利用蒸汽热能做功的任务。电站用汽轮机绝大多数采用轴流式级，若按照蒸汽在级的动叶内不同的膨胀程度，又可将轴流式级分为冲动级和反动级两种，现结合实验室机组模型及实际叶片实物介绍它们的工作特点。

1. 冲动级

(1) 纯冲动级。反动度$\Omega_m=0$的级称为纯冲动级。它的特点是蒸汽只在喷嘴叶栅中膨胀，在动叶栅中不膨胀而只改变其流动方向。因此动叶栅进、出口压力相等，即$p_1=p_2$，$\Delta h_b=0$，$\Delta h_n^*=\Delta h_t^*$，如图6-2(a)所示。纯冲动级的做功能力较大，效率较低，一般蒸汽离开动叶栅时仍具有一定的速度c_2，由于动能$\frac{c_2^2}{2}$未被利用，故是汽轮机级的一项损失，称为余速损失。余速损失是汽轮机级的一项主要损失。

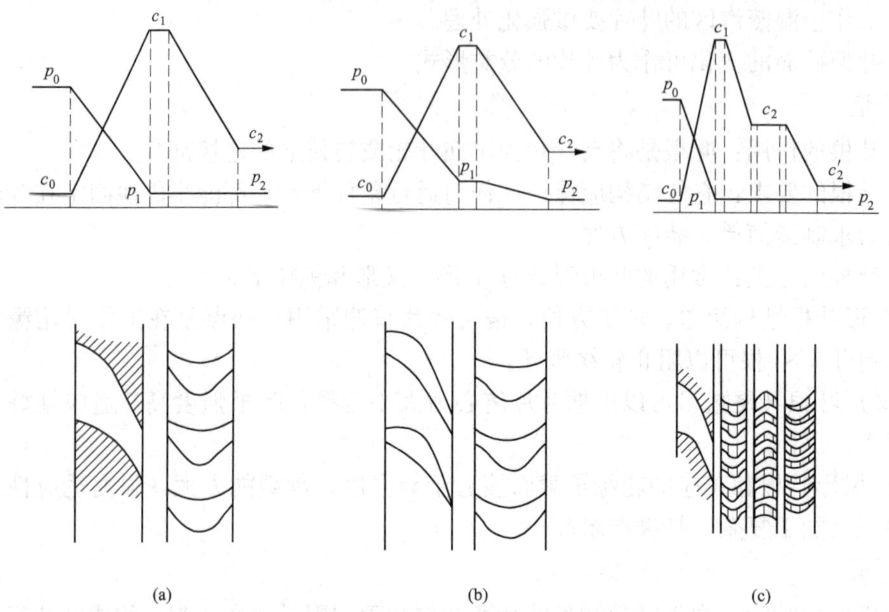

图 6-2 冲动级中蒸汽压力和速度变化示意图

(a) 纯冲动级；(b) 带反动度的冲动级；(c) 复速级

(2) 带反动度的冲动级。为了提高汽轮机的效率，冲动级也具有一定的反动度。通常 $\Omega_m=0.05 \sim 0.20$，这时蒸汽的膨胀大部分在喷嘴叶栅中进行，只有一小部分在动叶栅中继续膨胀。因此 $p_1>p_2$、$\Delta h_n>\Delta h_b$，如图 6-2 (b) 所示。它具有冲动级做功能力大和反动级效率高的特点，所以得到广泛应用。

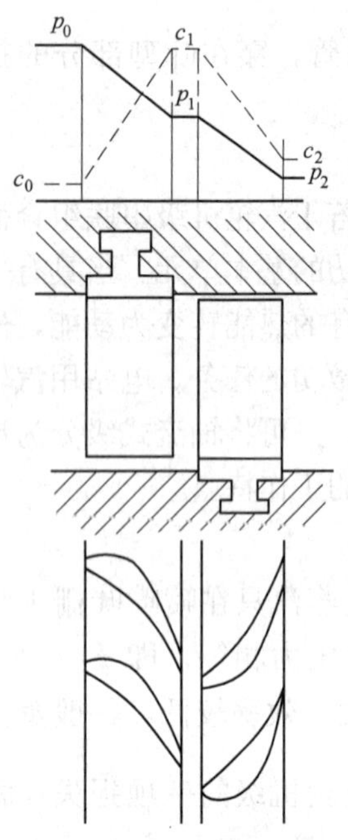

图 6-3 反动级中蒸汽压力和速度变化示意图

(3) 复速级。复速级是由喷嘴静叶栅，装于同一叶轮上的两列动叶栅和第一列动叶栅后的固定不动的导向叶栅所组成。通过实验室汽轮机模型实际复速级，来详细介绍复速级的工作原理。

蒸汽在喷嘴中膨胀加速后，在第一列动叶栅中只将其中一部分动能转变为机械能，因而从第一列动叶栅流出的蒸汽速度 c_2 还相当大。为了使这部分汽流的动能不致全部的损失掉，可以装置一组固定的导向叶栅，它的作用是改变汽流的方向，使之与第二列动叶栅进汽方向相等，于是蒸汽进入第二列动叶栅内继续膨胀做功。

因此，复速级的做功能力比单列冲动级要大。通常在一级内要求承担很大焓降时才采用复速级。为了改善复速级的效率，也采用一定的反动度，使蒸汽在各列动叶栅和导向叶栅中也进行适当的膨胀，如图 6-2 (c) 所示。

2. 反动级

反动度 $\Omega_m=0.5$ 的级叫反动级。蒸汽在反动级中的膨胀一半在喷嘴栅中进行，另一半在动叶栅中进行，即 $p_1>p_2$，$\Delta h_b=\Delta h_n=0.5\Delta h_t$；图 6-3 中，由于蒸汽在动叶栅中膨胀加速，给动叶栅一个与冲动力相比不可忽略的反动力，所以它是在冲动力和反动力的合力的作用下，使叶轮转动做功的。反动级的效率比冲动极高但做功能力较小。

四、实验报告要求

通过汽轮机模型实验课程学习，同学们对汽轮机的结构与级的工作原理有了基本掌握，请在实验报告纸上完成老师要求的思考题，以巩固学习知识。

五、思考题

（1）围带和拉金有什么作用？

（2）常见的叶根形式分为哪几种？每种叶根形式有什么样的特点？

（3）什么是汽轮机的级？

实验二　汽轮机轮周效率特性实验

随着“双碳政策”的提出和实施，提高发电厂的热效率、节约能源成为能源与动力工程领域重要的研究课题。汽轮机的轮周效率是提高发电厂效率的重要指标之一，汽轮机轮周效率的高低，直接影响着整个发电厂的经济效益。研究汽轮机轮周效率特性，分析轮周效率的影响因素，可以为发电企业解决实际生产问题，提高发电企业经济效益。

一、实验目的

汽轮机的轮周期效率 η_u 与级的速度比 X_a 有着密切的关系。只有当级的速度比为最佳时，此级方有较高的轮周效率。实验通过对各工况点参数的测量，分析计算不同参数条件下级的速度比 X_a 以及级的轮周功当量焓降 h_n，并绘制出级的效率与速度比之间关系曲线。

二、实验原理

汽轮机的轮周效率是衡量汽轮机级工作经济性的一个重要指标，用它来说明蒸汽在汽轮机级内所具有的理想能量转变级的轮周功的份额。对于多级汽轮机的某些级而言，本级的余速动能可能部分或全部被下一级利用。

写成能量平衡的形式，则为

$$\eta_u = 1 - \xi_n - \xi_b - \xi_{c_2}(1 - \mu_1) \tag{6-1}$$

式中　ξ_n、ξ_b、ξ_{c_2}——该级喷嘴损失系数、动叶损失系数、余速损失系数；

μ_1——余速利用系数。

为提高轮周效率应该设法减少各项损失。其中，喷嘴与动叶能量损失系数 ξ_n 和 ξ_b 大小，与其速度系数 φ 和 ψ 值大小有关，也与气流速度 c_1 与 ω_1 的大小有关。叶片的速度系数是根据静、动叶栅的叶型，由试验资料所确定的。

如果选定了喷嘴和动叶的叶型，φ 和 ψ 值就基本上确定了，余速能量损失系数决定于动叶出口的绝对速度 c_2。设计汽轮机时，应努力做到使叶轮周围速度与喷嘴出口速度之间的关系保持最佳速比，以求得最小的余速损失。

从动叶栅进、出口速度三角形（见图 6-4）可以看出：比值 μ/C_1，对余速 C_2 的大小和方向有显著的影响，因而也影响着轮周效率 η_u 的大小（比值 μ/C_1 称之为级速度比，用 X_1 表示）。在不同速度比 X_1 情况下，轮周效率 η_u 的变化即为该级的轮周效率特性。

在实验中，因级的反动度 Ω_m，喷嘴进口速度 C_0 很难测定，故假设级的等熵焓降全部发生在喷嘴中，并等于喷嘴出口速度为 c_a，从而得到

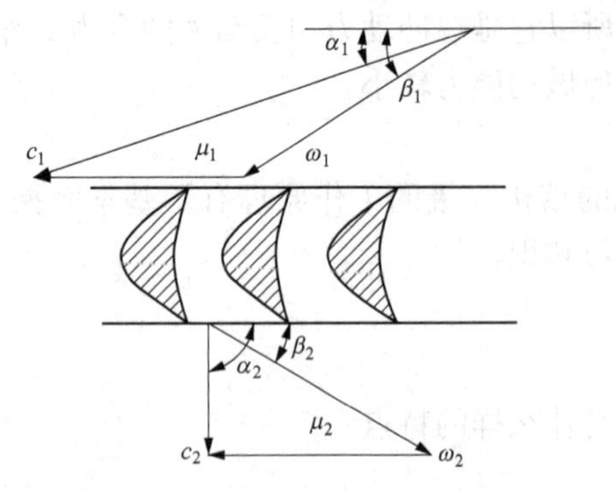

图 6-4 动叶栅进出口速度三角形

$$X_a = u/c_a$$

X_a 称为级的绝对速度比（$X_a = \varphi\sqrt{1-\Omega_m X_1}$），于是所讨论的级的轮周效率特性转化为在不同速度比 X_a 下的轮周速度 η_μ 的变化。

在发电厂中，汽轮发电机转速是不变的，即 u 不变，只是级的焓降改变，喷嘴出口气流速度 c_a 改变。在本实验中，利用汽轮机调节系统中的同步器，模拟发电用汽轮机维持汽轮机转速不变，通过改变汽轮机的进汽参数，进而控制级的等熵焓降，以改变喷嘴出口绝对速度 c_a。实验采用的是背压式单级汽轮机，其排汽参数可实际测得。将级的摩擦损失，鼓风损失，斥汽损失等都考虑进去，最后得到的是级的轮周效率，与此同时可以得到对应的绝对速度比 X_a。

三、实验系统和设备

本实验使用的是背压单级回流式汽轮机。由于功率小、流量少，故只用两只喷嘴，又由于是单级汽轮机，动叶出口速度提高可以再次利用，于是汽流经过一组导向叶片改变方向后，再次进入动叶栅中做功，然后排入大气，其通流部分的剖面如图 6-5 所示。

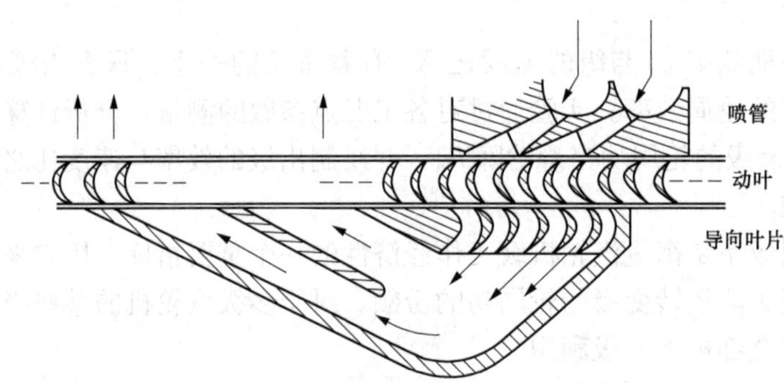

图 6-5 汽轮机通流部分剖面

本实验发电机为复激式直流发电机，可通过改变发电机的励磁电流来改变发电机的功率，$P_d=41\text{kW}$、$n=1500\text{r/min}$。负荷调整器设在配电盘上，用改变发电机励磁电流的方法改变发电机功率。汽轮机的汽（气）源为空气压缩机送来的压缩空气，压缩机可以采用如图 6-6 所示的 W6/8G 型固定式空气压缩机；也可用 ZLS/50 型螺杆空气压缩机；测量初压 p_0、背压 p_1 的压力表，测量初温 t_0、排汽温度 t_1 的温度计都安装在汽轮机的发电机组实验装置上（见图 6-7）。汽轮机转速用 QSZ-Ⅱ型数字显示转速表测取。

四、实验前准备工作

（1）首先把汽轮机自动主汽门关死（顺时针关到底）；挂上危急保安器（将危急保安器手柄往右压到底）；将负荷调整器放在最小位置（将手轮逆时针旋到底）；将负荷总开关、负荷开关均放在开路位置。汽轮发电机组控制盘如图 6-8 所示。

（2）然后检查油箱油位，油位显示器应在中线以上。往复搬动手动油泵，检查手动油泵工作是否正常，若油压表上有压力（0.04MPa，即 0.4kgf/cm²），回油管路观测口有回油流动，则表示可以正常工作。

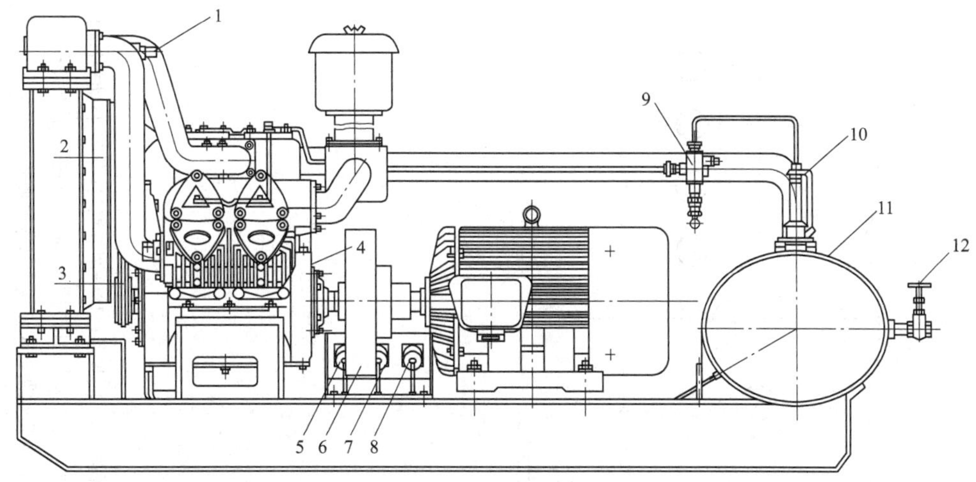

图 6-6 W6/8G 型固定式空气压缩机

1—一级安全阀；2—风扇；3—风扇皮带轮；4—润滑油位指示器；5—空气压缩机油温；6—舵轮；7—一级压力表；8—二级压力表；9—压力调整器；10—二级安全阀；11—储气缸；12—储气缸出口阀

（3）把测量初温、排汽温度的温度计插入相应的测试孔。合上数字显示转速表开关预热，并按动校对开关应显示 15 360±1（表示转速表工作正常），再按下转速开关（应显示“0”或“1”）。搬动汽轮机轴上的齿轮，让汽轮机慢转，表上应有相应转速显示，否则应调整光电传感头的焦距，直到正常为止。

（4）启动汽轮机的汽（气）源压缩机。

1）采用 W6/8G 型固定式空气压缩机送气时，其压力 $p_0=0.8$MPa，容量 $G=6\text{m}^3/\text{min}$。

① 检查空气压缩机润滑油油位，正常油位在油标尺中间刻度以上。风扇转动皮带应松紧合适，转动一下舵轮。风扇不应有与风冷设备摩擦声。检查空压机转动部件附近不应有其他与设备无关的东西，把储气罐出口的两只阀门全开，管道放气阀全关。

② 启动空气压缩机，顺时针盘动舵轮 1～2 周（从空压机的头往电机方向看），使空气压缩机曲轴和壳体内各转动部件都甩上润滑油。把电源开关放在“合”的位置。握紧磁力启动器的手柄，用力且快速将手柄推至“启动”位置，当空气压缩机转速慢慢地上升到较稳定转速（大约 5s）时，将手柄快速转到“运转”位置，待转速上升到正常转速（960r/min）时，方可松手，此时空气压缩机以 960r/min 正常运转。仔细听检查是否有异常声音，或有金属摩擦声，如果正常可进行下一步工作。

③ 启动后一分钟：一级压力表应为 2kgf/cm^2 左右；二级压力表为 7.5kgf/cm^2 左右。压力正常后再检查安全阀和压力调整器。用手轻轻拉动一级安全阀，应有压缩空气由阀放出。用不太大的力量拉动二级安全阀，应有空气放出，并有较大的声响。用手拉动压力调整阀下的拉环，同样应有放气的声音。以上都正常，可以运行。否则应立刻按下磁力启动器的“脱扣”按钮，停机检查原因所在。查明原因，处理妥当后方可重新启动。运行过程中，空气压缩机二级排汽温度不应高于 130℃。

2）采用 ZLS/50 型螺杆空气压缩机时，启动空气压缩机需点击启动按钮，观察空气压缩机显示表盘示数，此时排气温度达到 41℃左右，工作压力达到 0.3MPa 左右。当压缩空

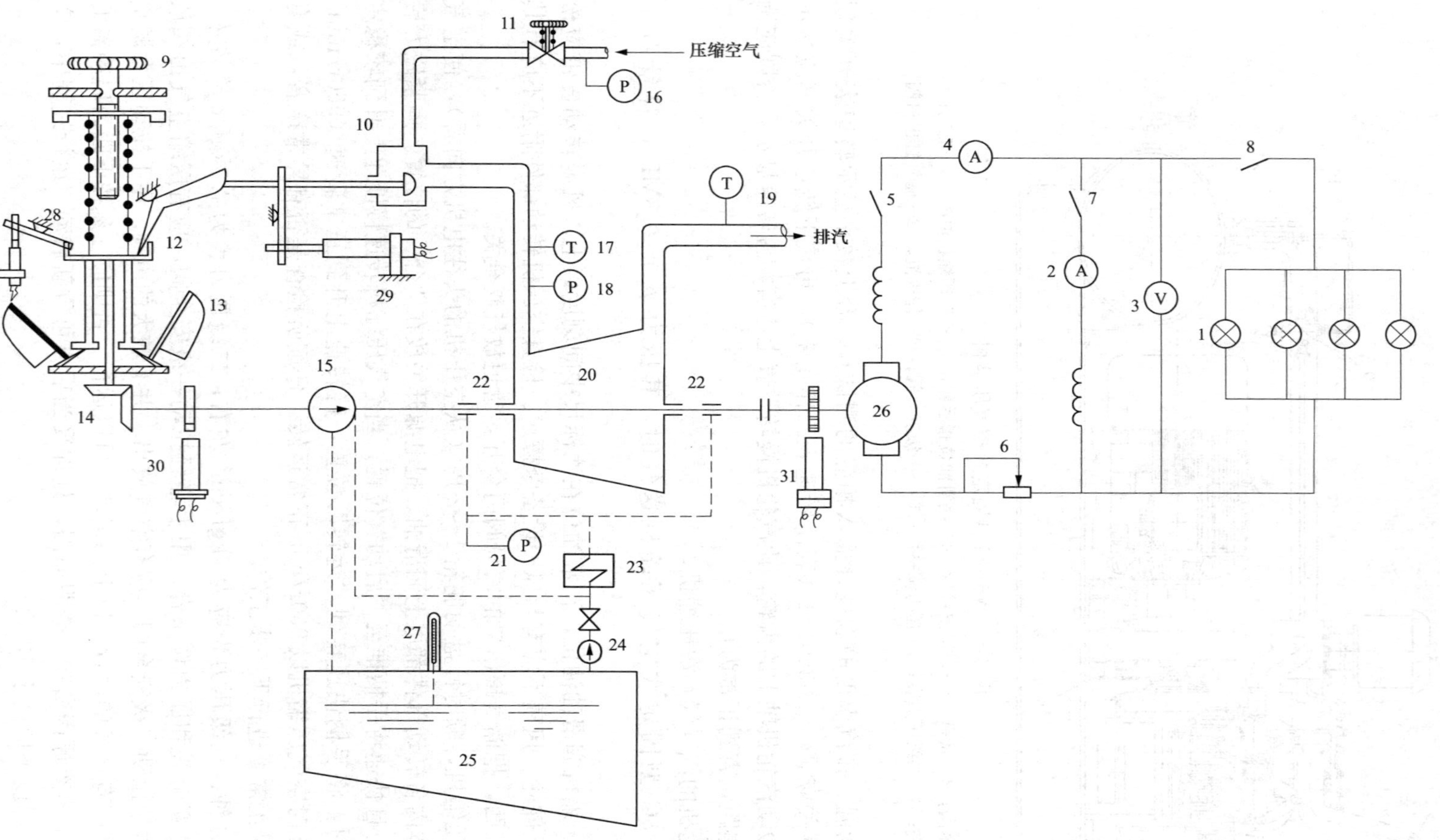

图 6-7 汽轮发电机组及配电部分原理

1—负荷；2—励磁电流表；3—负荷电压表；4—负荷电流表；5—负荷总开关；6—负荷调整器；7—励磁开关；8—负荷开关；9—同步器；10—调节汽门；11—自动主汽门；12—调速器滑环；13—调速器离心飞锤；14—传动齿轮；15—主油泵；16—自动主汽门前压力表；17—喷管前温度计；18—喷管前压力表；19—级后排汽温度计；20—汽轮机；21—润滑油压力表；22—轴承；23—冷油器；24—手摇油泵；25—油箱；26—发电机；27—油位指示器；28、29—位移传感器；30—光电传感器；31—磁阻发信器气储满时，螺杆空气压缩机自动停止工作。压缩空气送至压缩空气储罐里储存，其压力为 $p_0=0.8\text{MPa}$，全容积为 $G=3\text{m}^3$。

(5) 最后检查汽轮机主汽门前压力应为 7.2kgf/cm^2 ($1\text{kgf/cm}^2=9.80665\times10^4\text{Pa}$)，调节汽门后压力应为零，调节汽门后压力若不为零，应重新关紧自动主汽门。

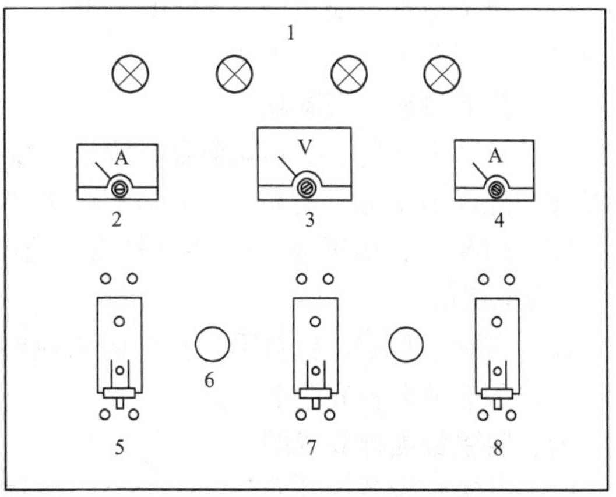

图 6-8　汽轮发电机组控制盘示意

1—负荷（灯泡）；2—励磁电流表；3—负荷电压表；4—负荷电流表；5—负荷总开关；6—负荷调整器；7—励磁开关；8—负荷开关

五、实验步骤

1. 启动调节

(1) 往复摇动手动油泵，使润滑油压保持在 0.4kgf/cm^2（表压）。直到回油管路中有回油流过，方可启动汽轮机。

(2) 把同步器手轮逆时针旋到底（同步器弹簧放到最松位置）。逆时针旋动自动主汽门（开汽门），动作要缓慢，使汽轮机缓慢升速，仔细听辨别汽轮机是否有异常声音。若无异常声音可继续缓慢升速，直到转速升至1200～1300r/min时，可停止手摇油泵，此时润滑油表压保持 0.4kgf/cm^2。若保持不了应继续摇动手摇油泵，直至表压保持 0.4kgf/cm^2 为止。

继续开大自动主汽门，直到升到空负荷开度（即再开门转速也不再上升，保持某一固定转速，此时大约在1500r/min左右），此时调整系统以进入工作状态，自动控制了调节汽门，这时可放心地把自动主汽门全开。

(3) 合上总开关5和励磁开关7，略调负荷调整器（顺时针旋转），待得到一定电压后，再合上负荷开关8，向“用户”供电。

(4) 调整同步器，确定一定合适的（需要保持恒定的）某一转速，例如1500～1540r/min中的某一稳定转速，以下实验过程中始终用同步器保持这个恒定转速。

2. 正式实验测取数据

(1) 按上面步骤调整好设备运行后，稳定1～2min。记下转速 n、初温 t_0、初压 p_0、级后压力 p_1、级后（排汽）温度 t_1，这五个数据为实验第一组数据。注意：级后压力 p_1 即排汽压力，一般取之为1大气压力（1atm，$1\text{atm}=1.013250\times10^5\text{Pa}$）。

(2) 测取第二组数据步骤：顺时针调节负荷调节器，增加负荷，同时控制同步器，保持上述的恒定转速 n，稳定1～2min后，记录上述五个数值作为实验的第二组数据。

(3) 以相同的方式，共测取7～8组数据。此时带满全负荷（电压150V，电流3.5A），同样记录上述五个数值，作为最后一组数据。此时实验测取完毕。

3. 停止汽轮机运转

(1) 数据测取完毕后，顺时针旋动自动主汽门（关门），与此同时摇动手摇油泵供润滑用油准备停机，同时将同步器逆时针旋转，将同步器弹簧放至最松位置。

(2) 汽轮机停止运转后，方可停止手摇润滑油泵。将负荷开关8、励磁开关7、总开关5全部拉下。

(3) 按下空气压缩机的"STOP"开关，停止空气压缩机工作，打开压缩机管道放气阀放掉残气，至此全部实验完毕。

六、实验过程注意事项

(1) 自动主汽门、负荷调整器、手摇油泵、同步器、空气压缩机等由专人操作，其他人未经教师允许不得擅自乱动。实验过程必须严格听从实验教师指挥，避免发生意外。

(2) 初温 t_0、初压 p_0、级后（排汽）温度 t_1 各由 1 人记录。转速 n、排汽（级后）压力 P_1 为恒定值。

(3) 实验过程中，负责手摇油泵的人应时刻注意润滑油压表应为 0.4kgf/cm^2，否则应及时摇动手摇油泵补充润滑油量。

七、实验数据计算说明

(1) 受实验设备条件所限，η_u-X_a 曲线只能测出小于最佳速度比 $(X_a)_{op}$这段。

(2) 本实验汽轮机为单级一次回流式，故计算鼓风损失系数 S_g，斥汽损失系数 S_s，叶高损失系数 S_L，扇形损失系数 S_Q时要注意计算方法。

(3) 实验测得数据 p_1、t_1 为级后实验参数，计算轮周效率 η_u时，要考虑鼓风损失，斥汽损失，叶高损失，扇形损失如何处理。

八、实验记录表

实验过程数据记录在表 6-1 中。

表 6-1　　汽轮机轮周效率特性实验记录

测试项目	符号	单位	1	2	3	4	5	6	7	8
级前压力	p_0	atm								
级前温度	t_0	℃								
级后压力	p_1	atm								
级后温度	t_1	℃								
转速	n	r/min								

九、编制计算程序

为了方便编制程序，现将计算运用参考计算公式给出，给出的公式和常量（或系数）的单位已经统一。部分符号如有变动，根据其名称及物理意义以最新版理论教材内容为准，本实验提供的公式仅供编程计算参考使用。参考计算如下：

级后理想温度　$T_t=\dfrac{T_0}{(p_0/p_1)^{\frac{\kappa-1}{\kappa}}}$，其中，$\kappa=1.4$；

级后理想焓值　$\Delta h_t=c_p T_0$，其中 $c_p=0.238\,3$；

级前焓值　$\Delta h_0=c_p T_0$；

级后焓值　$\Delta h_1=c_p T_1$；

级的实际焓降　$\Delta h_1=h_0-h_1$；

级的理想焓降　$\Delta h_t=h_0-h_t$；

级的轮周焓降　$\Delta h_u=\pi d_m n/60$，其中，$d_m=0.345\,425$；

气流绝对速度　$c_a=91.5\sqrt{h_t}$；

绝对速度比　$X_a=u/c_a$；

级后理想比体积 $v_t=\dfrac{RT_t}{10^4P_1}$，其中，$R=29.27$；

喷管喉部面积 $A_n=N_n\pi/4d_n^2$，其中，$N_n=2$，$d_n=0.008\ 35$；

级前实际比体积 $v_0=\dfrac{RT_0}{10^4\times P_0}$；

流量 $D=MA_n\sqrt{\left(\dfrac{2}{\kappa+1}\right)^{\frac{\kappa+1}{\kappa-1}}gk\sqrt{\dfrac{p_0}{V_0}}}$，其中，$M=0.98$，$g=9.81$；

摩擦损失 $h_f=\dfrac{BA_1(d_b-L_b)^2\left(\dfrac{u}{100}\right)^3\dfrac{860}{3600D}}{V_t}$，

其中，$B=1$，$A_1=1.7$，$L_b=0.014\ 075$，$d_b=d_m$；

喷管进汽度 $e_n=N_n\dfrac{t_n}{\pi d_m}$，其中，$t_n=0.024\ 7$；

导叶进汽度 $e_g=N_g\dfrac{t_g}{\pi d_m}$，$N_g=2$，$t_g=0.047\ 8$；

鼓风损失系数 $S_g=B_e\dfrac{1}{e_n}(1-e_n)X_a^3+B_e\dfrac{1}{e_g}(1-e_g)X_a^3$，其中，$B_e=0.15$；

斥汽损失系数 $S_s=C_e\dfrac{1}{e_n}\dfrac{Z_n}{d_m}X_a+C_e\dfrac{1}{e_g}\dfrac{Z_g}{d_m}X_a$，

其中，$C_e=0.016$，$Z_n=1$，$Z_g=1$；

叶高损失系数 $S_L=\left(\dfrac{L}{L_n}X_a^2+\dfrac{L}{L_g}X_a^2\right)/1000$，

其中，$L_n=0.012\ 2$，$L_g=0.117\ 77$，$L=9.9$；

扇形损失系数 $S_Q=2\times0.7\left(\dfrac{L_b}{10^2\times d_m}\right)^2$；

各项损失之和 $h_s=h_f+h_t(S_g+S_s+S_L+S_Q)$；

轮周效率 $\eta_u=\dfrac{h_i+h_s}{h_t}$。

十、实验报告要求

(1) 编写出完整计算程序，打印出 X_a 与 η_u 对应关系。

(2) 列出实测记录表，填写实测数据。记录数据保证在 7～8 组以上。

(3) 绘出 η_u-X_a 关系曲线，并说明所绘出的曲线与理想的曲线有何异同并说明原因。

(4) 实验必须预习熟悉实验过程；实验数据无勾涂缺失，回答问题、绘制曲线清晰正确。

十一、思考题

(1) 能量平衡的形式表达轮周效率公式是什么？每一项的含义是什么？

(2) 提高汽轮机轮周效率对发电企业有什么现实意义？

十二、计算示例

某次汽轮机轮周效率特性实验，测得数据见表 6-2，学生所绘制 X_a-η_u关系曲线如图 6-9 所示。注：计算过程中的温度均指绝对温度，即 $T=273+t$。

表 6-2 汽轮机轮周效率特性实验测试数据记录

实验项目	p_0	t_0	p_1	t_1	n
1	2	22	1	15.2	1540
2	2.1	21.4	1	14.5	1540
3	2.2	21	1	14.0	1540
4	2.36	21	1	13.5	1540
5	2.5	21.2	1	13.5	1540
6	2.6	22	1	13.0	1540
7	2.75	22.2	1	13.0	1540
8	2.9	23	1	13.9	1540

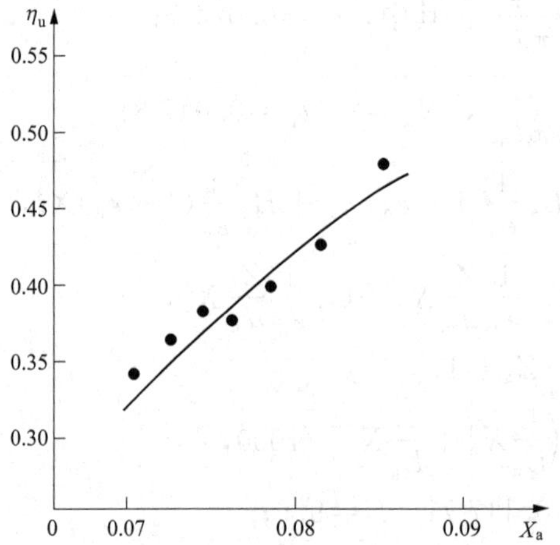

图 6-9 学生实验绘制 η_u-X_a 关系曲线示例

实验三 单个叶片静频率的测定

汽轮机是发电厂的主力设备之一，国内外发电厂常有因汽轮机叶片损坏事故造成停电、停产的巨大经济损失的案例，为了确保叶片在汽轮机运行中的安全，必须避开叶片危险的共振。由于叶片的几何形状复杂，对叶片自振频率特性产生影响因素很多，除了理论上计算叶片的自振频率避免落入共振区之外，还要对叶片振动特性进行实地测定。因为汽轮机运行一阶段以后，由于叶片受到蒸汽的腐蚀、磨损，受热变形，叶根紧固力改变以及复环和拉金的连接状态的改变，都会引起叶片自振频率发生变化，需要对它们进行定期测定和监视，为汽轮机安全经济运行提供保障和依据。

一、实验目的

(1) 掌握用自振法及共振法测定叶片频率的基本方法并判别振型。

(2) 通过实验加深理解单个叶片的振动特性以及叶根紧力对自振频率的影响。

二、实验要求

(1) 用自振法测定叶片的自振频率，并观察不同频率比下的李萨如图形。

（2）用共振法测定叶片的自振频率，判别振型，并观察叶根紧力对自振的影响。

（3）了解测试仪器的性能与使用方法，掌握单个叶片静频率基本测试技能。

三、基本原理

汽轮机叶片是具有多个自由度的弹性体，理论上它具有无限多个自振频率和相应的主振型，叶片受到瞬间激振力后做自由振动时，实际的振型曲线为各阶主振型根据迭加原理叠加的结果。但由于高阶主振型很难激发，其分量随着阶次增高而愈益微小，故叶片受到瞬时激振力做自由振动时的合成振型基本上呈现为最易激发的主振型的振型。一般说来，由于一阶振型（通常为切向 A_0 型）最容易激发，故对于衰减不太快的叶片用自振法便能测定。

当两个简谐信号分别输入示波器的 X 轴及 Y 轴时，示波器荧光屏上将显示出李萨如图形。其道理很简单，在同一平面上的几个分振动不是在同一个方向上发生，则振动体上的一点的运行轨迹是在同一个面上的封闭曲线，其绘制方法如图 6-10 所示。如果两个信号的频率成简单的整数比，则可得到稳定的简单李萨如图。比如图 6-10 也是频率比为 1∶2 的两个互相垂直的分振动在同一平面内合成时的李萨如图形。

若两个频率十分接近但不相等，则李萨如图形将缓慢移动并交替呈现出不同的形状。测频时通常将已知（给定）频率信号输入 X 轴，振动信号输入 Y 轴，调节 X 轴信号频率直至获得稳定的李萨如图，也就得到了被测叶片的频率。更常用的方法是将两个信号的频率比调至 1∶1，使获得最简单的李萨如图。如图 6-11 所示即为两频率比为简单的整数比时李萨如图。

具有 n 个自由度的弹性系统作自由振动时，任一点的运动可表示为

$$Y_{\mathrm{m}}=\sum_{i=1}^{n}A_{\mathrm{m}}^{i}\sin\omega_{i}t$$

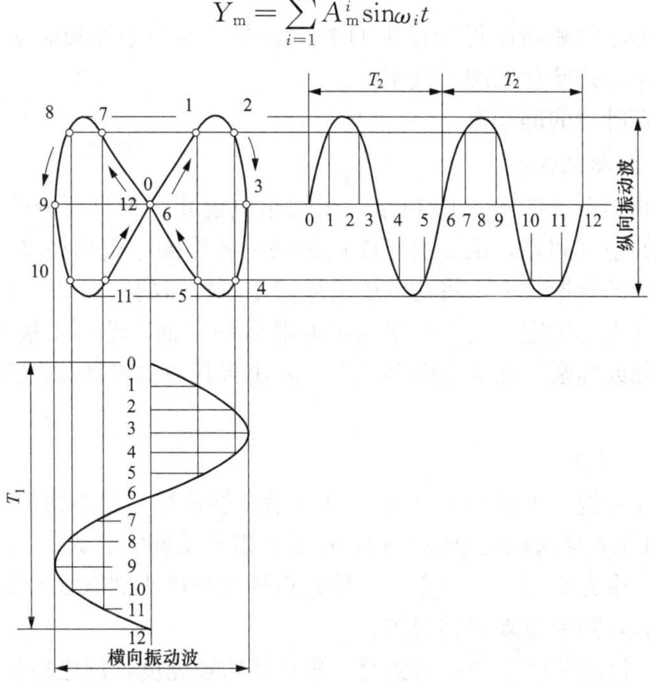

图 6-10 频率比 1∶2 的两个互相垂直的分振动合成李萨如图绘制方法

当一个正弦扰力 $F=F_0\sin(pt)$ 作用于系统上任意位置时，系统产生强迫振动。若

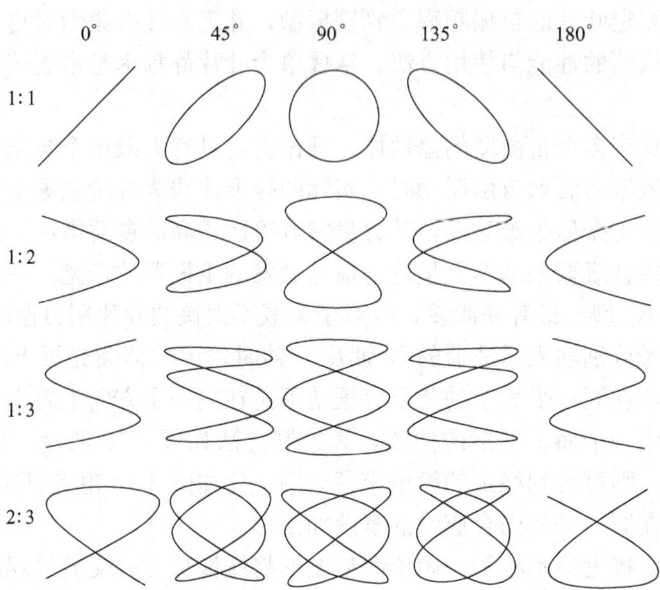

图 6-11 两个互相垂直的分振动在不同频率比和不同相位差时的李萨如图

$p=\omega_i$，则扰动力激起 i 阶主振型的共振，振幅出现峰值。由于振型的正交性质，除 i 阶主振型振幅剧烈增大外，其余各主振型皆不激起共振性振动，故叶片振型呈现出 i 阶自振频率相应的主振型。这样采用共振法进行振动特性实测时可判断出叶片的主振型及相应的自振频率。

由此可见，自振法测频时应得到稳定的李萨如图；共振法测频时应得到最大的振幅峰值，此时的振动频率才是叶片的固有频率。

四、自振法测定叶片的静频率

（一）实验设备和测试仪器

本实验自振法测频系统如图 6-12 所示。采用了电磁式拾振器，当叶片振动时改变叶片与拾振器永久磁铁的空气间隙，从而引起绕在磁铁上的线圈中电压改变（电压振荡）。此电压振荡的频率是叶片的自振频率，将这电压信号接至示波器的一对轴。由音频信号发生器产生的具有一定频率（人为给定）信号，接至示波器另一对轴，若两个输入信号的频率相同，则在示波器上出现圆或椭圆。在其他频率比下，将出现相应的李萨如图形。由此可测出叶片的自振频率。

1. 示波器调试与用法

以 325 型示波器为例，如图 6-13 所示，介绍示波器调试与用法如下。

（1）ON：电源开关接通额定电源之后，指示灯发出柔和的红光。

（2）⊙：聚焦，聚光点为一个圆点，可使光点聚集为最小圆点或使其轨迹成为清晰的线条。每次改变辉度后，需要重新调整聚焦。

（3）☼：辉度，控制荧屏上光迹的亮度，顺时针增加亮度，反之减弱。光点屏上停留时间较长时，要旋至最暗，不然将损坏这部分荧光材料。

（4）ASTG：辅助聚焦，辅助⊙使光点成为一个小圆点。

（5）↓↑：移动光迹在荧光屏上 Y 轴方向的位置，顺时针旋转时向上移动，反之则

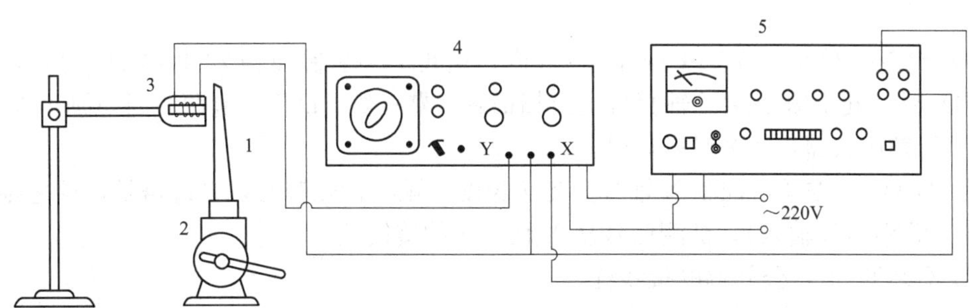

图 6-12 单个叶片自振法测频

1—叶片；2—虎钳；3—拾振器；4—示波器；5—音频信号发生器

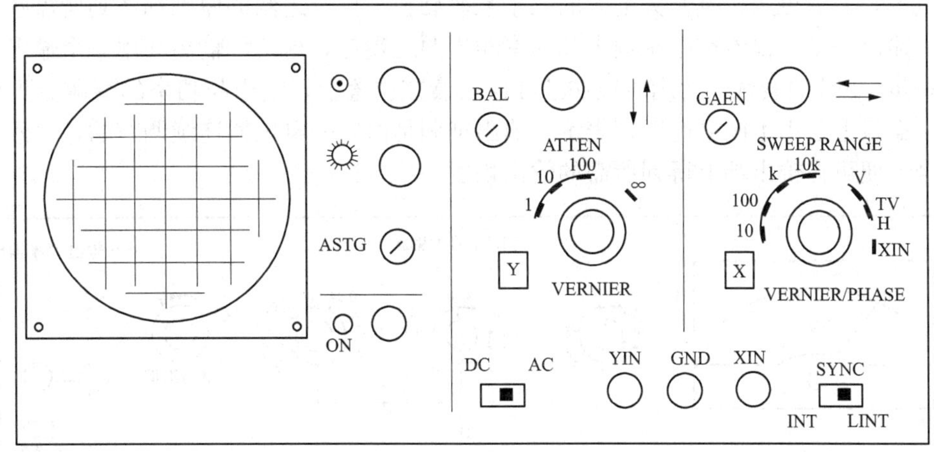

图 6-13 325 型示波器示意

下移。

(6) ATTEN：衰减，分 1、10、100 三挡，供选择适当的偏转电压。在“∞”位置时，机内实验电压直接从 Y 轴输入端送入。

(7) VERNIER：微调，控制 Y 轴方向光迹长度，顺时针旋转时光迹增长，反之则减短。

(8) DC、AC：Y 轴放大器的耦合开关。置 DC 时，被测信号直接输入 Y 轴放大器；在 AC 时，则被测信号经电容耦合送入 Y 轴放大器。

(9) BAL：平衡，校准 Y 轴直流放大器的平衡输出。

(10) YIN：Y 输入，被测信号从 Y 轴输入的接线柱。

(11) ⇄：移动光迹在屏幕上 X 轴方向的位置，顺时针旋转时向右移动，反之则左移。

(12) SWEEP RANGE：扫描范围，锯齿形扫描频率范围变换开关。TVV 和 TVH 分别为电视场频和行频扫描，在 XIN（外接）时，扫描发生器停止工作，信号可经 XIN（X 输入）接线柱直接送入 X 轴放大器。

(13) VERNIER/PHASE：微调/相位，置 SYNC-INT（同步-内）时，作为扫描频率微调控制器。例如 SWEEP RANGE（扫描范围）开关量于“10～100”时，则本控制自左至右旋转时，频率变化约为在 10～100Hz。当置于 SYNC-LINT（同步-电源）时，起相位调节作用。

(14) SYNC（INT、LINT）：同步（内、电源），控制扫描发生器的同步方式。置INT（内）时，同步信号自Y轴直接送至扫描发生器；置LINT（电源）时，则由电源频率信号输入X轴放大器，作为时基信号。

(15) GAIN：增益，控制X轴方向光迹长度，顺时针旋转时，光迹增长，反之则减短。

(16) XIN：（X输入），被测信号从X轴输入的接线柱。

(17) GND：地，公开端的接线柱。

2. 信号发生器的性能与使用方法

现以XD1型信号发生器为例，予以介绍（见图6-14）。

(1) 频率的选择。面板上的六挡按键开关做分波段的选择。根据所需要的频率，可按下相应的按键，然后再用按键开关上方的三个频率旋钮，按十进制的原则细调到所需频率。

(2) 输出调整。仪器有电压输出和功率输出两组端钮，这两种输出共用一个输出衰减旋钮，做每步10dB的衰减。使用时应注意在同一衰减位置上，电压与功率的衰减分贝数是不相同的；面板上已用不同颜色区别表示。输出细调是由同一电位器连续调节的，这两个旋钮适当配合，便可在输出端上得到所需的输出幅度。

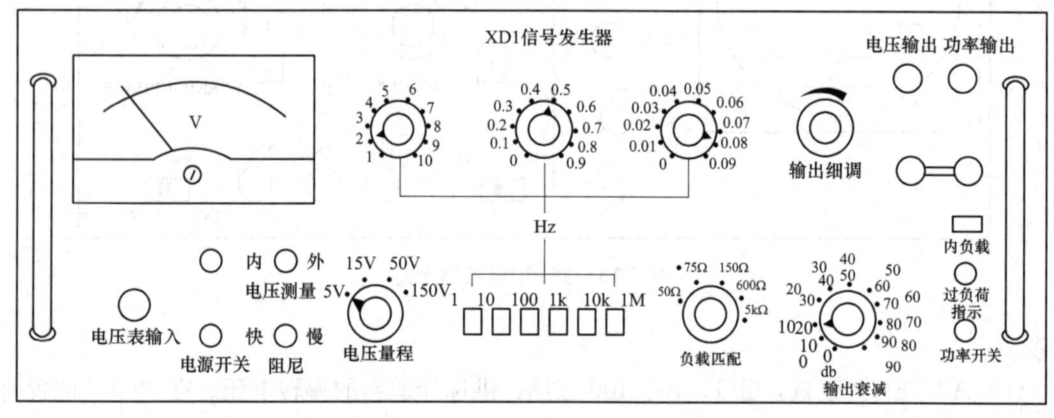

图6-14 XD1信号发生器示意

(3) 电压级的使用。从电压级可以得到较好的非线性失真系数（<0.1%）、较小的输出电压（<200μV）和小电压下比较好的信噪比。电压级最大可输出5V，其输出阻抗是随输出衰减的分贝数变化而变化。为了保持衰减的准确性及输出波形不失真变坏（主要是在电压衰减0dB时）电压输出端钮上的负载应大于5kΩ以上。

(4) 功率级的使用。

1) 使用功率级时应先将“功率开关”按下，以将功率级输入端的信号接通。

2) 阻抗匹配。功率级共设有50、75、150、600Ω及5kΩ五种负载值。如果要得到最大输出功率，应使负载选择以上五种数值之一，以求匹配。若做不到，一般也应使实际使用的负载值大于所选用的数值，否则失真将变坏。当负载高阻抗，并要求工作在频段两端，即接近10Hz或大于几百kHz的频率时，为了输出足够的幅度，应将功率放大部分“内负载”键按下，接通内负载，否则输出幅度会减小。

3) 保护电路。在开机时“过负荷指示”灯亮，5～6s内熄灭，表示功率级进入工作状态。当输出旋钮开得过大或负载阻抗太小时，过负荷保护指示灯点亮，表示过负荷。保护动作过几秒以后自动恢复。若此时仍过负荷，则一闪后仍继续亮。在第六挡高端高频下，有时因输入幅度过大，甚至会一直亮，此时应减小输入幅度或减轻负载，使其恢复。遇保护指示不正常时，不要继续开机，需进行检修，以免烧毁功率管。当不使用功率级时，应把功率开关键抬起，以免功率级的保护电路的动作影响电压级输出。

4）工作频段。功率级在10Hz～700kHz（5kΩ负载挡在10～200kHz）范围输出，符合技术条件的规定；但在5～10Hz；700kHz～1MHz（或5kΩ负载挡200kHz～1MHz）范围仍有输出，但功率减小；功率级在5Hz以下，输入被切断，没有输出。

（5）电压表。此电压表可做“内测”与“外测”。当用做“外测”时，须将测量开关拨向“外测”，此时根据被测电压选择电压表量程，测量信号从输入电缆由“电压表输入”端输入，当测量开关拨向“内侧”时，可测得功率级输出的电压。

3. 拾振器

拾振器的作用是将叶片的机械振动信号转变为电信号后输入示波器的Y轴，拾振器分为晶体式、电磁式、电容式。本实验采用电磁式拾振器，即在U形永久磁铁上套入两只线圈，当叶片振动时，将引起磁铁与叶片间间隙改变（见图6-15），于是线圈两端有一交变电压输出，其频率即为叶片自振频率。

4. 激振器

激振器是强迫叶片按人为给定的频率进行连续机械振动的振源。激振器的种类较多有晶体式、动圈式、音波式、电磁式等。本实验中采用的是晶体式，它是基于晶体压电效应原理制造出来的。晶体介质采用酒石酸钾钠、钛酸钡、锆钛酸铝等材料制成。当受到应变时，在它表面呈现有电荷，晶体的两侧极化形成正负极，当应变消失后，介质又重新回到不带电的状态，这种现象称之为顺压电效应。与此相反，若晶体两侧加以电压，在电场的作用下会产生伸缩变形，则此现象称为逆压电效应。如果将晶体牢固地贴在叶片上，利用逆压电效应，通入交变电压，能起到激振作用。晶体片的内阻很高，一般在几千欧，因此要求晶体片粘贴在叶片上时，既要牢固，又要有良好的绝缘，否则会使能量大大损失掉。

（二）实验系统与仪器的调试

按图6-15所示接好线，将信号发生器的“输出”细调旋钮逆时针旋至最小位置，然后将信号发生器、示波器电源开关合上，通电预热5～10min。

1. 示波器的调试

（1）将Y轴“VERNIER”微调控制旋钮和X轴“GAIN”增益半调整电位器逆时针旋转到最小位置；转动位移控制器“⇅”和“⇄”置于中间位置；辉度控制器“☼”也置于中间位置；调节聚焦控制器“⊙”和“ASTG”辅助聚焦在示波管屏幕上见到一个小圆光点。再适当转动位移控制器，则小圆光点会置于屏幕中间位置，若此时仍不能居中，则可适当调整Y轴“BAL”直流平衡半调整电位器。

（2）将“SYNC”开关置于“SYNC-IN” （同步-内），用螺钉旋具顺时针方向旋转“GAIN”，即X轴增益半调整电位器，使屏幕上得到6cm长的扫描光迹。

（3）将“ATTENY”轴衰减控制器置于“∞”，顺时针方向旋转“VERNIER”微调控制器，扫描范围开关置于“10～100”Hz位置，调节“VERNIER/PHASE”微调/相位控制器，在屏幕上可以观察到 Y 轴约 3cm 幅度正弦实验电压波形。

（4）关去试验电压“∞”，被测信号从“YIN”Y 输入接线柱输入，适当选择衰减倍率（1、10 或 100），并相应调节其他控制器，仪器即可进入正常工作。

2. 实验系统的调试

（1）大致预先估计叶片自振频率，由信号发生器将频率给定。将信号发生器输出细调旋钮逆时针放在最小位置，电压输出衰减放在最小位置。

（2）示波器的衰减旋钮放在最小位置，扫描范围旋钮旋至外接外置。若荧光屏上的光点不居中，可适当调整其他旋钮调节。

（3）将信号发生器的输出细调旋钮顺时针旋转，示波器荧光屏上的光点被拉长至适当的距离。

（4）调节拾振器与叶片之距离为 1～2mm 或更小些，但不能相接触。

（5）用橡皮锤或铅锤在叶顶处上下间歇地敲击，改变给定频率，直至荧光屏上出现最简单的李萨如图形为止，即可判断出叶片的自振频率。

五、共振法测定叶片的自振频率

共振法是在叶片上施加一个具有一定频率的激振力，调节激振力的频率使二者相等（或接近），使之产生强烈的共振，从而测出叶片的振型和相应的自振频率。

共振法测定叶片自振频率接线如图 6-15 所示，示波器的使用与调试与自振法中所述相同。

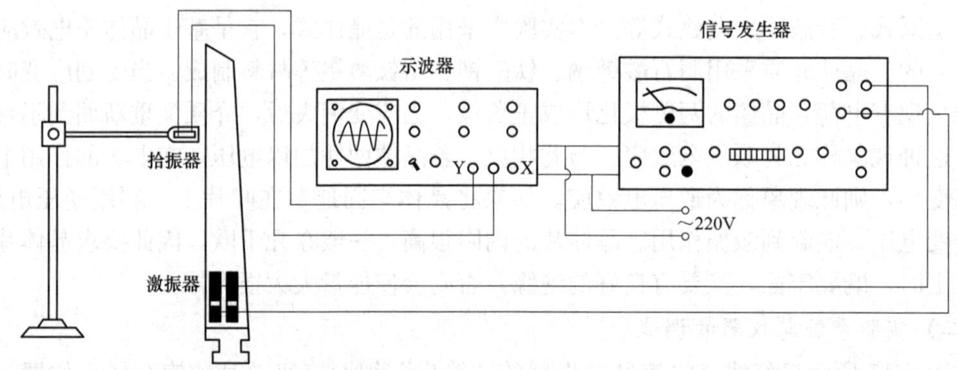

图 6-15 共振法测定叶片的自振频率

实验系统的调试步骤：

（1）按图接好连线，压电晶体片两极与信号发生器功率输出端接好，注意极性。

（2）调节拾振器与叶片之间距离为 1mm 左右（或更近些），但不要接触。

（3）估计叶片的自振频率，并由信号发生器给定，输出细调放在最小位置。

（4）将示波器、信号发生器的电源开关合上通电，预热 3～15min。

（5）将信号发生器的功率开关合上，输出衰减放在 0dB，负载匹配放在 5kΩ，电压测量放在内测位置。

（6）示波器的衰减放在最小处，扫描范围放在 10 的位置。此时示波器屏幕上是一条横线（光迹）。

（7）旋转输出细调旋钮，增加输出电压（见电压表示），使电压接近最大。

（8）调节给定频率，当示波器荧光屏上曲线振幅最大并伴有叶片的嗡嗡响声（也是响声最大时），此刻给定的频率即为叶片自振频率。

六、实验注意事项

（1）按图示连接线路，应请求教师检查确认后，得到允许方能开机实验。

（2）无论是开机还是关机都必须首先将信号发生器的输出细调放在最小位置。

（3）暂时不用示波器时，应将荧光屏上的光迹调至最暗。

（4）信号发生器的过负荷指示灯亮时（保护装置动作）应相应减小输出，若过负荷指示始终亮而不灭，应停止使用信号发生器，待查出原因方能继续使用。

（5）压电晶体片上加有 250V 电压，注意不要触电，并注意不要碰晶体片引线，因焊点易脱落，晶体片为陶瓷制品易碎。

七、思考题

（1）简述测试过程的工作原理，并绘出电路图。

（2）当改变叶根紧力时，叶片自振频率有何变化？为什么？

（3）当叶片长度改变时，叶片自振频率有何变化？为什么？

（4）李萨如图形是如何合成的？

（5）从示波器上如何判断叶片发生了共振？

（6）对叶片频率测试方法有何改进意见和设想？

实验四 平板叶片振型及对应频率的测定

在单个叶片静频率测试实验中，由于受试件（叶片）的形状和设备性能的限制，只能测出叶片的切向 A_0 型振动频率，因为切向 A_0 型频率是叶片最低的频率，容易激发也容易维持（指自由振动）。A_1、A_2 型振动无法利用自振法测频，即使是用共振法可测取 A_1、A_2 对应的频率，但其振型也不易辨认，不能直观地帮助学生有效地学习叶片振动理论。本实验利用平板叶片模拟汽轮机实际叶片测频，易测又直观且具有代表性，利于对叶片振动特性的研究。

一、实验目的与任务

本实验通过独立连接线路与实验操作，使学生掌握叶片振型及对应频率测试的基本方法，验证叶片在不同频率下共振时的振动形式（即振型）。通过感性认识加深学生对叶片振动理论的理解，并测出平板叶片切向 A_0、A_1、A_2 型振动频率和节点（线）数目与位置。

二、实验原理

任何一个弹性体都有多个自由度。叶片是弹性体，它在不同频率外力的扰动下，会以不同的振动形式改变自己的振动频率。若利用音频信号发生器人为地给予叶片不同频率的激振力，当激振力的频率等于（或接近）叶片固有频率时，叶片产生强烈的共振。叶片共振时，叶片节点（线）处不振或基本不振，而两节点（线）之间振幅最大，从而测出叶片的切向 A_0、A_1、A_2 型振动的节点（线）位置、数目及对应的固有频率。

三、实验装置与仪器的使用

整个实验装置与接线如图 6-16 所示，示波器与信号发生器的调试与使用方法与本章实验三相同，扩大机板面示意图如图 6-17 所示。

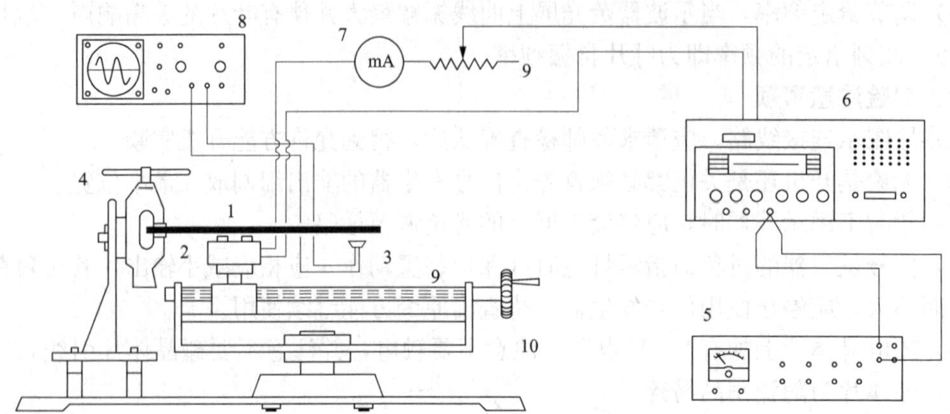

图 6-16 叶片振型及对应频率测试装置及接线图

1—平板叶片；2—电磁铁激振器；3—拾振器；4—虎钳；5—信号发生器；6—扩大机；7—毫安表；8—示波器；9—滑线变阻器；10—坐标架

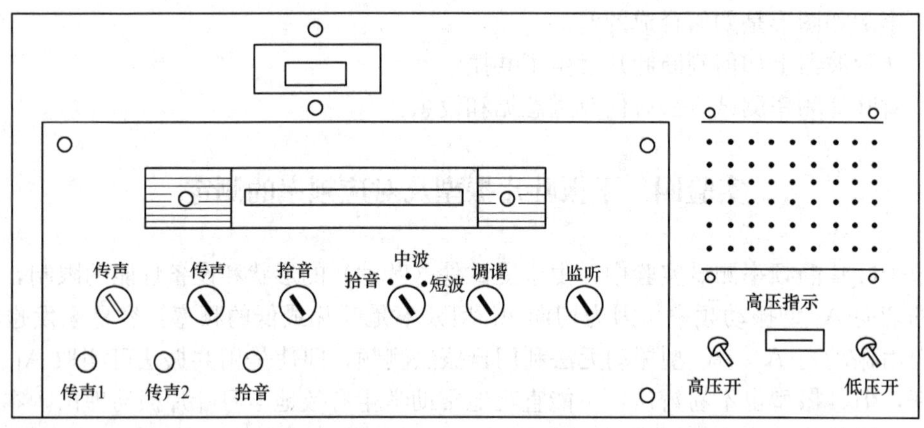

图 6-17 扩大机面板示意

四、实验步骤

(1) 按图 6-16 连接线路，合上扩大机低压开关，开始预热 3～5min。

(2) 将滑线变阻器放大至最大（100Ω）位置，扩大机的拾音（中波、短波）转换开关放在拾音左面位置，将拾音音量旋钮旋至最小位置（左旋到底），将信号发生器输出细调旋钮左旋到底（最小）。合上信号发生器、示波器开关，预热 3min。

(3) 将平板叶片按要求采用虎钳夹紧，且保证叶片水平，并与激振器保持 1～1.5mm 的距离。拾振器与叶片间保持 1～2mm 的距离，放在叶片端部并且要与叶片平行。在叶片上面均匀布置细砂（粒度 80～100 目）。

(4) 将信号发生器给定的某一激振频率，通过调节拾音音量的大小改变平板叶片的激振力强度，观察平板叶片产生的振型。当示波器荧光屏上的曲线振幅为最大时为共振频率，此时若叶片振动太弱可将拾音音量再调大点，直至平板叶片上细砂有明显振动，逐渐形成节径（线）为止。当平板叶片产生的振型比较清晰时，将拾音音量旋至最小位置，此时记录相应的振动频率及节线数并记录平板叶片振型的节线位置。

（5）逐渐增加给定频率，使平板叶片上逐渐形成A2、A3、A4、A5、T1、T2、T3振型。

（6）实验中注意扩大机输出端绝对不能开路，也不能短路。若实验中发现毫安表无电流指示，应立即关掉扩大机高压开关。同时检查接线是否连接错误，必要时请指导教师帮助查明原因。同时还要注意：实验中输出不宜过大，一般电流不超过50mA，避免损坏设备。

（7）信号发生器的输出细调无论是开机前还是关机前必须旋至最小位置，否则会使信号发生器因过负荷而烧毁。

（8）示波器荧光屏上的光迹亮度不宜太亮，若暂时不用示波器时可将亮度旋至最暗，否则会损坏这部分荧光材料。

（9）关闭扩大机时应先关高压后关低压（与开机正好相反，开机是先开低压后开高压）。

五、实验数据及报告要求

（1）绘出本实验所用仪器系统连接图，并简述测试过程及工作原理。

（2）测试结果要求如下。

1）绘出A型振动：A_2、A_3、A_4、A_5振型图，并比较共振时所耗能量。

2）绘出T型振动：T_1、T_2、T_3振型图。

3）将实验结果填在表6-3中。

表6-3　平板叶片振型及对应频率测试数据记录表

振型（A型）	A_2	A_3	A_4	A_5
频率	$f=$	$f=$	$f=$	$f=$
节线数	$m=$	$m=$	$m=$	$m=$
节线位置				

振型（T型）	T_1	T_2	T_3
频率	$f=$	$f=$	$f=$
节线位置			

实验五　汽轮机叶轮振型及对应频率的测定

汽轮机叶轮是汽轮机的主要部件之一。对于一些刚性不足的叶轮，常因激振力频率与叶轮固有频率相等或接近时产生强烈地共振而引起叶轮的损坏。曾有证明：只要几十瓦的能量（激振力）就以足使叶轮完全报废。在叶轮振动的同时，往往会引起镶嵌在叶轮外缘的叶片振动，这对叶片又是极大的威胁。因此对叶轮振动特性的研究也是不容忽视。

一、实验目的与任务

通过实验掌握汽轮机叶轮振型及对应频率的测试方法，验证叶轮在不同频率下共振时的振型，加深对叶轮振动的理论理解和感性认识。同时使学生学会使用实验所用仪器仪表，掌握基本测试技能，并能够独立连接实验线路进行实验操作，并测出叶轮轴向的几个不同振型及其对应的频率。

二、基本原理

一般汽轮机叶轮直径比较大，故沿圆周方向刚度大，所以叶轮不会产生切向振动，但叶轮的厚度相对叶轮半径而言要小许多，轴向刚度当然也很小，故叶轮振动只能发生在轴线方向上。致使叶轮产生轴向振动的原因主要是部分进汽、个别喷管动叶通道异常、上下隔板结合不严等，造成汽流作用力不均匀，激起叶轮强烈振动。另外，汽轮机主轴或叶片振动同样会引起叶轮的振动。

对于刚性极差的叶轮，会产生伞形或带节环的振动，但很少见。对于一般轴向刚度较差的叶轮，常会产生节径（线）的振动，节径越多，其振动频率越高，振幅也就越小，当达到极限时，振动将转移到叶片上去，叶轮基本不振，形成叶片的轴向振动。

由于是模拟实验，实验采用静止不动的叶轮。当叶轮静止不动时，轮周上某点受到一周期性的激振力。例如用一激振器以一定的频率激发叶轮振动，这时叶轮的振动波由激振力作用点沿圆周向反向传播，此两波传到激振点对径处相遇，若激振力频率不同于叶轮自振频率时，则两波在相遇时相位不等，其振幅不会变大，也就不会出现共振现象，当然也就不会出现稳定不振的节径（线）。当激振力频率等于叶轮自振频率，两波在激振点对径处相遇时，两波相位相同，各自再继续传播时，均与原振动同相，使各处振幅相互叠加达到最大值，如图 6-18 所示，这时叶轮沿圆周方向上各处振幅相等，最大振幅处恒为最大，不振处一直基本不振，即形成节径（线）。叶轮同样是弹性体，具有多个自由度，即对应多个自振频率。随着激振力频率的增加，叶轮节径（线）增加，其对应自振频率升高。利用共振原理即可测出叶轮不同振型及对应的自振频率。

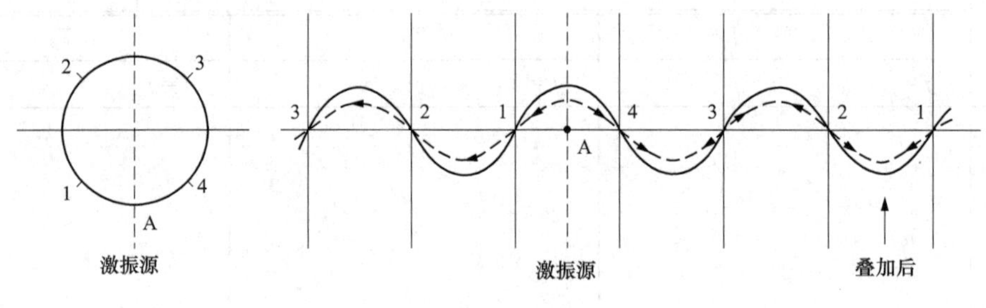

图 6-18 叶轮上波的传播与叠加

三、实验设备

整个实验装置及电路如图 6-19 所示，设定由信号发生器 1 给出不同频率信号送到激振功率放大器 2 的信号输入端，此信号经功率放大以后送入永磁式激振器 3，激振器以给定的频率通过卡头 10 强迫叶轮 4 按给定的频率振动。振动幅度的大小由拾振器 6 和示波器 7 来监视。叶轮各处振动相位可由鉴相拾振器 5 拾振，送到激振功率放大器的鉴相输入端，由鉴相仪表 11 指示。

实验系统中采用了永磁式激振器，如图 6-20 所示，充磁线圈用于磁路系统充磁，磁钢

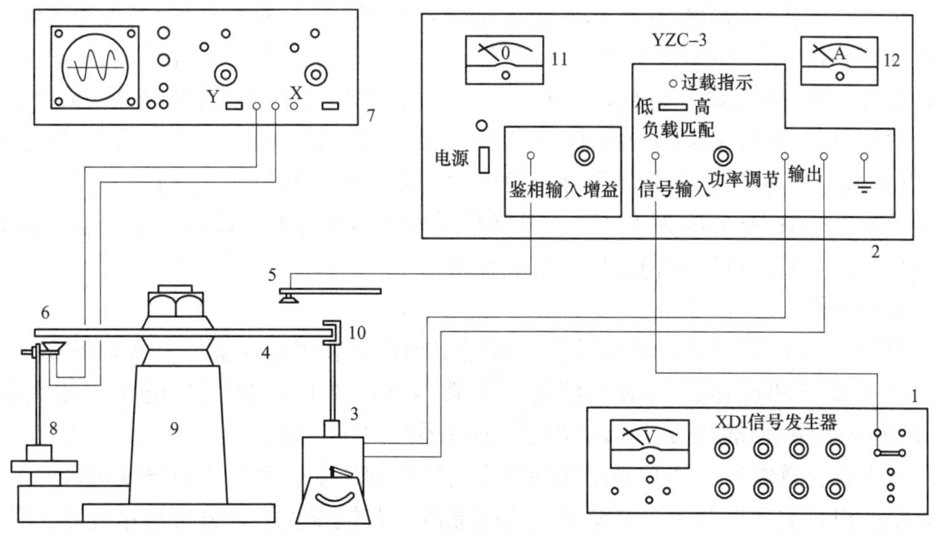

图 6-19 叶轮振型及频率测试装置

1—信号发生器；2—激振功率放大器；3—永磁式激振器；4—叶轮；5—鉴相拾振器；6—拾振器；7—示波器；8—支杆；9—底座；10—卡头；11—鉴相仪表；12—电流表

被充磁后在工作气隙中形成稳定的永久性磁场。

由磁钢构成磁路及工作气隙，由线圈和线圈架组成的动圈，悬挂于工作气隙中，当输入正弦交流电时，产生正弦激振力，并和芯轴、传动接头组成激振器的可动系统。均匀分布的三根弹簧片，为可动系统的弹性悬挂元件。利用支架将激振器置于空间某一工作位置。

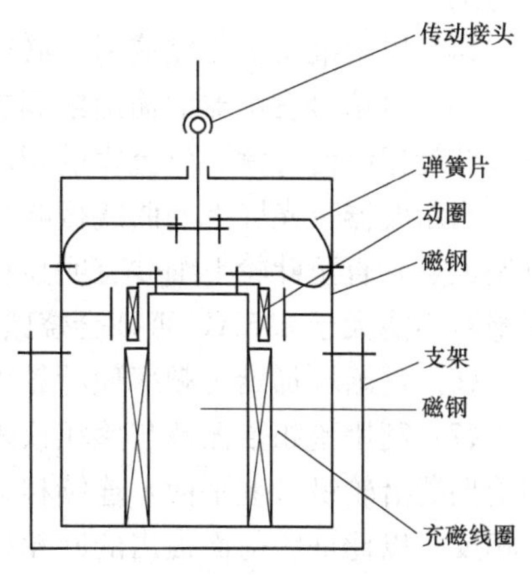

图 6-20 永磁式激振器示意

激振器的动力学原理，是载流导体在磁场中受力而产生加速度。当激振功率放大器供给动圈交流电时，根据电磁感应定律，得到同频交变电磁力，当激振放大器输出电流频率改变时，激振力的频率做同样的改变。激振器在使用时，要注意应与功率放大器输出阻抗匹配，JZQ-NCⅡ型激振器在不同频率下的阻抗及自感系数列于表 6-4，供匹配时参考。

表 6-4 JZQ-NCⅡ型激振器在不同频率下的自感系数及阻抗

f(Hz)	L_x(mH)	Z(Ω)	f(Hz)	L_x(mH)	Z(Ω)
20	5.16	4.15	2955	1.79	33.5
99	4.14	4.84	3501	1.74	38.5
200	3.54	6.05	3997	1.66	41.8
504	3.38	11.3	4500	1.58	45
1000	2.21	14.5	5004	1.53	48.2
1500	2.01	19.1	5500	1.48	51.4
2012	1.9	24.4	6000	1.43	54.2
2559	1.82	29.5	6997	1.35	59.4

使用时还应注意监视动圈电流不能超过 2.2A，短期允许增加到 2.5A；另外芯轴（拉杆）与试件连接时，应使弹簧片就中位置，不应事先存在弹簧力，改变拉杆角度时，应先松开传动接头，芯轴决不能左右搬动，更不能受任何撞击，否则弹簧片受力而使弹簧片变形失效。

激振功率放大器各旋钮的功用，"负载配合"在 2000Hz 以下时采用"低频"，在 2000Hz 以上采用"高频"，尽量不要在带负载时切换。放大器最大允许输出电流在"负载配合"低频段为 3.5A；高频段为 1.75A。外接信号发生器振幅要求稳定，在切换"频率范围"时，稍等片刻，等其振荡频率稳定后再加大输出。

四、实验步骤

(1) 按图 6-19 接好线路，将信号发生器输出细调放在最小位置，激振功率放大器的鉴相增益、功率调节两旋钮旋至最小位置，负载匹配放在低频处（激振功率放大器要求，2000Hz 以内须低频负载匹配），示波器的扫描范围在"10"挡上。

(2) 首先合上总电源，细听激振功率放大器的冷却风扇转动是否有异常声音，若有异常声音或有摩擦声，应立即拉断总电源开关查明原因。若检查正常，方可将示波器、激振功率放大器、信号发生器的电源开关合上预热 3～5min。

(3) 检查激振功率放大器卡头是否与叶轮紧固，连杆是否与叶轮平面垂直，否则应重新调整，拾振器与叶轮间应留有 1mm 左右的间隙，并且正对着叶轮外缘，然后在叶轮平面上均匀细砂。

(4) 以上准备工作完成后，必须请指导教师检查确认，确认准确无误方可进行实验。

(5) 将信号发生器的输出细调旋钮逐渐开大，电压调到 4V 左右，激振功率放大器的功率调节旋钮缓慢开大。电流表的指示不要超过 2A，然后由信号发生器由较低的频率逐渐调大。当示波器荧光屏上的曲线振幅最大时为共振频率，此时若叶轮振动太弱，可将输出电流再调大点，直至叶轮上细砂有明显振动，逐渐形成节径（线）为止。但千万要注意，输出电流绝对不能大于 3.5A，否则会烧毁激振功率放大器。

(6) 逐渐增加给定频率使叶轮出现不同的六种振型，记录其振动频率。

(7) 利用鉴相拾振器与鉴相仪表可以判断叶轮外缘振动相位。将鉴相增益旋钮略开，鉴相拾振器沿轮缘（上平面）连续移动，鉴相仪表（指零表）可明显地看到节径（线）两侧相位相反，以此证明前面提出的叶轮振动理论。

(8) 测试完毕，应首先将信号发生器输出细调旋至最小（电压为零），激振功率放大器功率调节、鉴相输入两旋钮旋至最小位置。关闭所有仪器电源开关，拉下总电源，结束实验。

五、实验中注意事项

(1) 时刻注意风扇运转情况，一旦听到异常声音，要立刻拉掉总电源，否则会烧毁通风机的电机。

(2) 叶轮振动时不宜太激烈，只要能缓慢地振出砂型即可，否则会损坏激振器的弹簧片。

(3) 输出电流低频档不能超过 3.5A，高频挡不能超过 1.75A，否则容易烧毁放大器的功率管。

(4) 无论开机前还是关机前，必须首先将信号发生器输出细调关至最小位置。示波器荧光屏光迹不宜太亮，能明显看到波形（光迹）即可。

六、实验报告要求

（1）本实验报告要求简述测试过程（工作原理），绘制所用仪器和测试系统连接图。

（2）将测试结果与对应频率填写到实验记录表 6-5 中，并得出结论和相对应的个人见解讨论。

表 6-5　　汽轮机叶轮振型及对应频率测试记录

频率	振型	节径位置与形状记录图	见解与讨论
$f=$	$m=2$		
$f=$	一环		
$f=$	$2m+1$		
$f=$	$m=5$		

续表

频率	振型	节径位置与形状记录图	见解与讨论
$f=$	复杂振型		
$f=$	复杂振型		

1）无节圆，无节径的振动。

2）有节径振动，记录图形，节径数，测试电流，鉴相。

3）有节圆振动，记录图形，测试电流，鉴相。

4）节径、节圆复合振动，记录图形。

5）复杂振动，记录图形。

实验六　汽轮机调节系统静态特性实验

汽轮机的调节系统是汽轮机的“心脏”，为了满足用电户的要求，汽轮机的调节系统须根据用户的要求，迅速改变汽门的开度，进而改变进汽量，使发电机输出电功率满足用电户的需要。在满足用户电“量”的要求同时，汽轮机的调节系统也必须满足用户对电“质”的要求，即汽轮机调节系统在满足发电量的同时，必须维持汽轮机的转速在一定范围内，保证供电周波为50Hz±0.5Hz。发电企业能够保质保量地向用户供电，汽轮机调节系统起到极具重要的作用。

一、实验目的与任务

通过对汽轮机调节系统静态特性实验，掌握汽轮机调节系统静态特性曲线测试方法及有关测试技术，并运用已学过的知识分析调节系统的静态特性，提出改进措施。本实验具体目的和要求如下。

（1）熟悉汽轮机启动；加、减负荷；停机等操作过程。

（2）观察调节系统动作转速，熟悉同步器的功用。

（3）熟悉测试系统的工作原理，掌握测试方法，记录测试数据，绘出调节系统及各环节的特性曲线，并算出调节系统速度变动率 δ 与迟缓率 ϵ 的数值。

二、实验设备

本实验所用的汽轮发电机组是由以空气为工质的一台小型单级背压式汽轮机驱动一台直流发电机组成的。在配电盘上装有负载电压表，负载电流表，负荷调整器。在汽轮机调节系统外壳上装有集电环位移传感器，阀杆上装有阀门位移传感器，在汽轮机大轴附近装有光电传感器和磁组发讯器（见图 6-7）。光电传感器由汽轮机大轴接收到光电信号送至控制盘测试装置。调速器集电环位移 Z、阀门行程 m、汽轮机转速 n 均由设在控制盘上的二次仪表显示具体数据。

压缩空气由空气压缩机供给，新汽压力约为 8.57kgf/cm^2。启动与停机过程中汽轮机轴承润滑用油由手摇油泵供给，正常运行时由主油泵供给。

三、实验原理

当用户改变用电量时，由于汽门仍按原工况开度进汽，势必引起汽轮机的转速改变。转速的变化引起调速器飞锤离心力改变。变化的离心力克服弹簧约束力使飞锤合拢（或外张），于是带动调速器集电环移动。由于是直接调节，集电环移动带动阀杆移动，从而改变汽门的开度，使进汽量与发电量改变，与外界负荷（用户用电量）相适应，汽轮机稳定于新工况下对应转速。

由上述可见：汽轮发电机的功率 P（即用户用电量）与汽轮机转速 n、调速器集电环位移 Z、阀杆行程（即汽门开度）m 以及最后发电所发出的电功率 P 都是一一对应关系。当由负荷调整器改变用电量并给出几个不同的工况，测出每个工况下对应的 n、Z、m、P，即可绘制出感应机构特性曲线（n-Z），放大机构特性曲线（Z-m），阀动机构特性曲线（m-P），进而绘制出调节系统静态特性曲线（P-n）。

集电环位移与汽门行程测量，均采用位移传感器，其工作原理如图 6-21 所示。

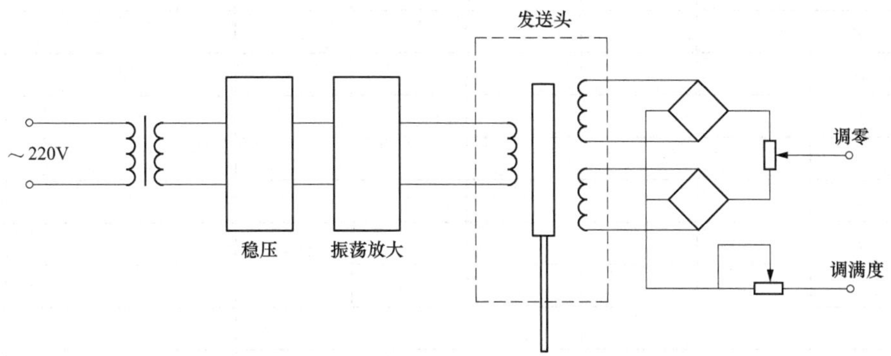

图 6-21 位移传感器电原理图

由于实验汽轮机功率较小，进汽量少，故阀门行程、调速器滑环位移均比较小，汽轮机调节系统速度变动率 δ 也比较小，给实际测量（如测 Z、m）等带来困难，故实验中采用了降低新汽参数，增加速度变动率的方法，拉开满负荷最低转速与空负荷最高转速（汽轮发电机组单机运行）之差，使 Z、m 行程均增加，这样使实际测试直观、方便。具体做法是用自动主汽门节流、降低新汽压力，使单位流量蒸汽做功能力降低，达到上述目的。

四、实验前准备工作

（1）关于空气压缩机启动前准备工作，与本章实验二相同。

(2) 汽轮机启动前的准备工作，与本章实验二基本相同。不同之处在于：因不测新汽、排汽温度，不需要准备温度测量仪。

(3) 需要测调速器滑环位移和阀杆（或阀门）行程，所以必须将上述两个位移传感器（发送头）调整好，检查发送芯杆是否动作灵活，不许有卡涩和过大的晃动。二次仪表指示是否准确。滑环位移指示应在"零"位，阀杆行程应为最大开度。

(4) 人员分工情况：记录滑环位移1人；记录阀杆行程1人；记录负载电压V1人；记录负载电流1人；记录转速1人；空气压缩机监护1人；负责手摇油泵1人；至少7人共同协作，完成此项工作。

五、实验步骤

(1) 启动空气压缩机，具体操作方法见本章实验二。

(2) 将同步器放在下限位置（逆时针旋到底）。摇动手摇油泵，向轴承中供油。此时会见到回油管路中有回油流动。

(3) 当新汽压力为8kgf/cm^2，开始启动汽轮机，缓慢开启自动主汽门，冲转。当调速系统投入正常工作时，将自动主汽门全部打开。

(4) 用同步器将汽轮机转速调到1500r/min左右的某一稳定转速。

(5) 带满负荷（电压为150V），然后逐渐关小自动主汽门、关至转速下降到1300r/min左右某一稳定转速（此时电压略有降低是正常的）。记下此工况的各数据 Z、m、n、V、I 的数值，填入记录表6-6。

表6-6 汽轮机静态曲线特性实验测得数据记录表

项目		工况1	工况2	工况3	工况4	工况5	工况6	工况7	工况8
上行方向	n								
	Z								
	m								
	V								
	I								
	P								
下行方向	n								
	Z								
	m								
	V								
	I								
	P								

注 表中上行是指降负荷升速过程，下行是指加负荷降速过程。

(6) 调整负荷调整器，降负荷（逆时针旋手轮）记录每个工况下的各数据。调整过程需要注意以下几点。

1) 由满负荷至空负荷，分成8个左右工况记录，不能太少。

2) 接近满负荷段多测几点，在空负荷段少测几点。

3) 调整负荷时，只能按同一方向调，调整过程中不能倒调。

4）最后一个工况要拉下总开关后记录。

（7）再升负荷（顺时针调整手轮）记录一次，操作步骤及要求同前。

（8）测试完毕，准备停机；用负荷调整器将负荷全部降下，启动手摇油泵，关闭自动主汽门，将控制盘上的开关全部拉下，空气压缩机停车。

六、实验中注意事项

（1）每人所分担的工作，要认真负责，不要干扰他人工作。实验过程中要注意观察润滑油压，保证在 0.4kgf/cm^2 以上，油压不足要立刻摇动手摇油泵补充润滑油量。

（2）无论是启机还是停机，一定启动手摇油泵供润滑油。

七、本章实验报告的要求

（1）将实验数据填写到下面实验测得数据记录表中。

（2）根据测得数据于坐标纸上分别绘出感应机构、放大机构、阀动（配汽）机构特性曲线，然后向第一象限投影，最后绘出调节系统静态性曲线。并计算出调节系统速度变动率 δ 和迟缓率 ε。

（3）实验前要充分预习实验指导书，实验报告用统一印制的实验报告纸书完成，字迹工整，数据记录清晰、绘图准确。

八、思考题

（1）调节系统静态特性曲线形状是否合乎要求？如何改进？

（2）迟缓率速度 ε，变动率 δ 为多少？是否合乎要求，为什么？

（3）汽轮机未启动前，调速器滑环位移指示及阀杆行程指示应在何位置，为什么？

九、数据处理示例

某次调节系统静态特性曲线测试实验，数据见表 6-7，算出迟缓率速度 ε，变动率 δ 为多少？绘制的汽轮机调节系统静态特性曲线。

表 6-7　　某次汽轮机实验调节系统静态特性曲线测试实验数据

项目		工况 1	工况 2	工况 3	工况 4	工况 5	工况 6	工况 7
上行方向	n	1250	1350	1400	1450	1502	1515	1518
	Z	2.6	4.1	5.5	6.9	7.2	7.3	7.45
	m	4.3	3.4	2.3	1.5	1.25	1.2	1.0
	V	140	135	130	120	100	80	22
	I	3.3	3.0	2.9	2.7	2.2	2	1.0
	P	462	400	377	318	228	160	22
下行方向	n	1522	1515	1500	1480	1460	1250	—
	Z	7.4	7.4	7.5	7.35	7.1	2.6	—
	m	1.0	1.0	1.1	1.2	1.3	4.3	—
	V	0	30	60	90	120	140	—
	I	0	1.2	1.65	2.16	2.7	3.3	—
	P	0	36	99	194.4	324	462	—

绘制的汽轮机调节系统静态特性曲线四象限图如图 6-22 所示，上行用“·”表示，下行用“×”表示（图中仅绘制上行曲线）。

由图可见，调速系统迟缓率很小，两次（上行与下行）测得数据于三个象限内基本位于一直（曲）线上，这是因为本机调速系统为直接调节，系统中没有铰链结构，也没有错油门滑阀等中间放大机械，故迟缓率很小，基本为零（$\varepsilon=0$）。

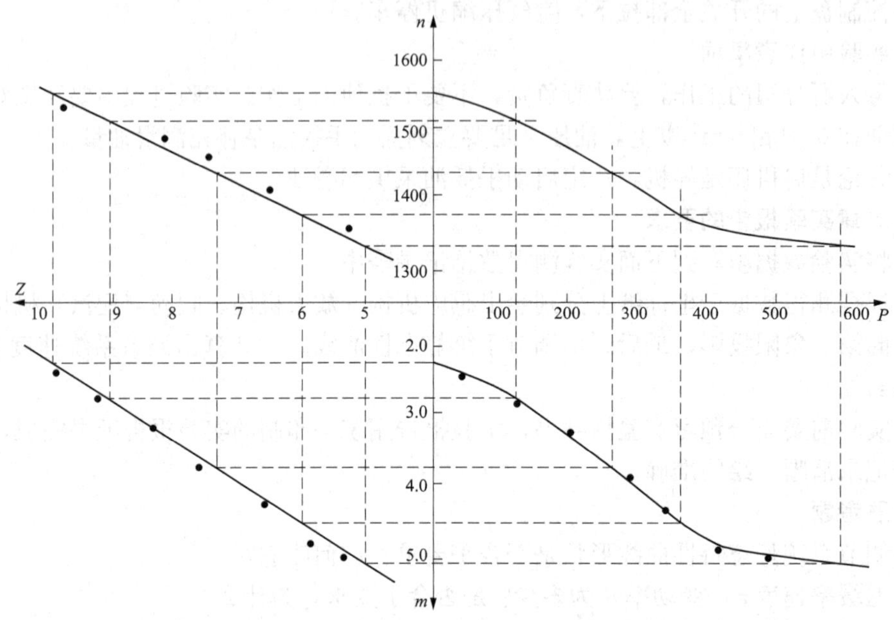

图 6-22 汽轮机调节系统四象限图

调速系统速度变动率为 $\delta=\dfrac{n_0-n_1}{\dfrac{n_0-n_1}{2}}=\dfrac{2\times(1522-1250)}{1522+1250}=19.62\%$

实验七 汽轮机调节系统动态特性实验

汽轮机调节系统动态特性是否合格是关系到电网是否正常运行的重要大事。动态特性不良往往会造成甩负荷时汽轮机最高转速 n_{max} 超过危急遮断器动作转速，造成汽轮机被迫停机。若此汽轮机在网中担负基本负荷，会造成电网瓦解的巨大损失。因此在汽轮机的课程中，对汽轮机动态特性的研究决不能忽视。

一、实验目的与要求

通过对各种仪器、仪表的正确使用，完成汽轮机甩负荷实验，分析汽轮机甩负荷时动态特性，掌握汽轮机调节系统动态特性曲线绘制方法并绘制出动态特性曲线，分析汽轮机调节系统动态特性，判断系统的稳定性，评价系统的动态品质。

二、实验设备与工作原理

汽轮机调节系统静态、动态特性测试系统如图 6-23 所示。汽轮机轴上装有测速齿轮，齿轮共有 60 个齿。齿轮下方装有磁阻发讯器（又称测速头）。磁阻发讯器与齿轮齿顶之间距离为 0.5mm 左右。磁阻发讯器引出线接至频率转换器 5 的输入端。频率转换器输出端与放大器 7 输入端相连，放大后的信号送入抗混滤波器的输入端，经滤除高频干扰信号后，再送入数据采集器（INV306D）进行模/数转换，然后再送入计算机保存到指定的数据文件（ABC1＃3. STS）中，供绘制动态特性曲线使用。

当齿轮随着汽轮机旋转时，每转过一个齿，磁阻发送器的磁阻（或磁通量）变化一次。于是，在磁阻发送器输出端产生交变感应电动势，该电动势的频率与转速成正比。此频率信号由频率变换器转换成电流，该电流与频率成正比关系。此电流信号由放大器再转换成电压（与电流成正比），并由放大器将高阻抗输入变成低阻抗输出。该输出电压由滤波、采集器转换成数字信号送入计算机，并在显示器上显示出转速变化曲线（即动态特性曲线）。

调速器集电环、汽门的位移信号分别由位移传感器接收，经放大器放大后送至控制盘上的二次仪表显示出具体数值，如图 6-24 所示。同时还送至抗混滤波器和数据采集器，与转速信号一同转换成数字量并保存在计算机的指定数据文件（ABC1＃1. STS 和 ABC1＃2. STS）中。

三、实验前准备工作

（1）合上测试装置控制盘上的电源开关和数字转速表电源开关，转速表调试与本章试验二相同。调整磁阻发信器与测速齿轮齿顶之间的间隙为 0.5～1.00mm 为宜；并锁紧磁性表座，搬动齿轮使大轴旋转，保持齿顶与磁阻发讯器不摩擦。

（2）空气压缩机启动前的准备工作与本章实验二相同。

（3）汽轮机启动前的准备工作与本章实验二基本相同，但不必准备温度计。

（4）将抗混滤波器、数据采集器以及打印机通电，并启动计算机。

（5）双击桌面上的“Coinv Dasp 2003 Professional”图标，启动数据采集系统，并设置好相关参数，如表 6-8、表 6-9 所示（这些参数事先已经设置好，一般情况下不要再重新设置，以免造成实验结果不准确）。

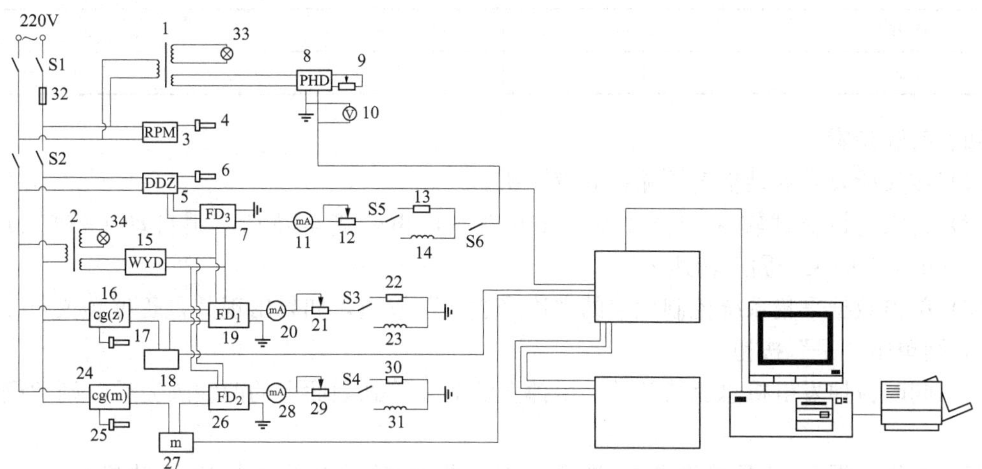

图 6-23　汽轮机调速系统静、动态特性测试电气原理

1—平衡电源变压器；2—稳压电源变压器；3—数字转速表；4—光电传感器；5—频率转换器；6—磁阻发信器；7—运算放大器；8—平衡电源；9—平衡电压调节器；10—电压表；11—毫安表；12—灵敏调节器；13—假负荷；14—振动子；15—稳压电源；16—位移传感器；17—传感头；18—二次仪表；19—运算放大器；20—毫安表；21—灵敏度调节器；22—假负载；23—振动子；24—位移传感器；25—传感头；26—运算放大器；27—二次仪表；28—毫安表；29—灵敏度调节器；30—假负载；31—振动子；32—熔丝；33、34—电源指示灯；S1、S2—电源开关；S3、S4、S5—转换开关；S6—平衡电压开关

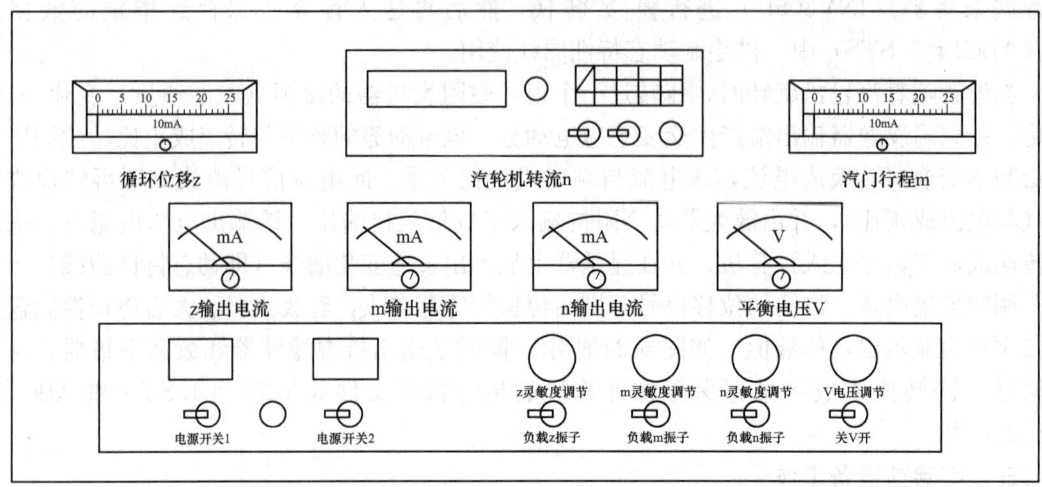

图 6-24 汽轮机调速系统静、动态特性测试装置板面图

表 6-8 DASP 采样参数设定

标定值	mv/Ev	采样数据单位	V
采样率	100Hz	通道数	3
放大倍数	2	采样块数	2
采样时间	20s	试验号	1

表 6-9 抗混滤波放大器设定

通道	1	2	3
增益	10	10	1/10

四、实验步骤

(1) 按实验要求启动空气压缩机和汽轮机。

(2) 将汽轮机空载转速调至 1500r/min 左右，再带满全负荷。用自动主汽门节流至 1300r/min 左右的某一固定转速。

(3) 单击数据采集系统控制栏上的“边采边显”按钮，如果出现“是否覆盖文件 ABC1 ＃1?”，则单击“是”按钮。

(4) 同时拉掉发电机总负荷开关，甩掉全负荷。等到画面上的曲线画完后，则数据采集结束。

(5) 利用数据采集系统自带的转换工具，将保存下来的数据文件转换成文本格式 (＊.TXT)。

(6) 关闭数据采集系统，单击桌面上的“调节系统动态特性实验”，启动动态特性曲线绘制系统—实验系统（见图 6-25)。

(7) 进入实验系统后，按照给定的顺序依次选择控制状态栏上的“调节系统”→“动态特性”→“凝汽机组”，进入动态特性实验界面（见图 6-26)。

(8) 单击“开始”按钮，弹出界面（见图 6-27)，等待曲线绘制完成（见图 6-28)，查

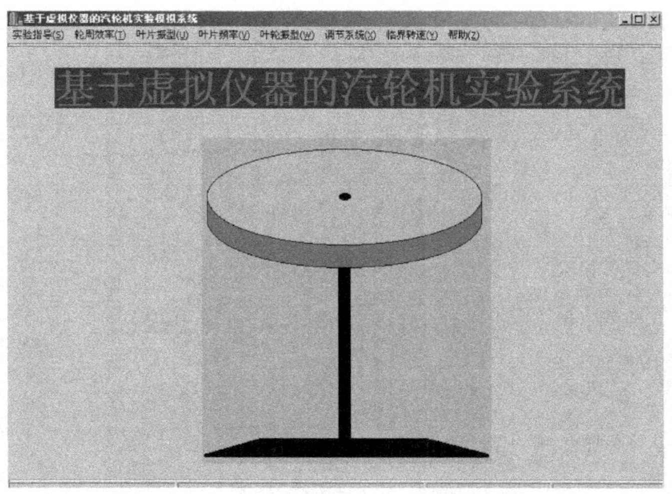

图 6-25 启动汽轮机实验系统界面

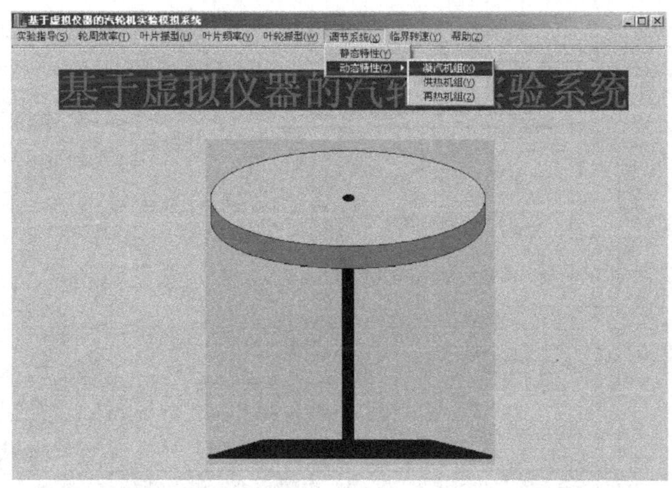

图 6-26 启动汽轮机实验系统动态特性实验界面

看打印机已经准备就绪，单击“打印”按钮，在弹出的对话框中“方向”栏中选择“横向”，然后单击“确定”按钮，将动态特性曲线打印出来。

五、实验注意事项

关于空气压缩机、汽轮机、手摇油泵启、停与使用中注意事项同本章实验二。

六、实验结果和要求

(1) 记录下满负荷时对应的最低转速 n_0，甩负荷后对应的空负荷稳定转速 n_1。

(2) 按录制出的动态过程特性曲线的比例在坐标纸上绘制出动态特性曲线。

七、思考题

实验报告需要讨论汽轮机调节系统动态特性并评价动态品质，请完成以下问题：

(1) 系统是稳定的还是不稳定的？若是稳定的应属于哪一类？

(2) 动态超调量（或称转速飞升量）Δn 是多少？是否合乎要求？

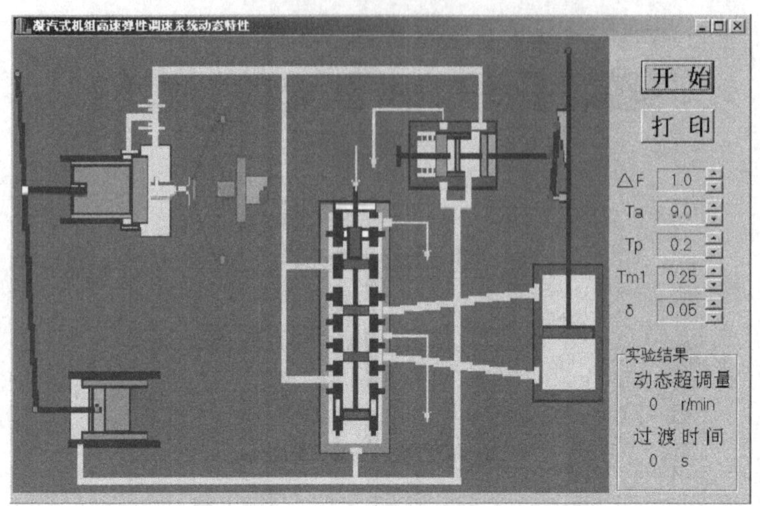

彩图

图 6-27 启动汽轮机实验系统动态特性实验界面

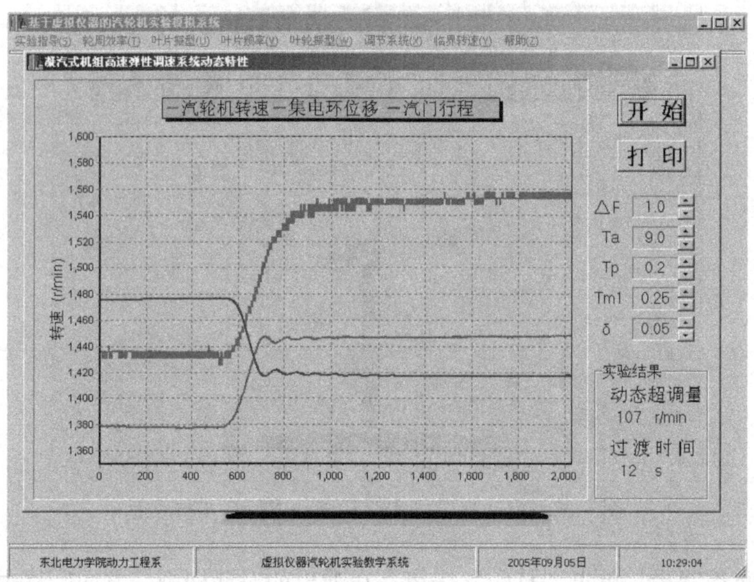

图 6-28 汽轮机实验动态特性曲线界面

（3）过渡时间是多少？是否合乎要求？

（4）试说明调速器集电环、汽门的动态过程。

实验八 汽轮机转子临界转速的测定

汽轮机转子振动是设计制造运行的关键问题。在汽轮机转子制造和装配过程中，不可避免会存在局部质心偏移。当转子转动时，这些质心偏移产生的离心力成为一种周期性的激振力作用在转子上，使转子产生受迫振动。当激振力的频率（即转子每秒转数）和转子系统的弯曲振动自振频率相近时，转子会产生共振，这时转子的转速称为转子的临界转速。表现为在某些特定的转速下运行时，转子会发生剧烈的振动，而转速离开这些特定的转速值一定范围后，转子又趋于平衡。如果转子长时间在临界转速附近运行，轻则使转子振动加剧，降低转子寿命；重则造成事故及严重的经济损失。特别是在转子平衡较差的情况下振动更大，可能导致叶片损伤或折断，隔板和汽封损坏，甚至造成大轴断裂的重大事故。

一、实验目的

本实验学习汽轮发电机组轴系统中各仪器、设备的使用方法与测试性能，观察汽轮发电机组轴系统振动现象，利用振动模拟试验台，画出波特图，找出转子临界转速。

二、实验原理

根据一个自由度的弹性系统有阻尼的强迫振动得

$$\beta=\frac{A}{Y_j}=\frac{1}{(1-\lambda)^2+4\delta^2\lambda^2} \tag{6-2}$$

式中 β——扰动力的动态作用和静态作用差异程度（即放大系数）；

A——振幅；

Y_j——静位移；

λ——频率比，$\lambda=P/\omega$；

δ——相对阻尼系数。

将式（6-2）绘成图 6-29 所示曲线，即在不同 δ 时，放大系数 β 与频率比 λ 的关系曲线，将此曲线称之为幅频特性曲线。由此可以看出：当 $\lambda=1$ 时，无阻尼（$\delta=0$），β 趋向于无穷大，即无阻尼强迫振动的共振；而有阻尼时，振动亦将剧烈增加，β 的最大值随 δ 增加而减小。且发生在频率比略小于 1 的地方，λ 随着 δ 的增加而减小。关于后者只需将式（6-3）对 λ 求导，并使之为零，则得 $\lambda=1-2\delta^2$。

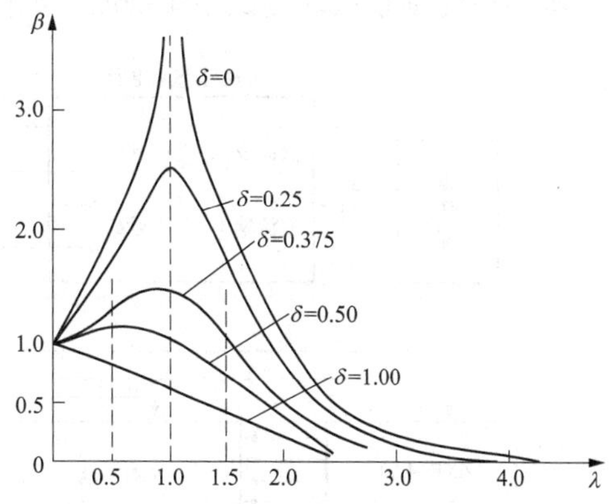

图 6-29 不同 δ 下强迫振动幅频特性曲线

使强迫振动的振幅达到最大值的扰动力频率称为临界频率，与固有频率相等时的强迫振动频率称为共振频率。在有阻尼时，临界频率略小于共振频率，而临界点下的振幅略大于共振时的频率。

当 $\delta \ll 1$ 时，认为临界频率等于共振频率已足够准确。

当阻尼不太大时可认为：λ 在 0.75～1.25 范围内振幅较大，可能会导致弹性系统的损坏。

根据一个自由度弹性系统有阻尼的强迫振动得：

$$\tan\varphi=\frac{2\delta\lambda}{1-\lambda^2} \tag{6-3}$$

式中 φ——扰动力和振幅两个旋转向量之间的夹角。

将式（6-3）画成曲线如图 6-30 所示，在不同阻尼下 φ 与 λ 关系曲线称为相频特性曲线。从曲线上看出：在共振附近相位角 φ 变化很剧烈；不管阻尼大小，在共振点（扰动力圆频率与弹性系统固有圆频率相同，即 $P=\omega$）时，$\varphi=90°$。利用这个规律，可以找出转子的临界转速和质量不平衡的径向位置。

将振幅随转速变化的曲线和相位随转速变化的曲线同时画在直角坐标系上的图称为波特图，如图 6-31 所示。根据振动理论可知，和振幅最大值所对应的转速称为临界转速。所以通过波特图可以方便而准确地确定机组轴系统振动时的实际临界转速。

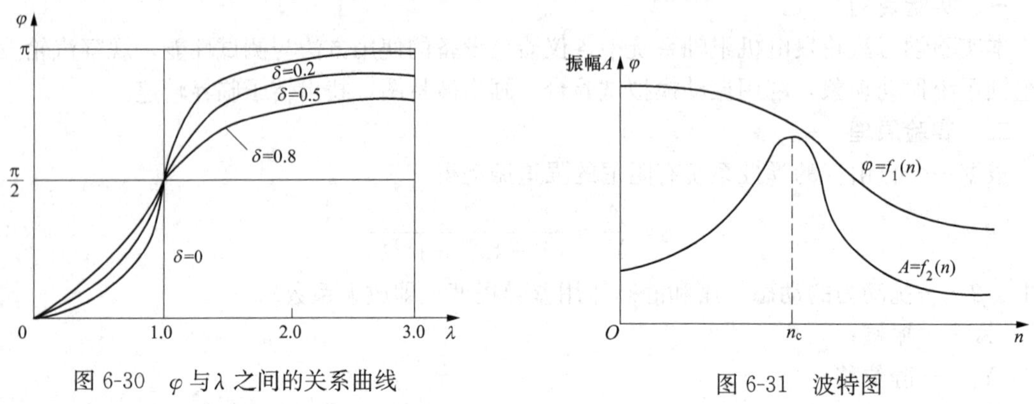

图 6-30 φ与λ之间的关系曲线 图 6-31 波特图

三、实验系统与设备

本实验的轴系振动测试系统框图，如图 6-32 所示。

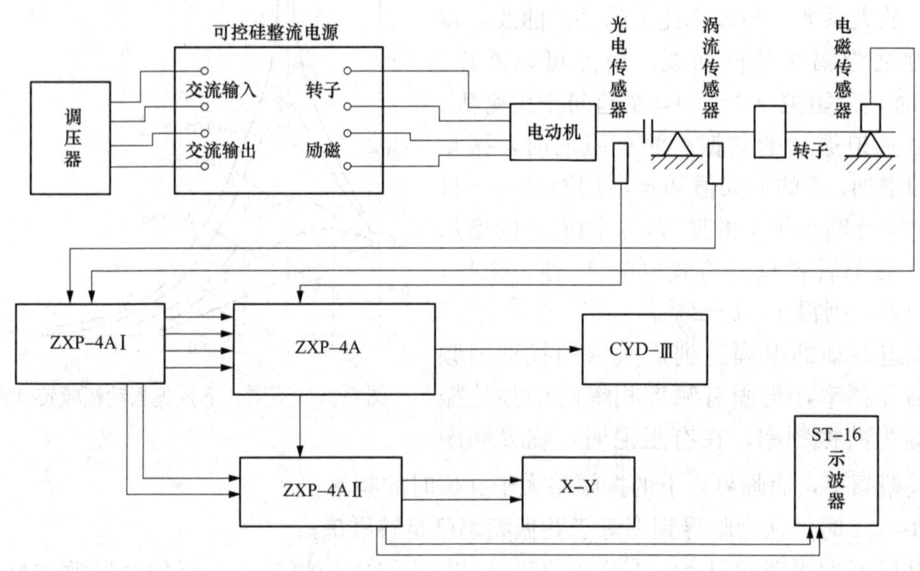

图 6-32 汽轮机轴系振动测试系统

1. 转子振动模拟实验台

本实验转子振动试验台如图 6-33 所示，是一种多用途的模拟旋转机械振动装置。主要用于实验室论证柔性转子的强迫振动和自激振动特性，它有效地再现了大型旋转机械所产生的振动现象。各种振动特性可以通过改变转子速度、不平衡度、轴的摩擦或冲击条件等方法实现，其所得到的振动特性可以通过配置适当的检测仪表来观察。

实验台采用直流电动机为动力，输出功率 250W，额定电流 2.5A，电源电压 200V (AC)；经整流调压可实现 0～10 000r/min 无级调速，瞬时可达到 12 000r/min，速率可达

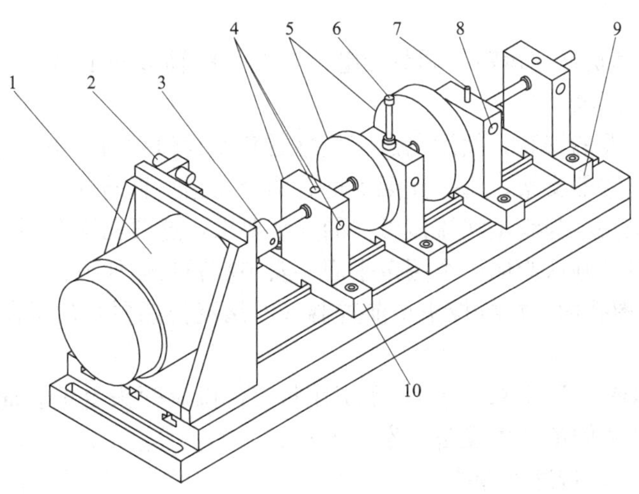

图 6-33 汽轮发电机组轴系振动模拟实验台

1—直流电动机；2—光电传感器；3—联轴节；4—速度传感器安装孔；5—轮盘；6—摩擦螺钉及支架；7—Y 方向位移传感器；8—X 方向位移传感器；9—外侧轴承座；10—内侧轴承座

800r/min，转速稳定性可达 0.1%。

实验台采用半挠性联轴节，可安装 1～3 跨转子，可同时安装 1～2 个测点，测点可沿轴向任意选择设置。实验台应安放在刚度较好的水平平台上，底座下宜放置较厚实的橡胶垫或其他弹性物质，无须特殊固定。

(1) 轴承座的安装。安装轴承座时应注意方向，确定每个轴承座侧面的速度传感器安装孔的方向与第一轴承座安装螺孔的方向保持一致。使用 M5 内六角螺栓和 T 形块来紧固轴承座，轴承座内轴承不宜随意拆卸。

(2) 轮盘与轴的安装。轮盘与轴的固定采用锥套式紧锁方式。固紧时使用专用扳手，顺时针旋紧螺母即可。如果逆时针旋开螺母后，则应使螺母转过大半转，再继续反旋螺母，即可使轮盘和轴松开，轮盘可在轴上任意移动或拆卸。

安装转轴时，宜从外侧轴孔穿入，并依次装上轮盘，再穿入内侧轴承孔直至与联轴节固紧，安装要注意以下几点：

1) 紧固或松开轮盘时，须小心从事，切莫按压轴，以避免轴受力而弯曲；同理，在安装轴节时或将轴穿入轮盘时，要保持轴与轴承孔基本成同一水平线，以免轴因受力而变形。

2) 轮盘上的螺钉不得任意拆卸。

3) 安装完毕后，将弹性支承块推入轮盘下，弹力等于轮盘重力，以防止轴会弯曲变形。

(3) 转速测量传感器的安装。

可使用电涡流传感器或光电传感器对准转轴（例如联轴节处）上的一标记，转子每转一周获得一个脉冲信号，此脉冲信号则作为转速测量信号和相位基准。光电传感器工作距离为 5～15mm，电源电压 5V，使用时按下列步骤操作安装：

1) 用黏合剂（如 502 胶）把 5mm 宽 20mm 长的箔纸等反光材料贴于电动机端联轴节上；

2) 接通光电传感器至相关测振仪器连线，并使测振仪表置于工作状态；

3) 把光电传感器安装在电动机座的传感器支架上，使传感器内两支半导体管与联轴节锡箔纸带平行相对；

4）使实验台电动机低速运转，调节光电传感器至联轴节的距离，直至仪器上有光电信号输出，然后紧固传感器。

（4）电涡流传感器的安装。使用电涡流传感器来测量轴对轴承座的相对位移或振动，实验台配有六个涡流传感器支架；每一支架上都有两个互相垂直的 M6×0.75 细牙螺孔，用来安装涡流传感器的探头，为满足涡流传感器的安装要求，这两孔不在同一轴断面内，而是沿轴向错开。在使用时，则认为属一个测量平面。安装步骤具体如下：

1）把探头旋入螺孔内，接好探头至前置器（即涡流传感器）的屏蔽电缆及前置器至显示仪器的连线；

2）置仪表（ZXP-4AI，ZXP-4AII）于工作状态，微调探头至轴表面的距离，使之约等于传感器线性范围的中间值（由设备厂家给出）；

3）用防松螺母固紧传感器探头。

（5）调速器的安装。调速器包括调压器和可控硅整流电源两部分，用于模拟实验台控制轴系的旋转速度。

1）调压器至可控硅整流电源的接线分交流输入和交流输出两部分。要注意调压器上所示的接线图接线方法，切不可接错。

2）可控硅整流电源至电动机的接线也为两部分，电机转子用红线，励磁电源为绿线。电机的电枢电阻为 5Ω，励磁线圈电阻为 2200Ω。注意切勿接错。

3）调压器输出放在零伏处。开启电源，缓慢升压，平稳升速，升速过快会烧掉熔丝。

4）由转子向电动机方向看，顺时针旋转为正方向，若反向，可将励磁接线两头对调（或将电枢两接线对调）。

2. 振动检测与分析仪器

ZXP-4A 型数字式振动测试表是用来测量汽轮机、燃气轮机等旋转机械的转速、振动幅值和相位并监视振动情况，分析振动原因及做动平衡实验的一种仪器。

（1）ZXP-4AI 传感器整定器。传感器整定器的作用，是将 12 个测点上的传感器对于振动信号的灵敏度分别整定到主机所要求的标准数值，如图 6-34 所示。

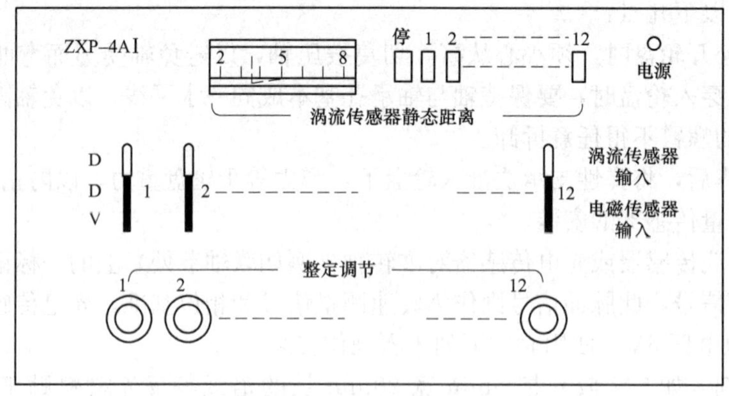

图 6-34 ZXP-4AI 传感器整定器前板面示意

传感器整定器前板面中间一排为 12 个涡流传感器与电磁传感器转换开关。本实验用的是涡流传感器，故开关皆放在涡流传感器输入位置，板面上第一个 D 是涡流传感器输出位移，第二个 D 是电磁传感器输出位移，第三个 V 是电磁传感器输出速度。

板面上排的槽型表，用于测量涡流传感器安装静态距离。按动涡流传感器所对应的某一通道琴键开关，表上所指示的即为传感器的探头与被测物体（汽轮机轴）表面静态距离。最佳静态距离由设备厂家给出，按此静态距离安装传感器，其输出为线性。

板面下排 12 个电位器旋钮，为传感器的整定电位器，标定值按设备厂家给定的标定，调整好后不能再随意旋动。整定器后板面下排 12 个插孔为电磁传感器输入插孔，中排为涡流传感器输入插孔，上排 12 个为输出插孔。涡流传感器整定值与静态距离见表 6-10。

表 6-10　　涡流传感器整定值与静态距离

编号	整定值	静态距离
1	7.26	3.20
2	5.68	4.00
3	5.40	3.50
4	3.65	3.60
5	5.83	3.50
6	4.46	3.30

（2）ZXP-4A 型数字式振动测试仪。振动测试仪为测试系统主机如图 6-35 所示，将完成转速、振动幅值、相位的自动测量，以数字型式显示测试结果，并控制数字记录器完成打印，向振动分析器提供必要的信号。

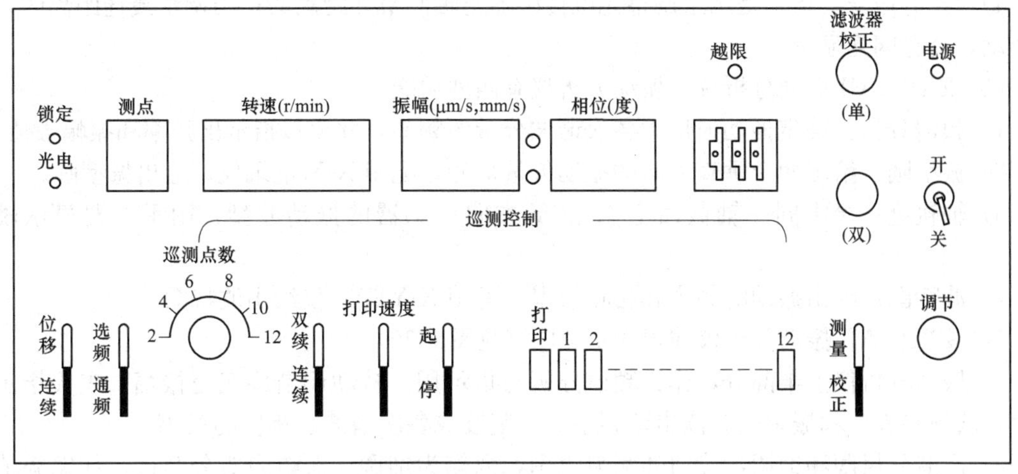

图 6-35　ZXP-4A 型数字式振动测试仪前板面示意

测试仪板面上有四组数码管。第一组显示测点，只要按 1～12 个琴键开关中的一个，即显示出相应测点位置；第二组显示转速 r/min；第三组显示被测点振幅（或速度）；第四组显示被测点振动相位。将“测量、校正”开关置“校正”时，四组数码管显示校正值，此刻仪器处在“自校正”状态；所示 3000r/min 其输入信号为机内 50Hz 提供，即电网频率（周波）。相位应示为 270°±3°，振幅为任意值，此时表明机器已正式投入工作，否则可调板面所示的跟踪滤波器，按下板面任一单号琴键开关，调节单号电位器使相位为270°±3°，再按双号琴键开关，调节双号电位器，使相位也为270°±3°。利用“校正信号调节”电位器可调节“自校”状态下的振幅值。

“越限”指示当振幅超过预先规定值时，指示灯显示报警且打印出红色数字，预先规定振幅值由指示灯下面的数字盘控制，可自行按规定要求设置。

若“测量、校正”开关置于“测量”位置。当转子平稳上升至600r/min左右，锁定指示灯亮（红）而不闪动。这表明锁相倍频器已捕捉到主轴转速信号，方可开始正常测试工作。测试分定点显示和巡回检测两种，若按下琴键开关中任一个，数码管显示为相应测点处转子的转速、振幅、相位。若要记录此数据，可按动数字记录器前面板的“打印”按键，即可打印出需要数据。

若巡回检测且须记录数据，可将“巡回控制”旋钮旋到需要检测的点数。若欲连续记录，可将“双续、连续”键置于“连续”，若置于“双续”只巡回两次即停。记录速度分0.8s和2s两种，供记录时选用。记录时，预先按下“打印”键，再将“起、停”键置于“起”位置，即刻打印记录。操作时还需要注意以下几点。

1）打印时需按下数字记录器的“换行”键，方能将第一次巡回检测记录打全，否则第一行打不出来。

2）将“选频、通频”键置于“选频”位置时，输出为振动基波分量。置于“通频”位置时，输出为实际振动。

3）使用涡流传感器测轴振动相对位移时，需将“位移、连续”开关置于“位移”位置。利用电磁传感器测轴在轴承中绝对振动速度时，需将开关置于“速度”位置。

4）“光电信号”指示是用来调整光电传感器与轴间最佳距离的；当调至最佳距离时，将轴转动，会有闪光显示。

（3）ZXP-4AII振动分析仪。振动分析仪有四种功能。

1）频谱分析：确定振动波形中各次谐波分量的频率，并模拟指示出频率和振幅数值。

2）振型圆：给出两个垂直方向的振动矢量信号，配用X-Y记录仪，绘出振型圆。

3）轴轨迹：给出同一轴截面上X和Y方向传感器的振动波型，用示波器显示轴心轨迹。

4）波特图：给出振动的频率和相频数据，配用X-Y记录仪绘出波特图。

（4）ZXP-4AII振动分析仪前板面示意图（见图6-36）。

1）振动分析仪上半部分，作为频谱分析与指示用。转动调谐旋钮至振幅，表头指示最大时，从频率表头和振幅表头读出该频率下（基波或各次谐波）相应的振幅。

2）调谐分粗调和细调，旋钮外侧为粗调，内侧为细调。振幅表头分两挡：如振幅值大于100μm，应将开关置于“X1”挡；如振幅小于100μm，应将开关置于“X0.1”挡，其读数是振幅表头指示值乘0.1倍。

3）“校正、测量”键，置于“校正”位置，可依据主机数字显示值来标定所画图形（如波特图、振型圆）的大小。正常测量时应置于“测量”位置。若X-Y记录仪上所绘的图形过小，可将“振幅”开关置于“X0.1”位置，将所绘图形放大10倍；与ZXP-4AII后面板上的F、A和φ微调电位器配合，可于X-Y记录仪上绘出大小适中的图形来。

4）“选频、通频”开关在做轴心轨迹显示时使用，处在不同位置，分别于示波器上显示

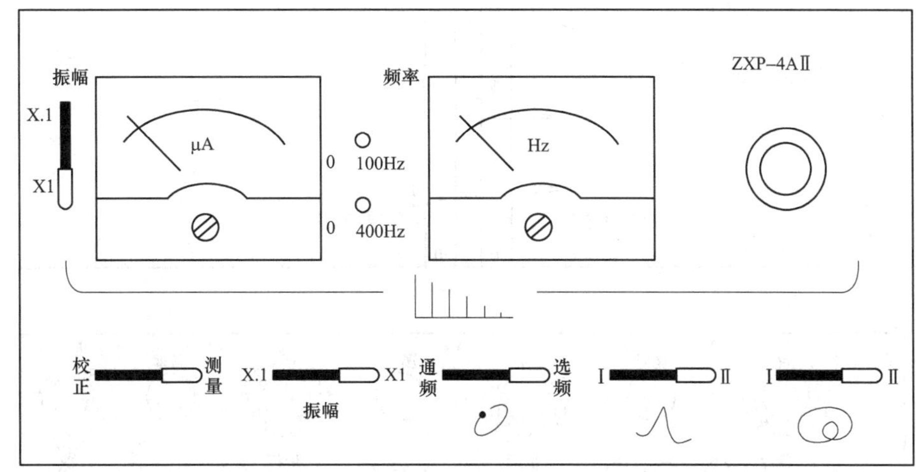

图 6-36 ZXP-4AⅡ振动分析仪前板面

为同频或选频的李萨如图形。

5）“Ⅰ、Ⅱ”开关，为绘波特图或振型圆而设的输入信号的通道转换开关，供测量时利用。

(5) 数字记录器。数字记录器可根据主机的命令，进行测量数据的自动记录。使用时要与主机配合：记录器前板面只有两支可控琴键，“打印”“换行”，按一下“换行”键，打印会空出一行。

打印出的纸带，上面的数据分四组。左数第一组为测点序号；第二组为主轴转速；第三组为振幅，其中第一行字母，D 表示位移，V 表示速度，d 表示通频，f 表示选频，如打印 Df058 则表示选频位移的峰值振幅是 58μm；最右面一组是相位，单位为度（°）。

纸带打印出为黑色数字，若超越界限值，自动打印出红色的越限数据。界限的大小由前面板的“越限”拨盘开关确定。越限后，越限指示灯自动闪红光。当振幅低于越限值后，越限指示灯自动熄灭。

(6) X-Y 函数记录仪。X-Y 函数记录仪是一种通用的自动记录仪。它可在直角坐标轴上自动描绘两个变量的函数关系，即 $Y=f(x)$。同时记录仪设置了在 X 轴方向的走纸机构。因此，记录仪也能自动描绘电量与时间的函数关系，即 $Y=f(x)$。其板面控制结构如图 6-37 所示。

1）X-T 开关。当开关置于“X”时，仪器作 X-Y 记录仪用。当置于“T”时，作 Y-T 记录仪用。此时带动记录纸的同步电机电源接通，记录纸按某一选定的速度沿 X 方向移动。走纸速度由最左边的量程开关控制。量程开关上用红字标记的 0.25～10s/cm 是记录纸移动的速度，但必须在“X-T”开关置于“T”的位置方起作用。

2）量程开关。供使用者按被测信号的大小选择适当的测量范围（或选择记录的走纸速度）。在作为 X-Y 使用时必须注意以下几点。

① “短路”是指仪器内部测量线路短路，使记录笔停留在“零位调节”已调节好的位置上，但仪器的输入仍有 1MΩ 的电阻，不必担心被测信号被短路而损坏被测对象。

② 测量范围 0.5mV/cm～10V/cm 是指记录纸上每厘米的测量值，满量程的范围必须

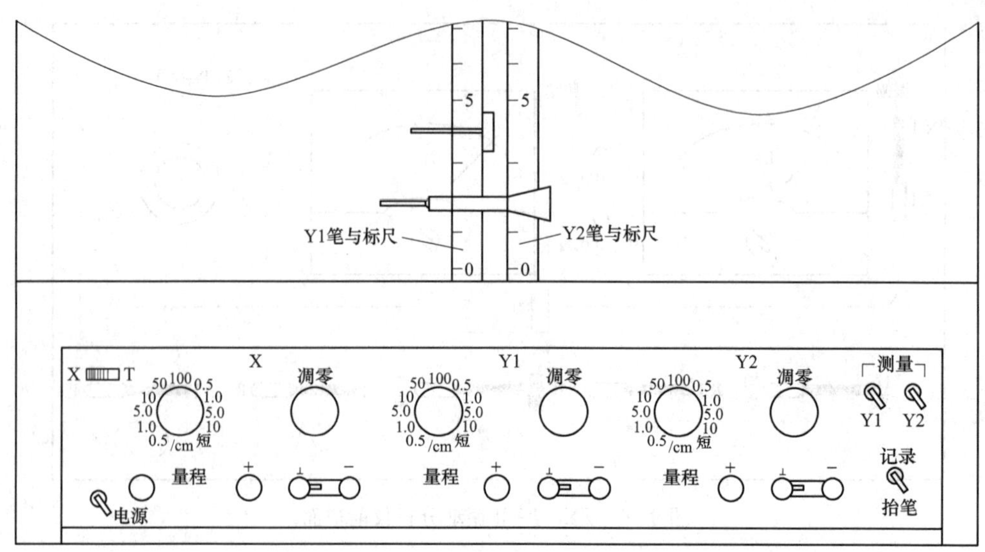

图 6-37 X-Y 函数记录仪示意

乘 30（X 轴）或 25（Y 轴）的倍数。

3）调零旋钮。是供使用时调节记录笔位置落在坐标原点的。调节零位时通常把量程开关放在“短路”位置上。零位调节亦可作为检查仪器是否正常工作、阻尼情况、灵敏度等最简便的方法（在 0.5mV/cm 时，如果外电路不接通调零将不起作用）。

(7) 记录开关与测量开关。将记录开关置于“记录”时，笔落下与纸接触，当置于“抬笔”时，记录笔将自动抬起，停止记录。Y1、Y2 两笔分别被两个“测量”开关控制，可同时使用双笔，也可单独使用，在测量时可根据需要选择任意通道或两个通道同时工作，各通道互不影响。

(8) 信号输入。控制板面上，各系统都分别有三个接线柱，分别为“＋”红色、“－”和“⊥”黑色。输入信号分别接在“＋”“－”两端，其中“⊥”有一连接板，可根据仪表输入端的干扰情况与“－”端或“＋”端连接，一般情况下均与“－”端连接。

四、实验步骤

1. 转子振动模拟实验台的组装与调试

转子振动模拟实验台的组装与调试要求严格按照前面所讲的轴承座、轮盘、机轴等组装方法组装成一轴系。轮盘、联轴节、T 形块等锁紧螺母紧固；轴承上油，撤掉弹性支承块，整洁转子及转子附近环境，不许有任何杂物；用手转动转子，应转动灵活，电机无异音；按要求将调速器接线正确连接，试启动待运行。

2. 传感器的安装

按前面所讲，初步装好光电传感器和涡流传感器。光电传感器输出电缆可与主机后板面的“光电输入Ⅰ”和“光电输入Ⅱ”其中的任一通道相接，但注意一定要把两通道的转换开关置于相对应的位置；涡流传感器的输出电缆与 ZXP-4AI 后板面的相应插孔连接。

3. 主机与整定器（即Ⅰ表）、分析仪（即Ⅱ表）、数字记录器系统连接

首先将主机与Ⅰ表间电缆接好，然后按图 6-38 所示的互应位置接主机至数字记录器的

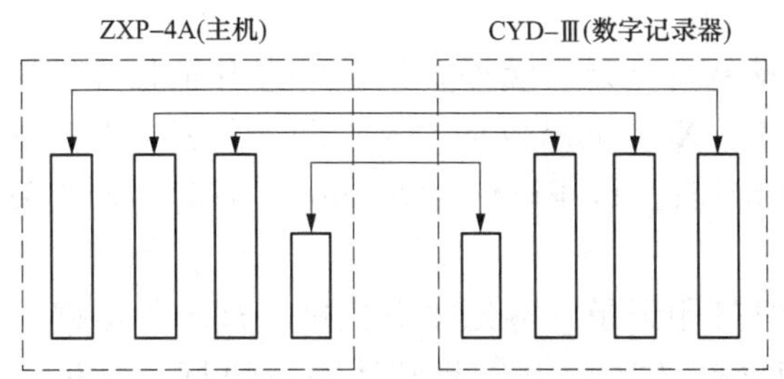

图 6-38　主机与数字记录器电缆连接示意

四根控制电缆。

注意：切勿接错。

4. X-Y 记录仪与Ⅰ表、Ⅱ表系统连接

将要测定的测点信号由Ⅰ表输出，接至Ⅱ表输入端的Ⅰ通道（或Ⅱ通道），Ⅱ表后面板示意图如图 6-39 所示；由Ⅱ表的输出端 F、A、ϕ 输出分别接至 X-Y 记录仪的 X1、Y1、Y2 三个轴。

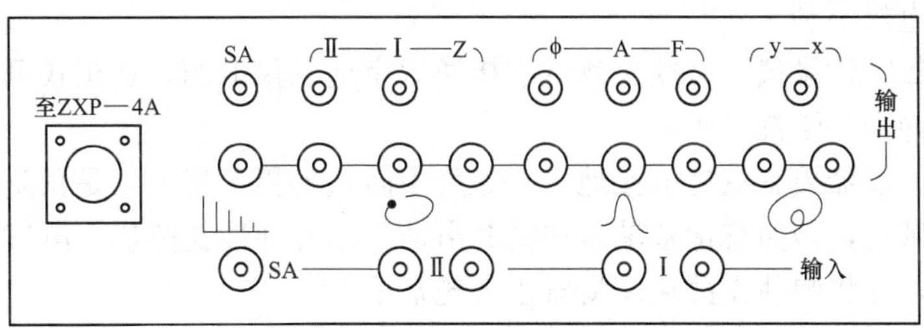

图 6-39　ZXP-4AⅡ振动分析仪后板面示意

5. 准备实验

首先将所有仪器、仪表电源开关置于“关”的位置。插上电源，待运行。

主机板面各开关：“打印”琴键松开；“通频、选频”开关置于“选频”；“校正、测量”置于“校正”；“位移、速度”置于“位移”；打印“起、停”置于“停”；“巡测点数”“打印速度”按需要选择。

Ⅱ表板面各开关：“校正、测量”置于“校正”；“振幅”置于“X0.1”；“∩”置于已选用的通道位置；其他开关可处任意位置。

将各表的电源开关置于“开”，通电 3min 预热。

6. 仪器调整与标定

首先调整光电传感器与轴间距离，直至主机有光电信号；由Ⅰ表检查涡流传感器静态距离是否合乎线性要求；装好数字记录仪绘图用记录纸。

根据主机校正数据，对 X-Y 记录仪量程进行标定。如果校正信号为转速 3000r/min，振幅 200μm，相位 270°，则把 X-Y 记录仪的 X 挡置于 100mV/cm，Y_1 和 Y_2 分别置于 50mV/cm，调整Ⅱ表后板面的 F、A、ϕ 微调电位器，估计振幅最大值，参照主机数字显示值来标定所画图形的大小，标定好后，抬笔回零关掉电源待用。

7. 测试操作

首先将主机和Ⅱ表置于“测量”，缓慢升速，升速率每分钟不超过 800r/min，直到稳定于 3000r/min 左右。

开启 X-Y 记录仪，落笔待记录。缓慢升速，一直升至临界转速的 170%～180%为止。升速记录完毕，迅速抬笔，X-Y 记录仪的“X、T”开关置“T”待记录完的纸走过再置“X”，纸停落笔，再缓慢降速记录，降至 3000r/min 左右时，抬笔关掉记录仪、波特图绘制完毕。

在绘图同时，可同时打印记录。事先按下主机“打印”琴键，“启、停”置于“启”，“连续”循环打印，低速慢打（2s），在临界转速左右快打（0.8s）。当开关置于“停”时，即打印停止。

五、注意事项

(1) 一人操作调速器，负责升速、降速；另一人负责主机及Ⅰ表、Ⅱ表，再一人负责 X-Y 记录仪绘制波特图。三个人既要明确分工，又要密切配合协作，严格按照前面要求正确操作，决不能鲁莽行事。

(2) 无论是升速还是降速，只能按一个方向进行，不能倒回，否则绘图失败。

(3) 升速缓慢平稳，升速率不能过大，否则会烧掉熔丝；不能在高速下关掉电源或降速过快，这样都对电机不利。

(4) 若使用数字记录仪，必须在测试前接通数字记录仪电源，在正式测试过程中接通电源会引起信号（冲击）干扰。

(5) 各设备、仪器要有良好的接地，一是为了防止外界干扰，二是预防触电。

(6) 正式测试前，切勿忘记各轴承注满润滑油，移开弹性支撑块。测试结束时，一定要记住调压器回零，并将弹性支撑块恢复置于各轮盘下。

(7) 实验过程中，若设备、仪器有异常现象及时向指导教师报告，便于妥善处理。

(8) 严格控制实验时间，各组在规定时间内抓紧完成实验。实验结束，待指导教师验收完毕，方能关机离开实验室。

六、实验报告要求

(1) 实验前必须认真预习实验指导书，明确实验任务，初步了解实验方法，为正式测试做好准备。

(2) 在实验报告纸上复制出波特图，并将打印记录数据列表于报告纸上。

七、思考题

(1) 指出转子的临界转速，说明到达临界转速时的相位变化。

(2) 说明转子到达临界转速时，转子转动的声响有何变化，为什么？

实验九　汽轮机转子振型圆动平衡法

引起汽轮发电机组振动的因素很多，有的是设备制造中留下的缺陷，如转子出厂时剩余不平衡、质量过大以及某些部件刚度不足；有的是安装或检修上的问题，如基础垫铁、合板、滑销、机组找中心等工艺没达到规定要求；也有的是运行中的原因，如机组启动操作不当产生摩擦或水冲击等。当发现机组振动过大，首先要明确判断产生强烈振动的原因所在，以便妥善处理。当汽轮机转子剩余不平衡质量过大时，由于离心力的作用，转子产生振动，转子振动通过轴颈传递到转轴上，从而形成轴承、基础和整机的振动。尤其是在临界转速附近，振动更为剧烈。为了消除由于转子剩余不平衡质量所引起的振动，在制造厂或运行中都必须对转子进行动平衡，使转子振动限制在许可范围内。

一、实验目的

通过本实验使学生了解实验系统中各仪器设备的性能，掌握各仪器的使用方法，观察汽轮发电机组轴系振动现象；掌握汽轮发电机组的振动平衡方法，并利用汽轮发电机组轴系振动模拟试验台，画出振型圆，并找出轴系不平衡质量的轴向和径向位置。

二、实验原理

转子常用的找平衡方法很多，如相对相位法，幅相系数法，振型圆法等。振型圆法是把由传感器获得的旋转速度（扰动力的速度）的振幅和相位这两个矢量，用极坐标的形式描绘在一个曲线上，用以表示剩余不平衡质量或尝试加入不平衡质量对转子的影响。用振型圆找平衡，能一次性的准确地确定不平衡力的轴向和径向位置，方便易行又准确。振型圆平衡法是一种基于振型原理的方法，在机组升速（或降速）时，同步记下转子的频率、振幅和相位，找出不平衡力的轴向和径向近似位置。对于一个自由度振动系统，振动模型如图 6-40 所示。

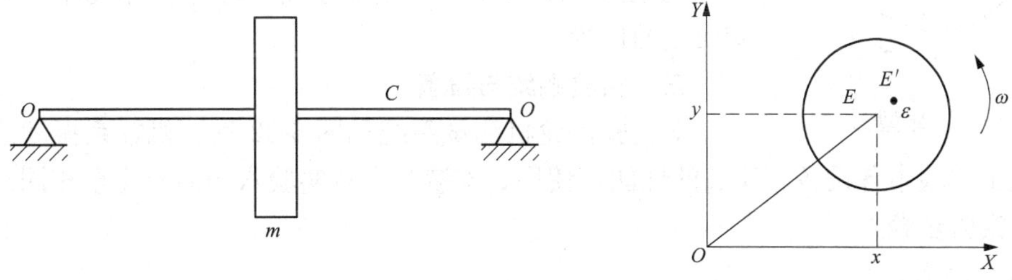

图 6-40　一个自由度振动模型

假定轴无质量，轴两端刚性支撑，轮盘质量 m，质量偏心距 ε，考虑阻尼，系统强迫振动的微分方程为

$$\begin{cases} m\dfrac{\mathrm{d}^2}{\mathrm{d}t^2}(X+\varepsilon\cos\omega t)+\alpha\dfrac{\mathrm{d}x}{\mathrm{d}t}+CX=0 \\ m\dfrac{\mathrm{d}^2}{\mathrm{d}t^2}(Y+\varepsilon\sin\omega t)+\alpha\dfrac{\mathrm{d}y}{\mathrm{d}t}+CY=0 \end{cases} \tag{6-4}$$

式中　α——阻尼系数，假定 X、Y 方向上都相同；

C——轴的刚度系数，假定 X、Y 方向上都相同。

将式（6-4）整理并用复数表示

$$\begin{cases} m\ddot{Z}+\alpha\dot{Z}+CZ=m\varepsilon\omega^2\mathrm{e}^{\mathrm{i}\omega t} \text{ 或} \\ m\ddot{Z}+\alpha\dot{Z}+CZ=F\mathrm{e}^{\mathrm{i}\omega t} \end{cases} \tag{6-5}$$

式（6-5）的稳定强迫振动微分方程的解为

$$Z=\left(\frac{1/m}{\omega_1^2-\omega^2+zi\delta\omega_1\omega}\right)F\mathrm{e}^{\mathrm{i}\omega t}$$

$$\delta=\frac{\alpha}{2m\omega_1}$$

式中 ω_1——振动系统固有圆频率，$\omega_1=\sqrt{\frac{c}{m}}$。

将 Z 写成

$$Z=(X+\mathrm{i}Y)F\mathrm{e}^{\mathrm{i}\omega t}=rF\mathrm{e}^{\mathrm{i}\omega t}$$

得出 X 与 Y 的关系

$$X^2+\left(Y+\frac{1}{4m\delta\omega_1\omega}\right)^2=\left(\frac{1}{4m\delta\omega_1\omega}\right)^2 \tag{6-6}$$

式（6-6）是一个在复平面上圆的曲线方程，它是一个圆心位于虚数轴的负侧并切于原点的圆。由于式（6-6）中 ω 的存在，这个“圆”将随着 ω 的变化而稍有变化。

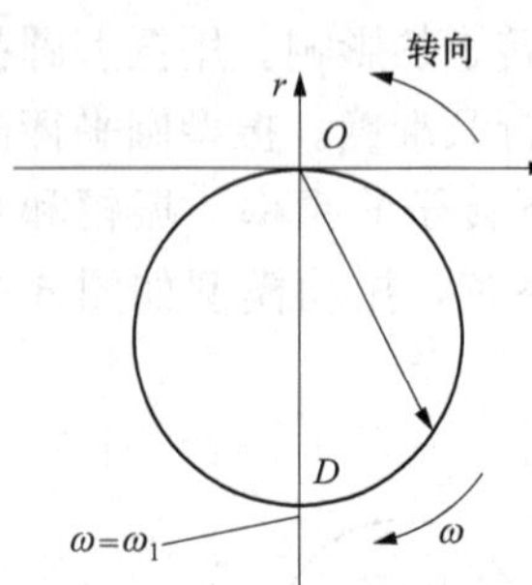

图 6-41 振型圆

在对应不同 ω 的响应，Z 的振幅值和相位为已知情况下，若用极坐标表示，可绘出 $r=X+\mathrm{i}Y$ 的曲线，如图 6-41 所示，它是一个“圆”。因此，所谓振型圆是以转速为参量，由极坐标表示的振动矢量轨迹。

从相频特性得知，在共振转速时，不平衡质量超前振幅 90°，在振动测试中找出共振时振幅和相位，再超前 90°是不平衡质量的位置。

三、实验系统与设备

本实验汽轮机测试系统见图 6-32 汽轮机轴系振动测试系统框图。关于实验中各设备、仪表的性能、使用、安装与本章实验八的内容完全相同。

四、实验步骤

1. 实验准备

（1）转子振动模拟试验台的组装与调试，见本章实验八相应部分。

（2）传感器的安装，见本章实验八相应部分。

（3）主机与整定器、分析仪、数字记录器系统连接，见本章实验八相应部分。

（4）X-Y 记录仪与Ⅰ、Ⅱ表系统连接：将要测试的测点信号由Ⅰ表输出，接至Ⅱ表输入端的通道Ⅰ（或Ⅱ），由Ⅱ表的“◎”X、Y 输出（见Ⅱ表后板面示意，如图 6-36 所示），再分别接至 X-Y 记录仪的 X 轴与 Y 轴（Y1 与 Y2 可选用任意一个）；Ⅱ表前板面的“◎”Ⅰ或Ⅱ合到相应的位置。

2. 准备实验

（1）首先将所有仪器、仪表电源开关置于“关”位置，然后接通电源，待运行。

（2）打开相应主机前板面各开关：“打印”琴键松开，“通频、选频”开关置于“选频”，“校止、测量”置于“校正”，“位移、速度”开关置于“位移”，打印“起、停”开关置于“停”，“巡测点数”“打印速度”按需要自行选择。

（3）Ⅱ表前面各开关：“校正、测量”开关置于“校正”，“振幅”置于“X0.1”，“◎”置于已选用的通道位置，其他开关可处于任意位置。

（4）将各表的电源开关置于“开”，预热 3min，若需要打印记录，要同时开机预热，决不能在测试过程中开机使用数字记录器。

3. 仪器调整与标定

首先要按要求调整好光电传感器、涡流传感器与机轴的距离，装好打印记录纸待用。然后根据主机校正数据，对 X-Y 记录仪量程进行标定：如果校正信号为 3000r/min、200μm、270°±3°，则把 X-Y 记录仪的 X、Y 两挡板均置于 100mV/cm，调整Ⅱ表后板面的 X、Y 中间的微调电位器，估计最大振幅值，参照主机所显示的数据标定所画图形的大小。但要注意 X、Y 两轴标定数应完全相同，否则绘图失真，测试失败。标定好后，抬笔回零关掉电源待用。

4. 测试操作

（1）首先将主机和Ⅱ表置于“测量”挡，缓慢升速到锁定转速（约 600r/min），锁定信号灯（红）亮而又稳定。然后开启 X-Y 记录仪，落笔待记录。

（2）若打印记录，按下“打印”琴键，将“起、停”开关置“起”，速度自选（建议低速时慢打，临界点前后快打）。缓慢升速，升速率不要超过每分钟 800r/min，力求平稳，记录方能准确，一直升至临界转速的 170%～180%为止。

（3）在升速绘图过程中，每隔一定的转速于绘图纸上（振型圆上）标记转速与相位（降速也同样）。当升速记录完毕，迅速拔下 X-Y 记录仪的 X、Y 插子，笔迅速移动至原点（即为振型圆的原点）。

（4）抬笔，将 X-Y 记录仪的“X、T”开关置于“T”，待记录过的纸走过去，再置“X”，纸停落笔插上插子再降速记录，降至 600r/min 左右，抬笔关掉记录仪和数字记录，但要注意一定在 600r/min 左右关掉 X-Y 记录仪，否则 X-Y 记录仪失去控制，损坏记录仪并使记录（振型圆）报废。

五、实验注意事项

（1）实验中注意事项同本章实验八。

（2）所定的量程标尺尽量充分利用记录纸的有效面积，以便提高作图的准确度。

（3）X、Y 两轴标尺（即量程标定）一定要相同，否则绘图失真作废。

（4）无论是升速过程还是降速过程，转速低于 600r/min 时，X-Y 记录仪决不能使用，电源开关必须置于“关”状态。

六、实验报告要求

（1）实验前必须事先认真预习实验指导书，明确实验任务，初步了解仪器、设备技术性能以及实验方法和实验原理，为正式测试做好准备。

（2）于实验报告纸上复制出振型圆，并将打印记录数据简单列表。

（3）根据相频特性，确定不平衡力的位置和试加平衡质量的位置。

实验十 汽轮机组振动频率的测定

汽轮发电机组在高速运转时，由于受到各种干扰力的作用，不可避免地要产生振动。为了保证设备的安全运行，就要通过测量仪表对机组实行振动监督，要求任何时刻其振动都限制在允许的范围之内。对于新投产的机组，还要借助各种仪器，采用合理的测试方法，来掌握它的振动特性，以验证设计的正确性，并为改进设计提供依据。当机组运行振动过大时，要进行振动分析，以便妥善处理，保证机组安全稳定运行。

要正确地判断机组振动的原因，必须善于抓住振动的主要特点。描述振动特点的主要特性参数为频率、振幅和相位。根据测得的振动特性参数，即可判断产生振动的原因所在。对于机组振动的测定采用的方法很多，如示波法、录波法、频谱分析法等。利用频谱仪进行自动分析，比较简单易行，而且直观，可直接从频谱仪上获得复杂振动的波形中所包含的各种振动的频率及其对应的振幅与相位。

一、实验目的

本实验主要使学生了解实验系统中各仪器设备的性能，掌握使用方法，观察汽轮发电机组轴系振动现象，并利用汽轮发电机组轴系振动模拟实验台及振动分析仪、示波器进行频谱分析，测出机组振动时的基波与高次谐波的频率、振幅及对应波形，并且分析和判断产生振动的原因。

二、实验原理

汽轮机在运行中，不平衡干扰力所造成的机械振动，一般都具有周期性。根据傅里叶级数公式，任何复杂的周期性振动都可以分解为若干个简谐振动之和，这些简谐振动的频率是复合周期振动频率的整数倍，若复合振动频率为 ω，则各个简谐振动频率分别为 2ω、3ω、…、$n\omega$，表示为

$$f(\varphi)=A_0+\sum_{i=1}^{\infty}A_1\sin(i\omega t+\varphi_i)\qquad(i=1,2,3,\cdots,n)\tag{6-7}$$

其中，频率为 ω 的简谐振动称为一次谐波（或称为基波振动），其他相应称之为 n 次的高次谐波振动。

振动测量可分为通频测量和频率分析，通频测量为直接测出复合振动的总振幅，以此表示出机组振动的水平，一般用以现场监视为多。根据振动理论可知：不同频率的振动，对机组的安全性威胁也不一样，为了分析引起振动的原因，需查找振源，往往需要知道复合周期振动的频率组成，即以上述傅里叶级数公式为理论基础，对振动波形进行频率分析。

三、实验系统与设备

本实验系统如图 6-32 所示的轴系振动测试系统图。

关于系统中各设备、仪表的性能、使用、安装与本章实验八完全相同，只不过多了一台示波器，如图 6-42 所示。

关于示波器前板面上的各控制开关，与本章实验三所用的 325 型示波器基本相同，控制面板说明如下。

（1）“V/div” 开关：垂直输入灵敏度步进式选择开关。可根据被测信号的电压幅度，选择适当的挡级位置，以利于观测。

（2）“微调”（即 V/div 的外层开关）：用以连续改变垂直放大器的增益。

（3）“AC⊥DC”：垂直被测信号改变输入信号耦合方式的转换开关。

“DC”：输入端处是直流耦合状态，特别适用于观察各种缓慢变化的信号。

“AC”：输入端处是交流耦合状态，它隔离被测信号中的直流分量，使屏幕上所显示的信号波形位置不受直流电平的影响。

“⊥”：输入端处是接地状态，便于确定输入端为零电位时光迹在屏幕上的基准位置。

（4）“平衡”：为垂直放大系统的输入级电路中的直流电压保持平衡状态的调节装置，当垂直放大系统输入端电路出现不平衡时，屏幕上显示的光迹随 “V/div” 开关不同挡级的转换和“微调”装置的转动而出现垂直方向的位移，平衡调节器将这种位移减至最小。

(5)“增益校准”：校准垂直输入灵敏度的调节装置，可借助于“V/div”开关中“⎍”挡级的100mV方波信号，对垂直放大器的增益予以校准，当“微调”位于校准位置时，屏幕上显示的方波形的幅度恰好为5div。

(6)“t/div”：为时基扫描速度步进式开关；扫描速度时选择范围0.1μs/div～10ms/div，可根据被测信号频率的高低，选择适当的挡级。

(7)“微调”（即t/div的外层开关）：用以连续调节时基扫描速度。当该旋钮顺时针方向旋至满度，即处于“标准”状态，该扫描位于快端。

(8)“+-X外接”：触发信号极性开关；用以选择触发信号的上升或下降部分来触发扫描电路，使扫描启动。当开关置于“X”外接时，使“X外接、外触发”插座成为水平信号的输入端。

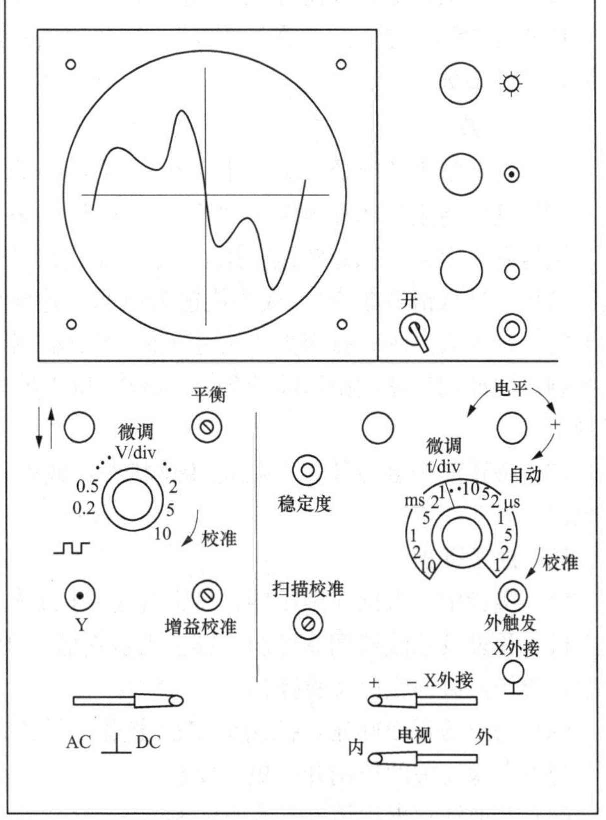

图6-42　ST-16J型通用示波器

(9)“内-电视-外”：触发信号源选择开关。当开关置于“外”时，触发信号来自“X外接、外触发”插座。输入的外加信号，应与垂直被测电信号具有相应的时间关系。

(10)“X外接、外触发”：为水平信号或外触发信号的输入端。

四、实验步骤

1. 仪器准备

(1) 转子振动模拟实验台的组装与调试，传感器的安装与调整，与本章实验八相应条款所述一致。

(2) 主机与整定器、分析仪、数字记录器等仪表系统连接，详见本章实验八相应内容。

(3) 整定器、分析仪、示波器系统连接：被测信号由Ⅰ表输出，接至Ⅱ表“SA”输入，由Ⅱ表“⊔⊔⊔”输出，接至示波器的Y轴。“+-X外接”开关置于“+”；“AC⊥DC”开关置于“AC”或“DC”均可，由“V/div”和“微调”控制振幅，将不同频率下的振幅控制在适中程度。由“t/div”和“微调”控制扫描速度，将振动波形控制在稳定清晰程度。于Ⅱ表（见图6-36前面板）“调谐”旋钮调整频率，利用“振幅”控制键与示波器的“V/div”“微调”共同控制振幅。

2. 准备实验

(1) 首先将所有仪器、仪表的电源开关置于“关”的位置，合上电源总闸开关，等待运行开始。

（2）主机前面板各控制开关：“通频、选频”开关置于“选频”；“位移、速度”开关置于“位移”；“起、停”开关置于“停”；将被测点的琴键开关按下，主机显示的即为被测点的振动特性参数。

3. 测试操作

（1）先将各表的电源开关置于“开”，预热 3min。

（2）然后将主机和Ⅱ表置于“校正”，确认仪表工作正常后，再将开关置于“测量”位置。缓慢升速至某一稳定转速，用Ⅱ表的“调谐”旋钮寻找轴系的振动频率（包括主频率、基波频率、高次谐波频率），底层旋钮为粗调，外层旋钮为细调。频率、振幅大小由Ⅱ表板面上的监视仪表显示；振幅大小由Ⅱ表的“振幅”控制键和示波器“V/div”和“微调”开关控制。波形扫描速度由示波器的“t/div”和“微调”开关控制，将所测的振动特性参数记录下来。

（3）将转速调至另外 1 个稳定转速状态，或换一个测点再做一遍，并记录下振动特性参数。

五、注意事项

（1）实验中一人操作调压器，负责升速并控制转速稳定在所需要的转速数值；另一人负责主机、Ⅱ表及示波器调节控制；第三人负责监视所确认的测试参数并负责记录。三人要密切配合协作，共同完成实验操作。

（2）示波器板面旋钮，控制键多而密集，测试时要注意仔细操作，不要触碰其他控制键，与本实验无关的控制开关更不要动。

（3）其他注意事项请参看本章实验八。

六、实验报告要求

（1）实验前必须认真预习实验指导书，明确实验任务，初步了解实验方法与所用仪器的性能，为正式实验做好准备。

（2）实验结束后须将所测得的振动参数以表格形式列出，并画出相应的频谱图。

（3）实验报告用统一报告纸书写，要求字迹整洁，回答问题准确。

七、思考题

（1）实验指明轴系振动时的主频率、基波频率、高次谐波频率。

（2）分析汽轮机组产生振动的原因，并说明理由。

实验十一　汽轮发电机组轴心轨迹的测定

电力机组大型化对汽轮机安全可靠运行的要求越来越高，同样对机组振动的监测与分析、事故诊断与处理的手段先进性同样要求越来越高。国内传统评定机组的振动习惯往往是测试轴承座的振动状态作为依据。事实上，转轴的振动与轴承座的振动幅值之间关系甚为复杂，往往同一测点处的转轴振动幅值要比轴承座大几倍甚至几十倍，轴承座的振动不能完全反映转轴的振动状态。因此，国内外在测量轴承座振动的同时，也直接测量转轴的振动状态，并且广泛应用非接触式位移传感器（电涡流传感器）来测量转轴中心的振动轨迹，作为对机组振动的监视手段和事故判断的重要依据。

一、实验目的

通过本实验了解掌握实验系统和系统中各仪器设备的性能，掌握各仪器的使用方法和基本测试技能，观察轴中心在轴承中的运动轨迹（即轴轨迹），并通过对轴轨迹的观察判断轴运转的稳定性、动、静部分有无摩擦、垂直与水平振动的大小、有无分频振动以及轴系通过临界转速的过程。

二、实验原理

根据振动理论，一个质点在互相垂直方向上同时振动，其运动轨迹必为一个平面上的封闭曲线，该曲线被称为李萨如图，如图 6-43 所示。

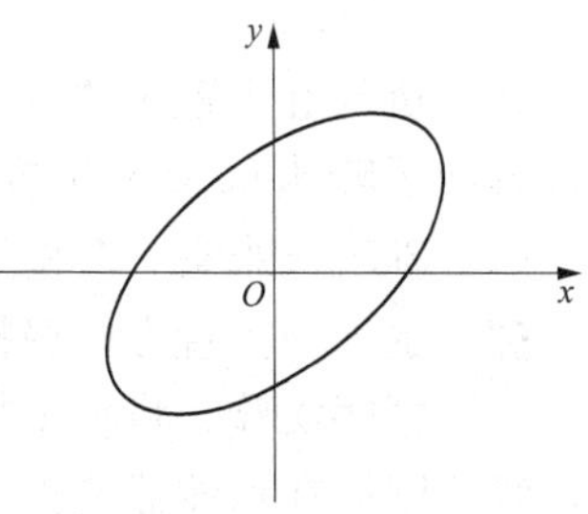

图 6-43 轴轨迹图

如果在轴上设两个互相垂直的振动传感器，将同时得到两个振动信号输入示波器，即可得到轴中心在轴承中的运动轨迹。如果有分频振动，将于示波器荧光屏上出现两个李萨如图形；如果汽轮机动、静部分产生摩擦，李萨如图形会突然产生剧烈的变化。若轴系通过临界转速，振动相位将发生 180°的变化，李萨如图形在示波器荧光屏上 X-Y 轴上的投影分别表示为转轴在水平与垂直方向上振幅的大小。从李萨如图有无上、下或左、右跳动即可判断轴在轴承中运转的稳定性。

三、实验系统与设备

本实验系统见图 6-32 所示的轴系振动测试图。

关于系统中各设备、仪表的性能、使用、安装与本章实验八相同，只不过本实验是一跨转子，关于示波器的性能、使用见本章实验十所述。

四、实验步骤

1. 实验系统准备

（1）轴系振动实验台的 1 号轴承座不动，其余轴承座、传感器安装支架，摩擦螺钉安装支架及转子全部拆除，改用一根长轴（500mm）。

（2）装上三只 600g 的轮盘，三只轮盘均匀分布，在中间轮盘一侧装传感器安装支架，另一侧安装摩擦螺钉支架，距离一般在 5～8mm。

（3）将 1、2 号传感器探头分别安装在传感器支架上的水平与垂直测点处，安装方法、调试与本章实验八相同。

（4）主机与整定器、分析仪、数字记录仪表系统连接，见本章实验八相应条款所述。

2. 整定器、分析仪和示波器系统连接

由Ⅰ表输出的 1、2 号传感器输出信号接至Ⅱ表输入端的Ⅰ和Ⅱ；将Ⅱ表后板面的“0”的 Z、Ⅰ、Ⅱ输出端分别接至示波器的 Z、X 和 Y 输入端；前板面“0”开关拨至“选频”；“+-X 外接”键置于“外接”；“内-电视-外”键置于“外”；，“AC⊥DC”键置于“DC”；由“V/div”“微调”和Ⅱ表振幅控制键（“X0.1-X1”）将示波器荧光屏上显示的李萨如图形控制大小适中。

3. 准备实验

（1）首先将摩擦螺钉用锁紧螺母锁紧固定，并保持螺钉与轴有 1～2mm 距离，所有仪表的电源开关均置于“关”的位置，合上电源总闸开关，等待运行。

(2) 然后将主机前板面上的“通频、选频”开关置于“选频”；“位移、速度、加速度”开关置于“位移”；打印“启、停”开关置于“停”；调压器上的电压指示置于零；如果需要数字记录，事先把“打印”琴键按下。

(3) 轴承座上涂润滑油，将各仪表电源开关置于“开”，预热 3min。

4. 测试操作

将主机与Ⅱ表置于“校正”状态，确认仪表工作正常后，再将开关置于“测量”位置，缓慢升速至转速 600r/min 左右，锁定后分别做以下三个实验。

(1) 轴轨迹观察。缓慢升速，观察轴轨迹，判断运行稳定性，有无分频振动，有无动、静摩擦，水平与垂直方向振幅大小以及通过临界转速时相位变化等。

(2) 摩擦实验。将转子控制在某一稳定转速下，用手轻轻旋转摩擦螺钉使它与转轴接触，轻度摩擦在示波器荧光屏上显示出的轴轨迹（李萨如图形）四周不齐呈毛刺状，严重的摩擦使李萨如图形呈扁平或出现大凹坑。在频谱上可见高频分量，在轴心轨迹上，由亮点表示的键相位点的轨迹一般与轴的转向相同。

(3) Mathieu 摩擦。在机械上有一种称为 Mathieu 的特殊摩擦亦即碰撞，这是旋转机械在机械能量转换的一种故障，属于强迫振动的范畴。它是由轴与油封或其他不旋转部分摩擦引起的，随着 Mathieu 摩擦响应，在示波器上观察到无论是选频轨迹还是通频轨迹，轴的运动都是由多个键相点表明的分频振动。

Mathieu 摩擦实验须按以下所述步骤操作。

1) 将摩擦螺钉旋起，升速，找到第一阶临界转速，并记下此转速。

2) 将转子升速至相当一阶临界转速的 2.5 倍，并观察示波器上的 X-Y 轨迹和用 Z 轴表示的相位信号。

3) 仔细地向下旋动螺钉，直至与转轴接触，产生的两个固定键相点所表示的特殊轨迹。

4) 将螺钉旋起，继续升速，当转速超过一阶临界转速的 3 倍，如果出现三个静止点，此刻即 Mathieu 摩擦发生。

五、注意事项

(1) 一人负责控制实验台转子转速，并操作摩擦螺钉；另一人负责主机、Ⅱ表、示波器操作；第三人负责监视所确认的测试结果；如果须打印可另安排第四人打印记录数据。实验人员既有明确分工，又要密切合作，共同商定协作完成测试程序。

(2) 使用摩擦螺钉时，操作要细心，切不可疏忽大意，避免因操作不当损坏转子。

(3) 示波器使用，要注意操作仔细，调整其中一个旋钮时不要触碰另外与本实验无关的控制开关及旋钮，不要乱动与本实验无关操作。

(4) 其他注意事项参见本章实验八，实验前必须认真预习，明确实验任务，初步了解实验方法与实验仪器的性能。

六、实验报告和思考题

(1) 绘出一阶临界转速前后的轴轨迹变化、摩擦时轴轨迹变化、Mathieu 摩擦发生的轴轨迹图形。

(2) 通过轨迹观察，判断运行稳定性，有无分频振动，有无动、静摩擦，水平与垂直方向振幅的大小，通过临界转速时相位变化。

（3）分析讨论摩擦时轴轨迹（振幅）的影响及对机组安全性的影响。

实验十二 涡旋运动与油膜振荡实验

随着机组容量的增加汽轮发电机组轴颈的直径和长度都会增加，那么轴系的临界转速必然会下降。这些大机组在启动过程中，往往产生油膜自激振动。自激振动也称负阻尼振动，也就是说由振动体本身运动所产生的阻尼力非但不阻止振动，反而将进一步加强这种振动，即振动体通过本身的运动不断地向自身馈送能量，一旦有初始振动，即使不需要外界向振动系统输送能量，振动也能得以维持，所以这种振动与外界激励无关，完全是自己激励自己，故称为自激振动。由于外界扰动力性质不同，又表现出不同的自激振动形式：涡旋运动与油膜振荡。涡旋运动即涡动，其振幅较小对机组危害不大；油膜振荡的振幅比涡动大得多，转轴跳动剧烈，而且不仅仅是一套轴承或相邻的轴承，甚至整个机组所有的轴承都会出现激烈的振动，对机组安全运行造成严重的威胁。

一、实验目的

通过本实验使学生掌握机组产生涡旋运动和油膜振荡的理论依据，掌握实验系统及系统中各仪器设备的性能，观察转轴在轴承中的涡旋运动和油膜振荡现象。

二、实验原理

所谓涡动，是转轴除绕轴的弹性中心线自转以外，轴还绕着弹性中心线涡动（即公转，亦称甩转）。涡动的转轴运动轨迹是自转和公转的合成，是自转基波和公转低频波的合成，因为由两种不同的频率合成，所以它的振动波形为复合波，如图 6-44 所示。通过频谱分析，其低频分量为基波分量的一半（或稍微低一些），因而又称之为半速涡动。在轴轨迹上表现为两个同时存在的李萨如图形，如图 6-45 所示，这是由于两种不同振动频率所致。

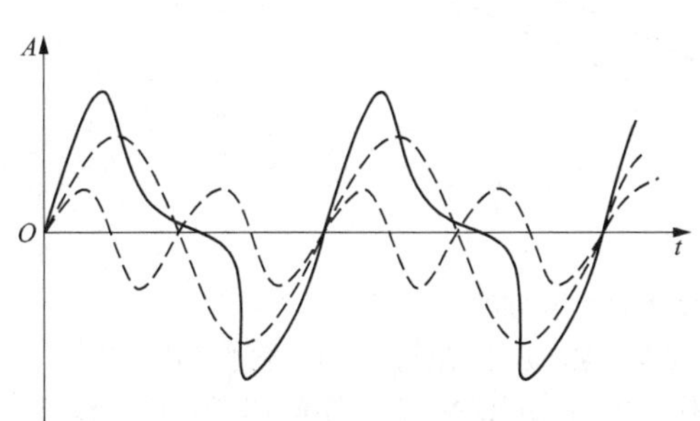

图 6-44 涡旋运动波形

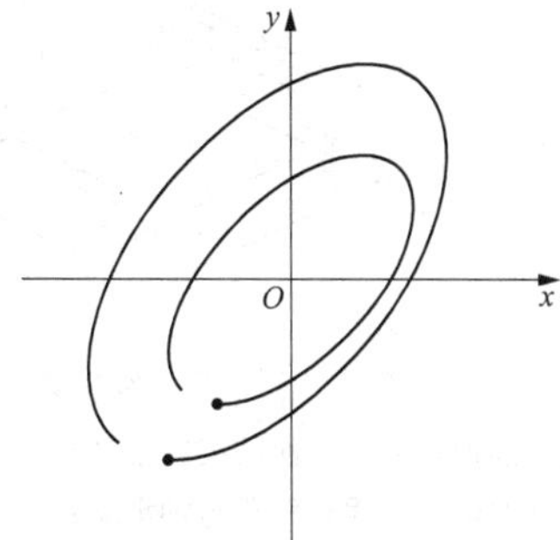

图 6-45 涡旋运动轨迹

随着转速的增加，涡动频率也随之按比例增加，当经过一阶临界转速时，振动受临界转速的影响而增大，当转速升高至一阶临界转速的 2 倍时，半速涡动的速度正好与转轴的一阶临界转速（即轴的横向自振频率）相重合，互相激励，使振动明显增大，即产生了油膜振荡，如图 6-46 所示。当转速再继续升高时，在较大的转速范围内，振动频率保持一阶临界转速不变，振幅仍停留在最高水平附近。

三、实验系统与设备

（1）本实验系统见本章图 6-32 所示的轴系振动测试图。

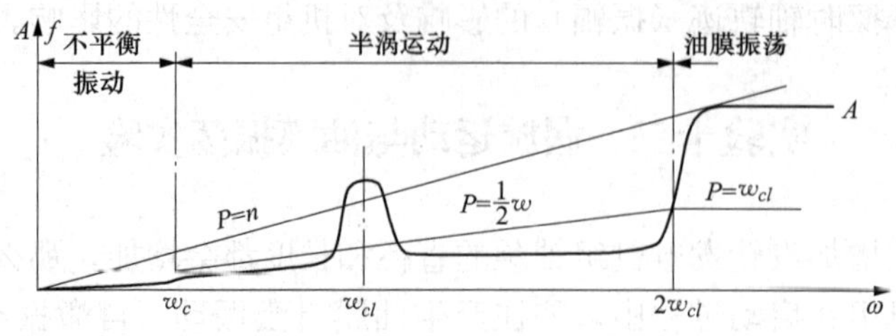

图 6-46 油膜振荡过程

(2) 本实验系统中各设备、仪表的性能、使用、安装与本章实验八相同，只不过实验改转子为一单跨转子，并加装了润滑供油装置。

(3) 关于示波器的使用方法及工作性能参考本章前面实验所述。

四、实验步骤

1. 系统组装

(1) 轴系振动实验台的 1 号轴承座不动，其余轴承座、传感器支架、转子等全部拆除，按图 6-47 所示重新组装。

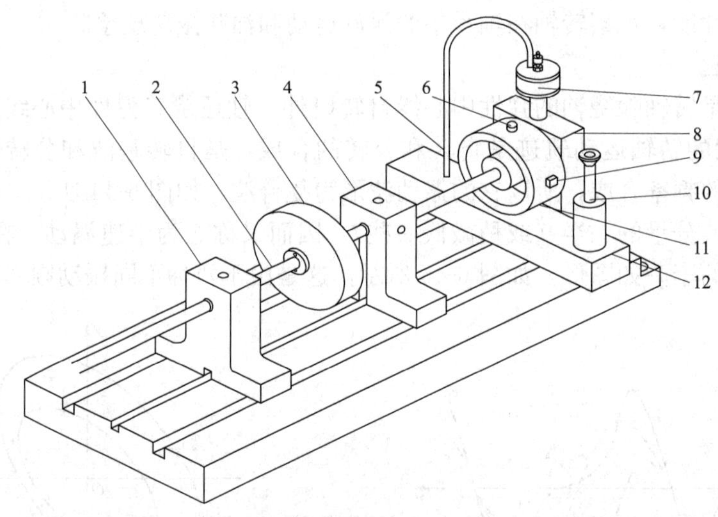

图 6-47 涡动和油膜振荡实验组装方式

1—内侧轴承座；2—涡动实验主轴；3—轮盘；4—摩擦螺钉及支架；5—固油管；6—Y 方向位移传感器；7—针阀式油杯；8—涡动轴承与轴承座；9—X 方向位移传感器；10—手动回油器；11—传感器支架；12—储油箱

将大号轮盘装在带轴肩的涡动转轴中间位置，带轴肩一端伸入涡动轴承内，另一端插入 1 号轴承座内，调整转轴（带轴肩一端）与涡动轴承座间的距离，保证在 1～2mm 左右的间隙，按图示安装好供油、回油装置。将 X、Y 方向涡流传感器安装在涡动轴承座的螺孔内，并调整好探头与涡动轴表面距离，也可以利用涡流传感器安装支架，支架与轮盘保持 8～10mm 之间距离。

(2) 主机与整定器、分析仪、数字记录器等仪表系统连接，见本章实验八相应条款所述。

2. 实验测试操作

（1）涡动轨迹的观察。

1）由Ⅰ表输出的1、2号传感器输出信号接至Ⅱ表输入端的Ⅰ和Ⅱ；将Ⅱ表后板面的“0”的Z、Ⅰ、Ⅱ输出端分别接至示波器的Z、X和Y输入端；前板面“0”开关拨至“选频”；“+-X外接”键置于“外接”；“内-电视-外”键置于“外”；“AC⊥DC”键置于“DC”；由“V/div”“微调”和Ⅱ表的振幅控制键（“X0.1-X1”）控制示波器荧光屏上所显示的李萨如图形。

2）将油杯装半杯润滑油，打开针型阀使轴承内充满油。

3）各计量表按要求将各控制键置于适当位置，各表预热3min。

4）启动转子，当转速超过600r/min以后，观察轴轨迹，此刻为不平衡振动轨迹（为一个李萨如图形）。当转速升至某一转速时，轴轨迹突然形成两个李萨如图形，振幅也有所增加，即涡旋运动产生，这一转速为失稳转速。继续升高转速，振幅略有增加，若转速升至2000r/min左右时尚未见涡动，可用一非金属且表面光滑的物体轻轻抬一下转轴，将立刻产生涡动。

5）详细观察轴的涡动轨迹，键相点的运动方向与转轴运动方向相反，其原因在于涡动的能量转换相对于涡动前，显著地降低了转速。

（2）油膜振荡的观察。

1）由Ⅰ表输出的1、2号传感器输出信号分别接至Ⅱ表输入端的Ⅰ和Ⅱ；将Ⅱ表后板面的“∩”的F、A分别接至函数记录仪的X、Y轴；将前板面的“∩”控制键置于Ⅰ或Ⅱ（即要测的点）。参考涡动实验时所测得的振幅，利用主机和Ⅱ表校正数据来标定记录仪的量程。

2）若要记录数据，可事先将数字记录器连好、预热、启动备用。

3）启动转子，锁定后投入数字记录器和函数记录仪，注意示波器，若未见涡动产生，增加负荷激发涡动产生，并且继续升速至产生油膜振荡，产生振荡时振幅突增，在函数记录仪绘出油膜振荡曲线。

4）为验证油膜振荡，组装实验台时，应注意将一阶临界转速调至4000r/min以下，以便在8000r/min以下观察到油膜振荡现象。做涡动和油膜振荡时，要注意调整针形阀滴往涡动轴承内的润滑油，以10s内数滴为宜，无油绝不能启动。

（3）频谱分析。

1）当转轴产生涡动时，振动为自转和公转的复合运动，振动波形为自转基波和公转低频波合成的复合波（见图6-44涡流运动波型），通过频谱分析明显地找到振动的主频率（半速涡动频率）、基波频率（汽轮发电机的每秒钟转速）以及高次谐波（振幅较小，振动不明显）。

2）由Ⅰ表输出的1、2号传感器输出信号，选其中的垂直振动信号，接至Ⅱ表的输入端“SA”，将Ⅱ表后板面的“ꟾ”输出端接至示波器的Y轴；“+-X外接”键置于“+”；“AC⊥DC”键置于“AC”或“DC”均可；由“V/div”和“微调”以及Ⅱ表“振幅”键共同控制振幅，将不同频率下的振幅控制到适中程度，由“t/div”和“微调”控制扫描速度，将振动波形控制在稳定清晰程度。

3）在Ⅱ表（ZXP-4AⅡ振动分析仪前面板）用“调谐”旋钮调整频率，即可找出某一转速下的主频率、基波频率、高次谐波的频率以及相应的振幅。

五、注意事项

（1）一人负责控制实验台转子转速，并负责监督供油装置；另一人负责主机、Ⅱ表、示波器、数字记录仪；第三人负责函数记录仪；第四人负责指挥并监视所确认的测试结果；测试成员事先要共同商定测试程序，既要明确分工，又要密切协作。

（2）施加预负荷时，要注意安全，不能损坏转轴，预负荷施加在靠近涡动轴承端。

（3）实验在临界转速附近，尤其是油膜振荡附近不可停留时间过长，做频率分析时最好选择一阶临界转速以下某一稳定转速。

（4）严密监视供油装置，保持10s数滴，绝不能断油；其他注意事项详见本章实验八。

六、实验报告要求

（1）实验前必须认真预习，初步了解实验方法与仪器的性能，明确实验任务与目的，同组实验人员预先商定好分工，才能得到预期实验效果。

（2）实验报告要绘出半速涡动轴轨迹，将数据列表，并指出临界转速、失稳转速、产生油膜振荡转速以及其相应的振幅，并将函数记录仪绘制出的振动曲线复制于实验报告中。

实验十三　汽轮机调节系统动态模拟分析

模拟计算是分析汽轮机调节系统稳定性和动态品质的一种数学方法。利用模拟计算可以从大量方案中比较和选取最佳方案以及从同一方案中求取最佳参数，是简化易解而又最直观的分析方法。模拟计算机是实现模拟计算的有力工具，它将调节系统中各变量的变化关系，用相应的电压变化关系来模拟。在模拟机上可以组成与真实系统相似的模拟系统，因为模拟系统与真实系统具有相同的运动方程，因此这是一种数学模拟。

一、实验目的

模拟计算机是汽轮机调节系统动态特性分析的基本工具之一，通过对汽轮机调节系统的模拟计算，绘制曲线，直观准确地看出调节系统在扰动情况下被调量（汽轮机转速）的过渡过程及各环节参数变化对调节系统稳定性的影响，分析汽轮机在甩全负荷时，转速变化的过渡过程，以及影响过渡过程的主要因素。

二、实验设备

（1）实验用模拟电子计算机。本实验用MNJ-8-Ⅱ型小型模拟电子计算机可以用于“控制原理”“控制系统”“汽轮机调节”等课程的教学实验，可以求解初始条件为零的八阶以下微分方程及自动控制系统中各种典型环节和系统的模拟实验，研究线性环节运动规律及典型非线性环节特性。本机组成主要由以下两大部分构成。

1）排题部分。本机的核心部件由六只“LM324四运放”组成十二个运算放大器。运算放大器配以不同的反馈网络和输入网络，可实现不同的运算关系。排题板上配有两组二极管限幅器和运算放大器配合，可以模拟多种典型非线性环节。运算放大器、二极管限幅器和必要的电阻、电容、电位器等均布置在排题板上。排题板布置如图6-48所示，用短路线在排

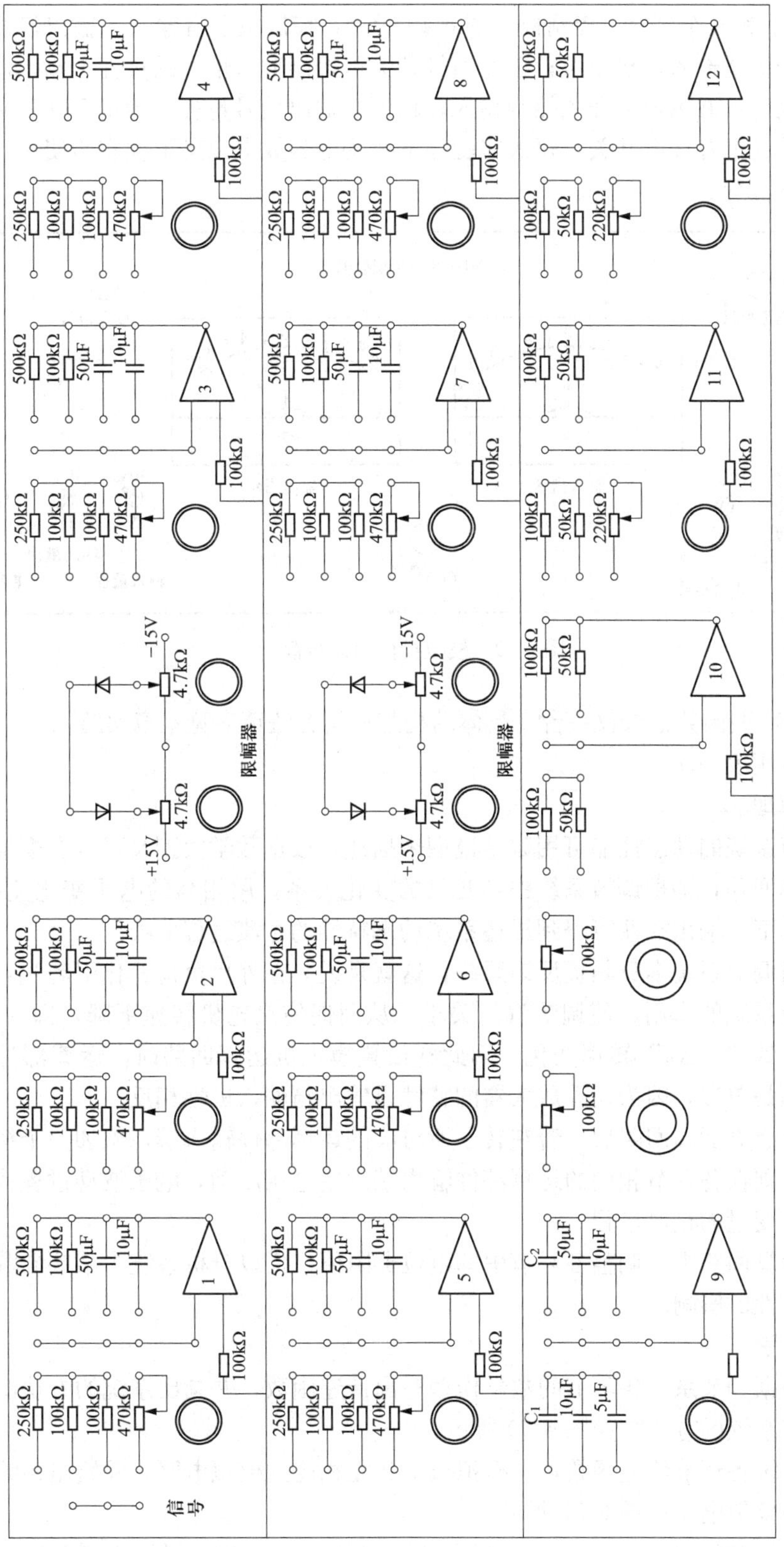

图 6-48 MNJ-8-Ⅱ型模拟机排题板示意

题板上直接排题，直观且改题方便。

2）控制显示和操作部分。控制板如图 6-49 所示，控制板上有输入、输出接线柱，两块电压表分别用来测量输入、输出量；正负信号开关可控制输入信号的极性；输入调节器可控制输入信号的大小，并由信号开关控制输入；输入、输出信号量程分为 1V 和 10V 两挡，供实验时选用；手动电容放电开关，每次实验完毕要将电容放电以备下次实验使用，放电后要将开关扳回工作位置。

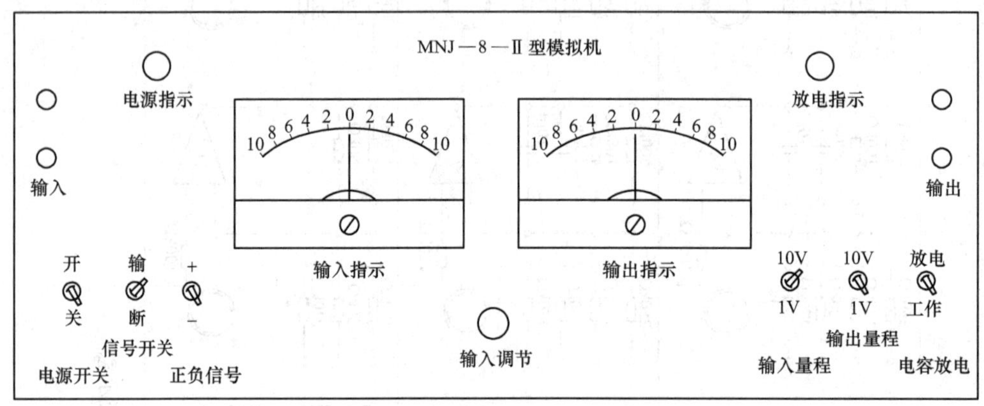

图 6-49 模拟机控制板布置

（2）LZ3-204 型函数记录仪一台。具体结构与使用方法请参见本章实验八。

（3）数字万用表一块。

三、实验原理

汽轮机调节系统的动态性能可用数学模型来描述，根据数学模型又可以在模拟计算机上建立模拟机运算回路，即把调节系统中各变量的变化关系，用相当的电压变化关系来模拟，在输入信号作用下，输出端便可得到描述系统动态特性的过渡过程曲线。

由于汽轮机调节系统本身是负反馈系统，这就是说，在外界负荷变化引起汽轮机转速升高时，通过调节系统的作用，使调节汽门关小，从而促使汽轮机转速下降，即“$+\Delta\phi$”转速变化最终将导致“$-\Delta\phi$”转速变化，因此在设置模拟机运算回路时，运算部件（运算放大器）个数必须是单数，因为运算放大器的特性是输出与输入极性相反。

在排题板上建立运算回路后，若在转子所对应的运算部件输入端，施加一个模拟负荷变化的干扰电压，则在各环节相应的运算部件输出端发生电压波动，电压波动过程代表了各环节在负荷变化时变量的过渡过程。

在模拟机运算回路中，调整各环节中的电位器阻值，借以分析系统中某些参数对汽轮机调节系统动态特性的影响。

四、实验步骤

（1）首先根据调节系统各环节的数学模型写出传递函数，并画出系统的方块图。例如某小型汽轮机调节系统的方块图如图 6-50 所示。

（2）根据系统各环节传递函数，在模拟机上建立相应的模拟电路，并绘出系统模拟电路图，上述系统的模拟电路如图 6-51 所示。

（3）当油动机时间常数 $T_s=0.2$s，容积时间常数 $T_\rho=0.24$s，转子时间常数 $T_e=10$s，

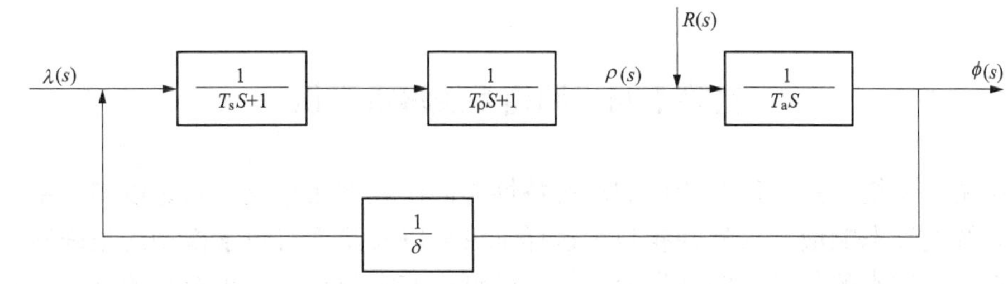

图 6-50 汽轮机调节系统方块图

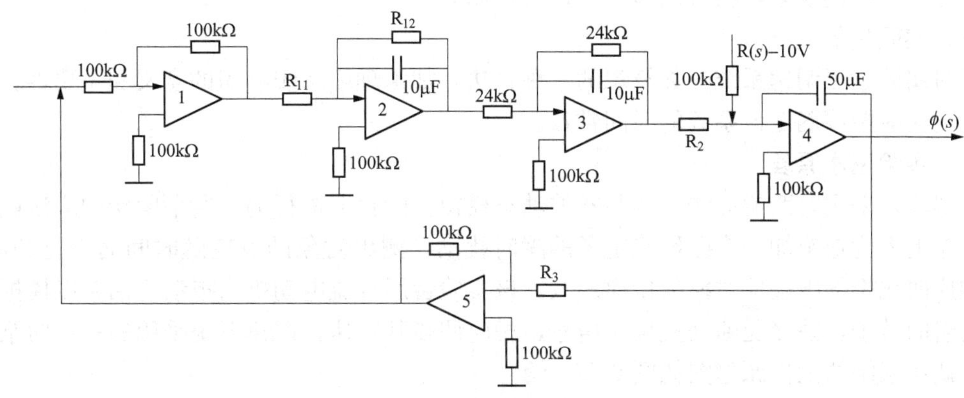

图 6-51 汽轮机调节系统模拟电路

观察速度变动率 δ 分别为 0.06、0.05、0.04、003、0.02、0.01，在甩全负荷时对调节系统过渡过程的影响，并于函数记录仪上绘出过渡过程曲线。

(4) 当 $\delta=0.05$、$T_\rho=0.24$s、$T_e=10$s 时，观察 $T_s=0.6$s，在甩全负荷时对调节系统过渡过程的影响。

(5) 当 $\delta=0.05$、$T_\rho=0.24$s、$T_s=0.2$s 时，分别观察 $T_e=20$、8s 在甩全负荷时对调节系统过程的影响。

五、实验注意事项

(1) 排题时不要急于合上电源，待排好后，经指导教师检查无误时方可合上电源操作。

(2) 排完题后，控制板上的量程开关输入与输出应分别放置在 10V 和 1V 挡上，否则会损坏电压表。

(3) 接记录仪时，首先要将量程接大些，然后再调整，以避免损坏记录仪。本次实验 Y 笔量程为 50mV，走纸速度为 0.5s，函数记录仪使用方法见本章实验八。

(4) 每完成一项实验，首先将电容放电，再闭掉信号开关，然后将放电开关扳回工作位置，这时方能做下一个实验项目，否则易损坏表针且造成数据不准确。

六、实验要求和思考题

(1) 实验前要认真预习实验指导书，明确实验目的，弄清排题方法，以便实验顺利并收到预期效果。

(2) 实验报告要用统一印制的报告纸，并要求书写规整、准确。

(3) 按上述实验步骤绘出调节系统过渡过程曲线，并讨论 δ、T_s、T_e对过渡过程的影响。

实验十四 调速系统参数辨识

汽轮机调速系统参数辨识与传统的动态特性正向研究方法相反，它是以实际系统为研究对象，由系统的动态响应反求特性参数。这样不仅可以检验现有数学模型的正确性，而且还可以根据系统反馈来的信息，修正先前的数学模型，使它与真实过程充分接近，从而使理论分析计算和改进更具有针对性。更重要的是，还能弥补正向研究中不能完成的系统状态检测和性能趋势分析的缺陷，实现调节系统性能诊断。

一、实验目的

通过实验学习调速系统参数辨识的一种方法，加深理解系统辨识的意义和重要性，并通过系统的响应曲线确定该系统的时间常数。

二、实验基本原理

本实验是采用阶跃响应法在实验室的动态模拟实验台上进行的。所谓阶跃响应法就是在被控对象上人为地施加一个已经确定了的瞬时扰动，测出对象的响应随时间而变化的曲线，根据响应曲线推导出被控对象的传递函数。该实验台用直流电动机来拖动主油泵以模拟汽轮发电机组的转子，并接受油动机位移信号，相应调整其转速，调速系统采用的是径向泵调速系统。调速系统的工作原理图如图 6-52 所示。

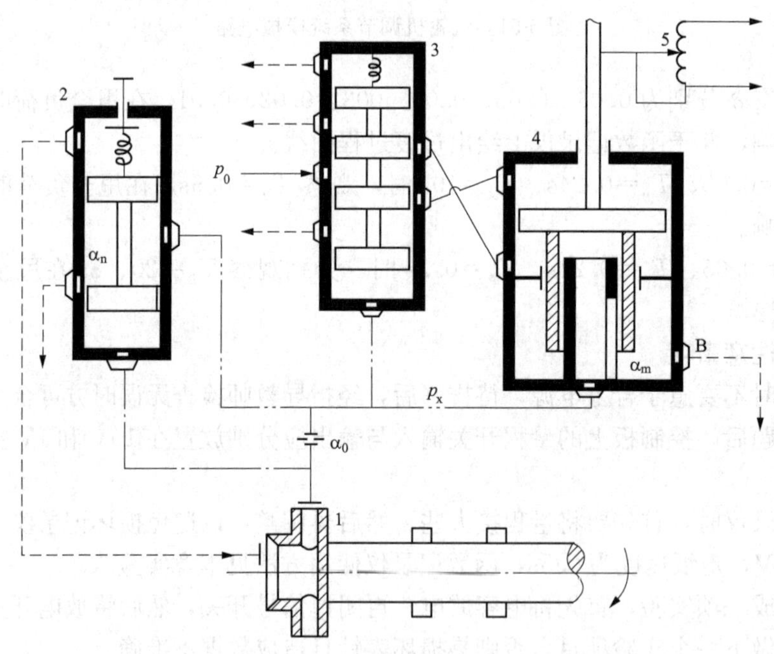

图 6-52 汽轮机调速系统工作原理简图

1—主油泵；2—压力变换器；3—油动机滑阀；4—油动机；5—反馈电阻

通过改变电动机励磁电流来改变电动机转速。径向泵出口一路压力油通至压力变换器滑阀下腔室，作为转速变化的脉冲信号，压力变换器滑阀上腔室通至径向泵进口，因此压力变换器滑阀的上下存在压差（该压差等于径向泵进、出口的油压差），压差产生的向上作用力和滑阀上部弹簧向下的作用力相平衡。径向泵出口压力油另一路，经过一个节流孔 α_0 减压后作为控制油，通至错油门滑阀的下部腔室。错油门滑阀上部与油泵进口相通，控制油从压力变换器滑阀控制的泄油口 α_n 和油动机活塞下部套管控制的反馈泄油口 α_m 泄去，稳定运行时，错油门阀上、下油压差形成的向上作用力和上部弹簧的向下作用力相平衡，滑阀处于中间位置。当加大励磁变阻器的电阻时，励磁电流减小，电机转速升高，径向泵进口压差增大，压力变换器滑阀上移，使控制油的泄油口 α_n 变小，控油压 p_x 升高。错油门滑阀上移，压力油进入油动机活塞下部，油动机活塞上移，开大了油动机下部反馈油口，又使脉动油压恢复原来值。滑阀重新回到中间位置，遮断了油口，油动机活塞停止移动，调节过程结束。油动机活塞杆向上移动的同时，带动滑块移动，改变反馈电阻的阻值，即改变励磁回路中的励磁电流，电机转速减小，使系统达到稳定调节。调速系统参数标识方框图如图 6-53 所示。

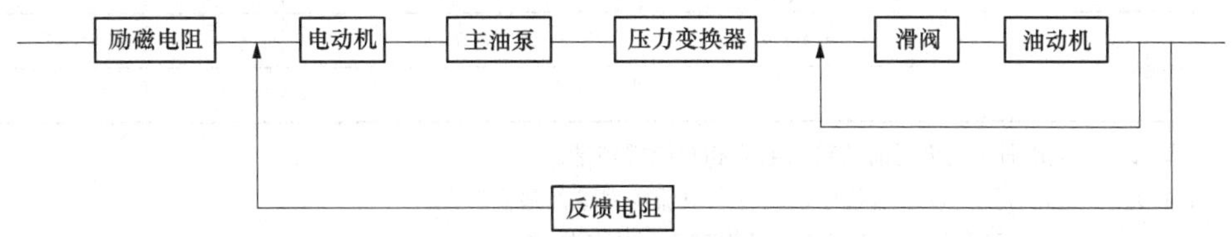

图 6-53 汽轮机调速系统参数辨识框图

三、实验步骤

（1）检查电动机励磁回路接线是否完好，不允许断路。将励磁变阻器调在零位，自动稳压调节、手动稳压调节均在零位，记录装置中的转换开关均应在开路位置。

（2）合上润滑油泵开关，向调节系统滑动轴承内供油，当“润滑油压”存在（油压约 0.1kgf/cm^2），此时由调节系统窗口中可见到轴承有大量润滑油流入前箱，即可开车升速。

（3）合上电源的“自动空气开关”，电源板面上的“停止”灯亮，电源为准备工作状态，按下运行按钮“运行”指示灯（绿）亮。

（4）将转速开关扳至“自动”位置，调谐“自动稳压调节”，随着电枢电压的升高（见电压表）而升速。

（5）当转速升高并稳定在 430r/min 左右时，手动自动稳压电源，将电枢电压缓慢升至 220V，这时转速约为 1700r/min。

（6）缓慢调整励磁回路中的励磁变阻器（顺时针旋转），即可将转速升至 2850r/min。

（7）当转速升至 2500r/min，“主油泵”压力升至 4～5kgf/cm^2 时，射油器投入正常工作，可停下润滑油泵，此时润滑油由射油器供给。

（8）调整笔式记录仪为准备工作状态。

（9）快速旋动励磁变阻器升速至 3000r/min。

（10）正常停机应先旋动励磁变阻器降速 1700r/min，再利用“稳压调节”将转速降至最低（430r/min），按下“停止”按钮，拉下“自动空气开关”，停机。

四、实验注意事项

（1）电枢中的电流由电流表监视，一般不应超过 200A。

（2）若因事故需要紧急停机，按下“停止”按钮，电机会立即停车。

（3）模拟实验台的晶闸管整流电源，是高电压大电流设备，故不要到电源后面触摸电源各部件。在未熟悉设备性能前，不要随意旋动控制板面上的各开关、调谐旋钮及调节供油系统中的阀门和手轮等。

（4）调节系统直流电动机均为高速旋转机械，故不要触摸或接近旋转部件，尤其女生长发、衣裙、飘带饰物要严禁与旋转部件接近，以免卷带事故发生。

（5）室内禁止吸烟，供油系统有近2000kg汽轮机油，万一引起火灾，后果不堪设想。室内禁止打闹、喧哗，防止意外故发生。

五、数据记录（见表6-11）

表6-11　　调速系统实验记录数据

电流 I	$I(0)$	$I(t_2)$	$I(t)$
转速 n	$n(0)$	$n(t_2)$	$n(\infty)$

注　1. $I(0)$、$n(0)$ 分别为甩负荷前的输入电流和对应的转速。

2. $I(t_2)$、$n(t_2)$ 分别为动态过程中最高输入电流和对应的最高转速。

3. $I(t)$，$n(\infty)$ 分别为负荷稳定后输入的电流和对应的转速。

六、数据处理

由系统响应曲线图6-54可知，该系统肯定为二阶的，因此图6-50所示方框图可简化成二阶调速系统图6-55。

该系统的传递函数
$$W(S)=\frac{K}{(T_1S+1)(T_2S+2)}e^{-\tau s} \tag{6-8}$$

其中
$$K=\frac{Y(\infty)}{r(t)}/\frac{Y(0)}{r(0)}$$

超调量
$$\sigma=\frac{Y(t_2)-Y(\infty)}{Y(\infty)} \tag{6-9}$$

周期
$$T_n=T_\xi\left[\sqrt{\frac{\pi^2}{\pi^2+l_n\sigma}}-0.2917(1-\sigma)\right] \tag{6-10}$$

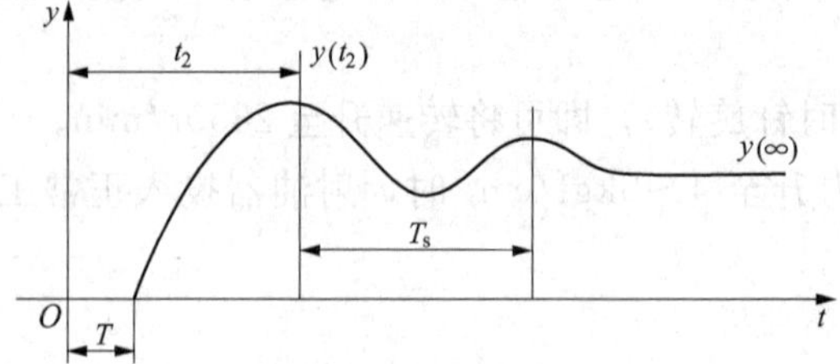

图6-54　系统响应曲线

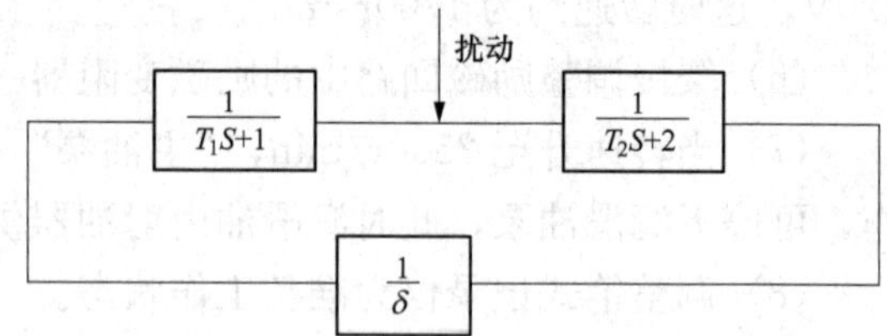

图6-55　简化成二阶系统方框图

放大倍数
$$K_{0n}=2\left(\frac{1.5}{\sigma+0.5}+1.0813l_n^2\sigma\right) \tag{6-11}$$

$$A=\frac{T_n}{2\pi}K_{0n}K_0\sin\frac{2\pi\tau}{T_n} \tag{6-12}$$

$$B=\left(\frac{T_n}{2\pi}\right)^2\left(K_{0n}K_0\cos\frac{2\pi\tau}{T_n}+1\right) \tag{6-13}$$

$$T_1=\frac{A+\sqrt{A^2-4B}}{2} \tag{6-14}$$

$$T_2=\frac{A-\sqrt{A^2-4B}}{2} \tag{6-15}$$

七、思考题

（1）计算结果与实际值相比较，分析并找出偏差原因。

（2）论述汽轮机调速系统参数辨识研究的意义。

实验十五　汽轮机调节系统动态模拟实验台

汽轮机调节系统动态模拟实验台是大型综合性实验设备，正确地使用不仅能延长设备使用寿命还可以保证设备及人身安全，并能在有效时间内获得满意的测试实验效果。使用实验设备前应熟悉设备的技术性能及设备运行中的注意事项，才能保证实验顺利进行。

一、安全问题

（1）模拟实验台的晶闸管整流电源是高电压、大电流设备，因此不要到电源后面去触摸电源各部件。未熟悉设备性能前，不能随意旋动控制盘板面上的开关、调谐旋钮及调节供油系统中的阀门和手轮。

（2）调节系统、直流电机均为高速旋转机械，不要触摸或接近旋转部件。女生操作实验不得披散长发、穿长裙及佩戴飘逸饰物，严格保证与旋转部件保持一定安全距离，防止机械卷带物体类事故发生。

（3）实验室内禁止使用明火，严禁吸烟。供油系统有近 2000kg 汽轮机油，万一引起火灾，后果不堪设想。实验室内禁止打闹、喧哗，吃食物，防止意外事故发生。

二、设备使用技术规范

1. 晶闸管整流电源

整流电源为 KGSA-300/230 型，输出额定直流 300A，电压为直流 20～230V 连续可调，稳压范围为直流 120～230V 供直流电机电枢；设备内另设励磁电源，固定直流 220V、10A，供电机励磁用电。

晶闸管整流电源如图 6-56 所示，电源输出电压分自动稳压调节和手动稳压调节，将转换开关扳至“自动”位置时，调谐“自动稳压调节”旋钮，可使电压稳在直流 215～225V 间任一值。于“手动”位置时，调谐“手动稳压调节”旋钮，可使输出电压稳在直流 120～230V 范围内。

合上电源的“自动空气开关”，电源板面上的“停止”灯（黄）亮。励磁电源投入运行，电源为准备工作状态。按下“运行”按钮，电枢电源投入运行，“运行”指示灯（绿）亮，晶闸管冷却风机工作，发出嗡嗡响声。转换开关扳至“自动”或“手动”，调谐“自动稳压调节”或“手动稳压调节”，随着电枢电压的升高（见电压表）而升速。当电压调至 220V 时，转速达到 1800r/min，再调励磁回路中的励磁变阻器（顺时针）即可将转速升至 3000～3600r/min。电枢中的电流由电流表监视，一般不应超过 200A。

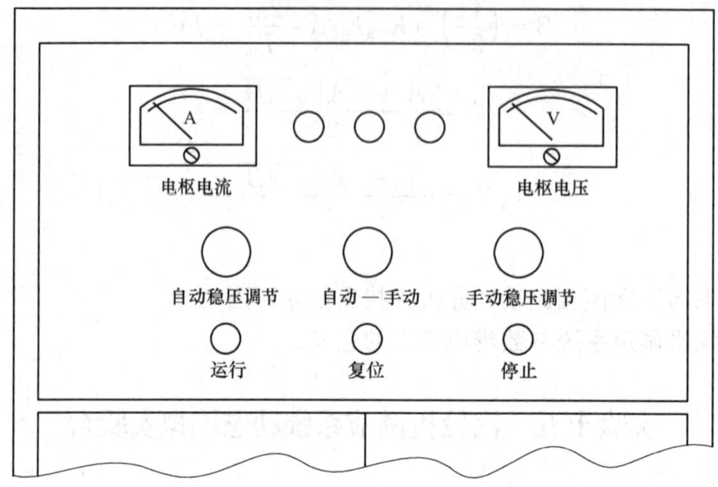

图 6-56 晶闸管直流稳压电源板面图

若升速过快，电枢电压超过 230V 或因其他故障，“故障”灯（红）亮，警铃响，设备自动跳闸，切断电源。排除故障后，按下“复位”按钮，重新启动。

若因事故需要紧急停机，则按下“停止”按钮，电动机会立即停车（电源内设置制动装置）。正常停机时，应先旋动励磁变阻器降速，再利用“稳压调节”旋钮降至最低转速（或零转），按下“停止”按钮，拉下“自动空气开关”停车。注意正常停机绝对不能直接使用“停止”按钮。

2. 供油系统

供油系统如图 6-57 所示，在开车前首先合上润滑油泵开关，向调节系统滑动轴承内供油，当“润滑油泵出口”油压为 3.3kgf/cm^2（见图 6-58），且“主油泵入口”“润滑油压”均存在油压（约 0.1kgf/cm^2），由调节系统窗口中见到轴承有大量润滑油流入前箱，即可开车升速。当转速升至 2500r/min 以上时，“主油泵 P”压力升至 4～5kgf/cm^2 时，射油器投入正常工作，可停下润滑油泵。此时润滑油由射油器供给。若启动润滑油泵后，油压升至 3.3kgf/cm^2，但“主油泵入口”油压建立不起来，可适当调节减压阀，保证“润滑油压”“主油泵入口”油压同时建立，方能开车升速。

3. 调节系统

调节系统是本实验台主机如图 6-59 所示，调节系统（调节器）其中包括压力变换器、错油门、油动机、脉冲泵等部件；各部件均套装在主机箱体内（即前箱），各部件套装控制部分均设在主机箱体上方。错油门（滑阀）4 的弹簧紧力可通过调整螺母 2 调整；压力变换器 13 滑阀上的弹簧（即同步器弹簧）紧力可通过同步器实现；拉出销子 12，卡簧 10 弹起，逆时针旋动同步器手轮 11，可使油动机活塞上移，反之下行。同步器具体位置由标尺 9 显示。油动机活塞 5 动作时，带动位移传感器 6 的衔铁 8 移动，通过输出端 7，将位移信号转变为电压信号，送至控制表盘；系统反馈由油动机活塞移动，改变励磁回路中另一支滑线变阻器阻值来实现。活塞杆 5 移动时，带动滑块 3 移动，改变电阻 1 的阻值，即改变励磁回路中的励磁电流，使系统达到稳定调节。转速由机械（离心）式转速表 14 和数字转速表显示，工作中脉冲油压 p_x 由表管 15 引出至控制盘显示。

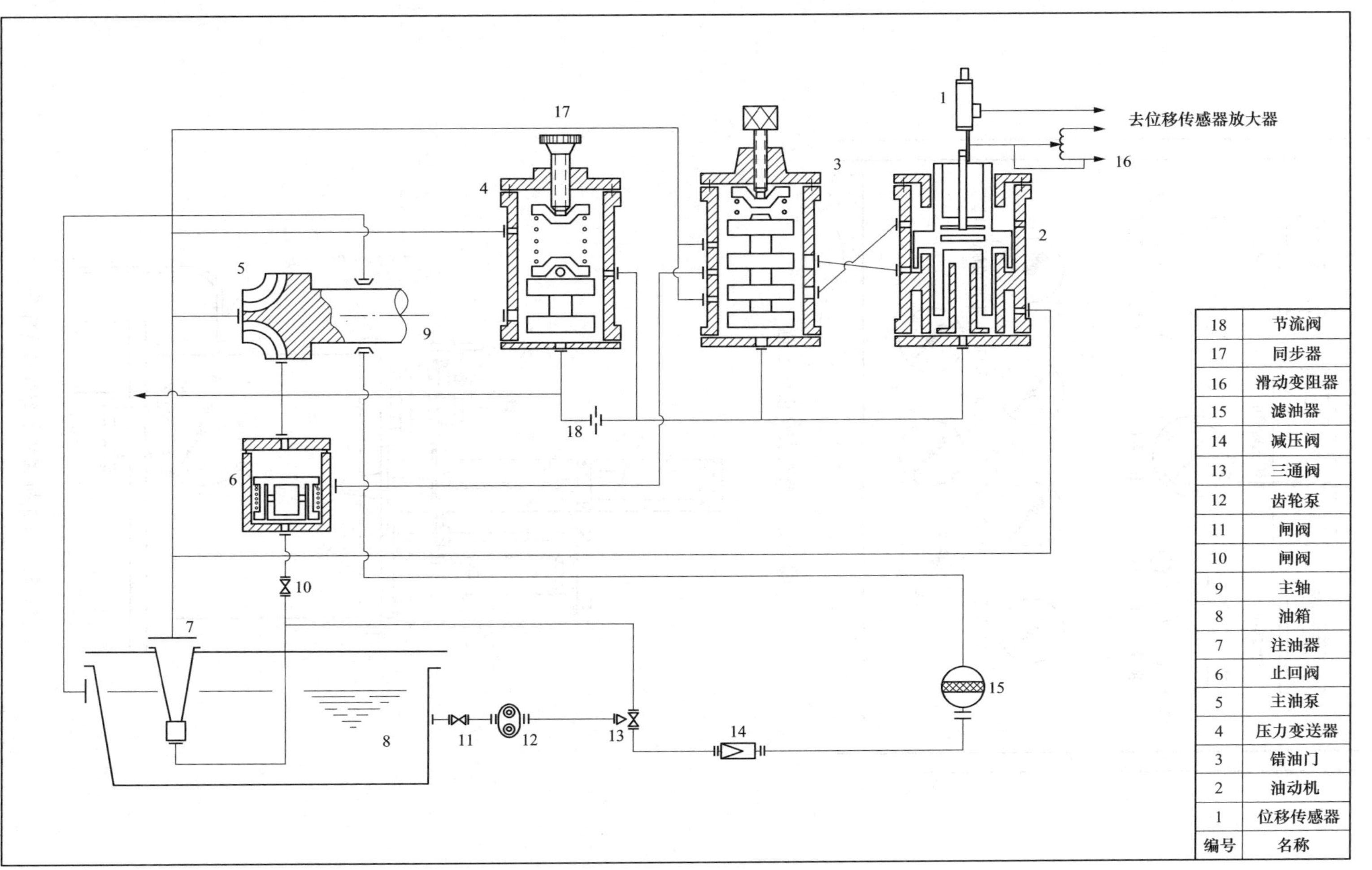

编号	名称
18	节流阀
17	同步器
16	滑动变阻器
15	滤油器
14	减压阀
13	三通阀
12	齿轮泵
11	闸阀
10	闸阀
9	主轴
8	油箱
7	注油器
6	止回阀
5	主油泵
4	压力变送器
3	错油门
2	油动机
1	位移传感器

图 6-57 汽轮机调节系统与供油系统示意

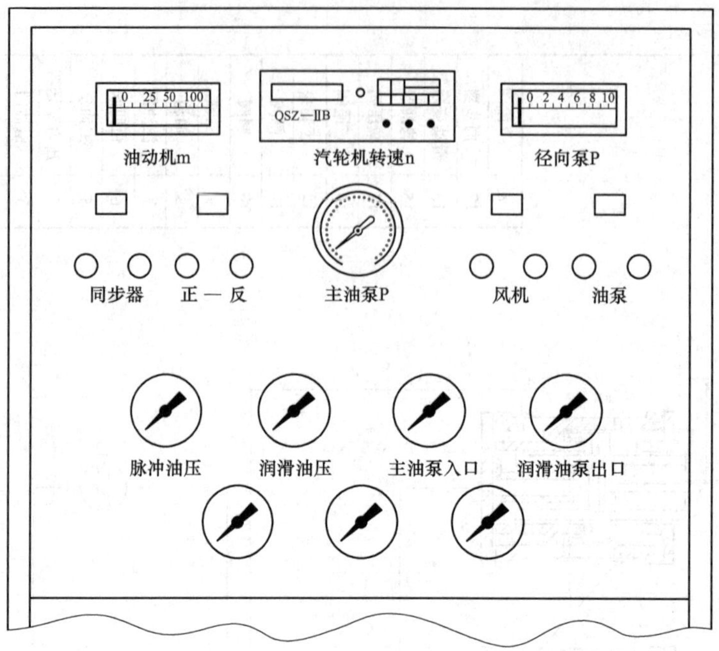

图 6-58 控制表盘板面示意

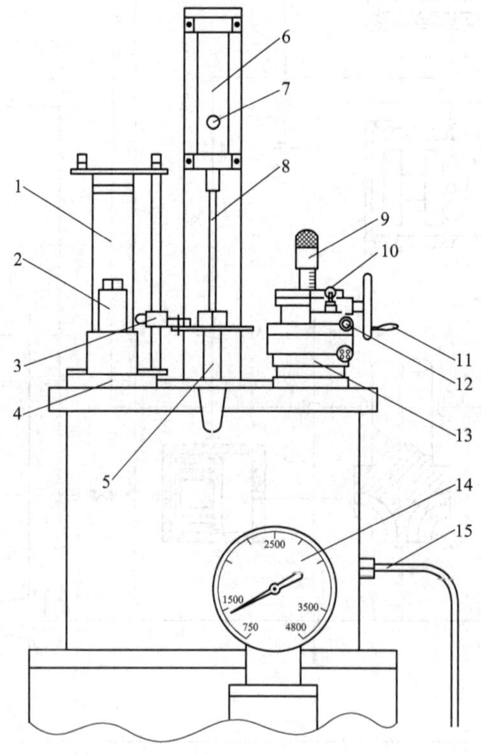

图 6-59 汽轮机调节系统调节器部分

1—电阻；2—调整螺母；3—滑块；4—错油门（滑阀）；5—活塞及杆；6—位移传感器；7—输出端；8—衔铁；9—标尺；10—卡簧；11—同步器手轮；12—销子；13—压力变换器；14—转速表；15—表管

4. 直流电动机

直流电动机采用 ZC28/16-4 型，额定转速为 3000r/min，额定电压为直流 220V，励磁电压为直流 220V，励磁方式为他励。额定功率为 40kW，滚珠轴承，通过弹性（对轮）连接方式再与调节系统的滑动轴承大轴联结。

5. 控制表盘与记录装置

控制表盘与记录装置分别如图 6-58 和图 6-60 所示。表盘中间布置一排控制按钮，可控制同步器正、反转，电动机电枢的冷却风机，润滑油泵启、停都可直接由控制表盘前直接控制，调节、保安、供油系统中各处油压均可从表盘上直接显示。

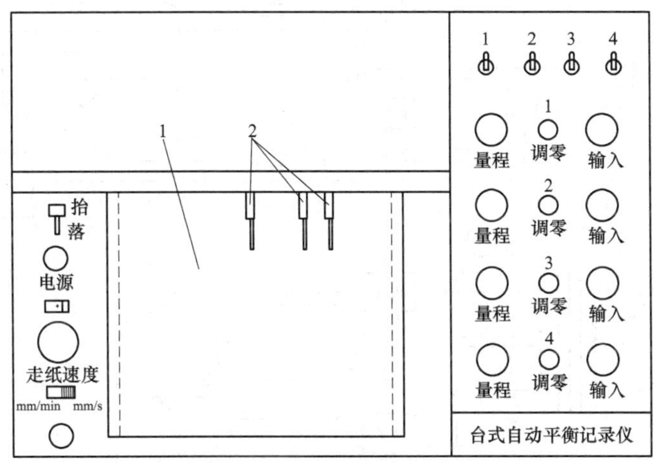

图 6-60 台式自动平衡记录仪

1—记录纸；2—记录笔

测试电路线路如图 6-61 所示，油动机活塞行程 m 由位移传感器 6 将位移信号转变为电压信号，送到放大器 5 放大后，由二次仪表 7 于控制表盘上直接显示，同时将电压信号送至记录仪 21。转速信号由电动机带动的光电传感器 2 接收，并送至控制表盘上的数字显示转速表 1 显示，同时将转速信号转换为电压信号送至记录仪。脉冲泵输出的压力信号由压力传感器 11 接收，经放大器 10 进行电压放大，由盘上二次仪表 12 显示，且将油压转换的电压信号送至记录仪。在进入记录仪之前，要经过平衡电源 14，可将任一压力值输出的电压平衡为零（即调零）。

三个信号（m、n、P）进入记录仪之前均经过转换开关 S2、S1、S3。测试前利用“灵敏度调节器”8、3、13，通过电压表 9、4、15 监视并调节，调试完毕。再通过转换开关 S2、S1、S3 接通记录仪记录。

测试系统均装在动态特性测试装置内，其装置板面如图 6-62 所示。测试系统中另装一可调备用电源 18，利用控制电位器 19 在直流 5～24V 范围内可连续调节，并与平衡电源 14 共用同一块电压表 20，中间用转换开关 S4 转换。稳压电源 17，可输出直流±15V，作为备用电源。电压表 22、电流表 23 分别用来监视励磁回路中的电压（直流 220V）和电流（2～6A）。

记录仪（见图 6-60）使用比较简单，三个电压信号（m、n、P）接入输入端，各控制一支笔 2，利用“量程”调节记录幅值大小，事先估计出输出信号大致数值，再把“量程”

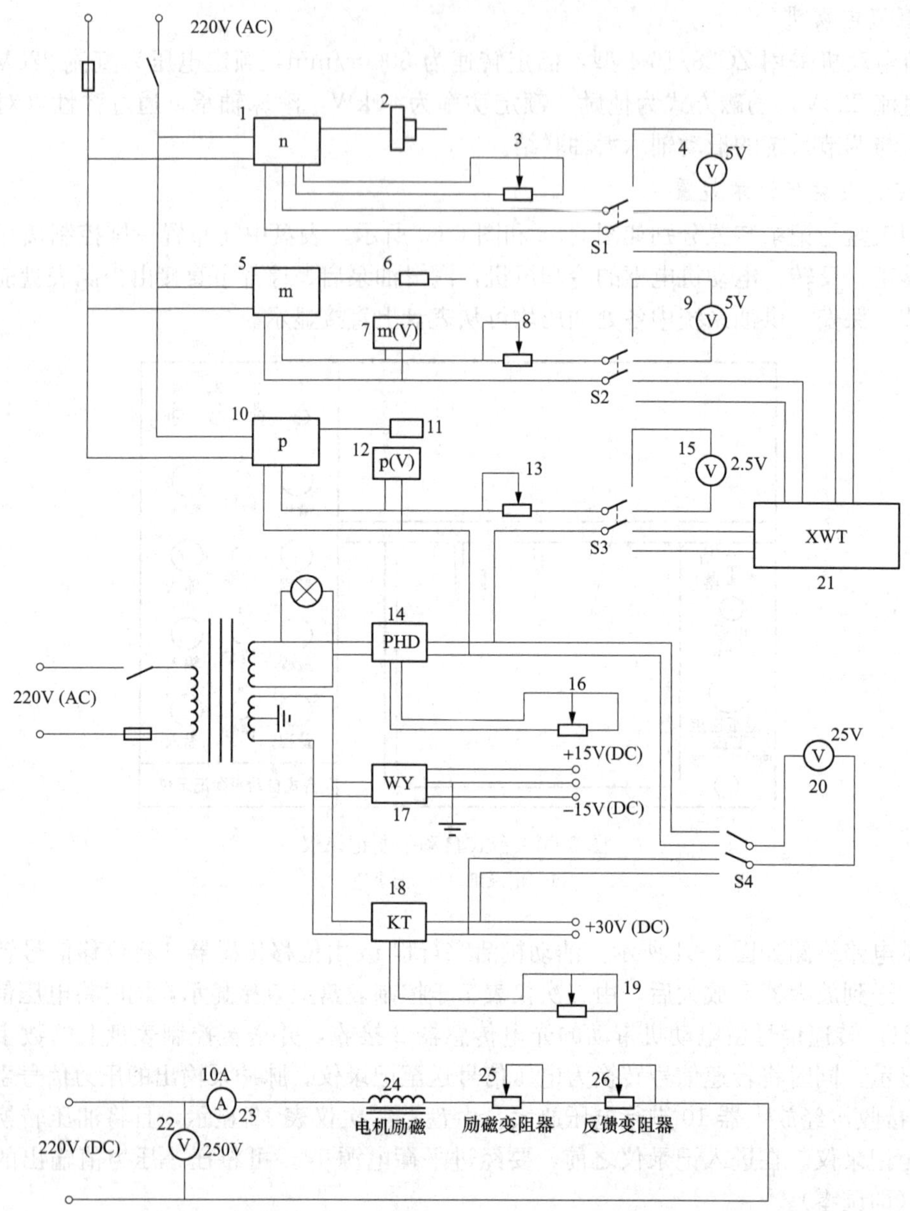

图 6-61 汽轮机调节系统动态特性测试电路原理

1—数显转速表；2—光电传感器；3—灵敏度调节器；4—电压表；5—放大器；6—位移传感器；7—二次仪表；8—灵敏度调节器；9—电压表；10—放大器；11—压力传感器；12—二次仪表；13—灵敏度调节器；14—平衡电源；15—电压表；16—控制电位器；17—稳压电源；18—可调备用电源；19—控制电位器；20—电压表；21—记录仪；22—电压表；23—电流表；24—电机励磁器；25—励磁变阻器；26—反馈变阻器

放在适当的挡位上。记录纸 1 上曲线起点位置由“调零”选定，输出信号由开关 3（共 4 支开关，各控制一支笔）控制。

“走纸速度”控制着记录纸移动速度，利用转换开关可分 10 挡记录。使用记录仪时注意“抬、落”笔开关，记录时是“落”笔，记录完毕是“抬”笔。

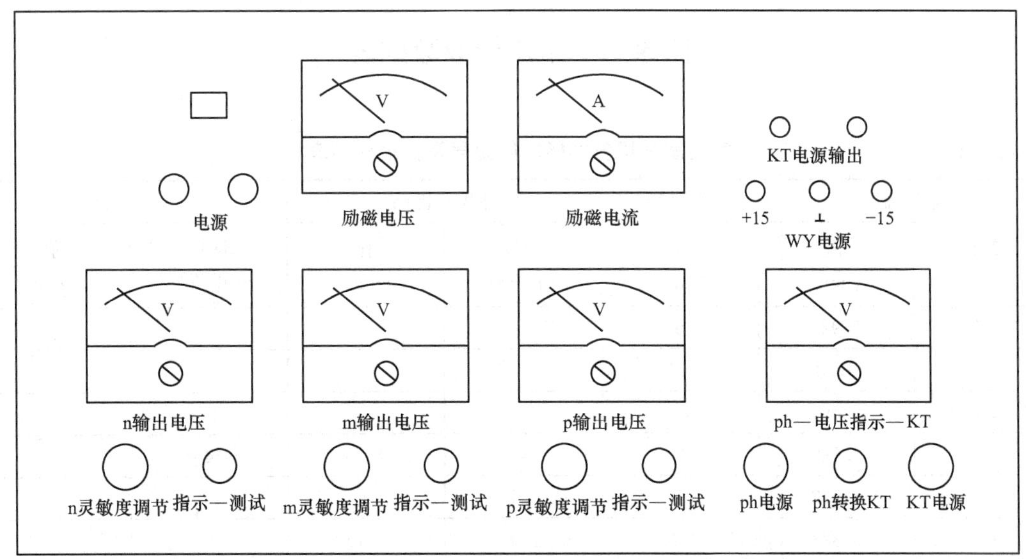

图 6-62 汽轮机调节系统动态特性测试装置板面图

三、注意事项

（1）晶闸管整流电源启动前，首先检查电动机励磁回路接线是否完好，决不允许断路，尤其是在运行中，断路会引起飞车事故。检查与电动机轴相连的光电传感器是否连接合理，防止丢转。

（2）调速系统启动前，务必事先开启润滑油泵，当达到启机条件后方可“运行”。还有，“运行”前必须要检查励磁回路中的励磁变阻器应在零位，“自动稳压调节”“手动稳压调节”均应在零位。记录装置中的转换开关（三个）均应在开路位置。

（3）启动后升速要缓慢，认真听旋转机械声音，若有异响声音应须立刻停机检查，待排除故障后方可重新启动。

（4）润滑油油温一般不应超过 50℃，极限温度为 55℃。

（5）运行中若出现意外事故须要紧急停机时，应立即按下“停止”按钮，紧急刹车。不过要注意正常停机时，应先将转速降至最低（或零）转速时，再按“停止”停机。

（6）实验中需停机稍长一段时间时，应按下“自动空气开关”使励磁回路断电，因为此时励磁回路中电流最大（约 6A），回路中两个变阻器容易过负荷。

（7）必须严格遵守实验要求的注意事项，整个实验过程决不能麻痹大意，以免造成事故。

附录A 常用专业数据表

表 A-1 实验室常用各类标准筛筛号及孔径对照表

泰勒筛		国际筛	中国标准筛		苏联筛	
网目（孔/in）	孔（mm）	孔（mm）	网目（孔/in）	孔（mm）	网目（孔/in）	孔（mm）
2.5	7.925	8				
3	6.68	6.3				
3.5	5.691	5.6				
4	4.699	5	4	4.75	4	
5	3.962	4	4.7	4	5	
6	3.327	3.35	5.8	3.15	6	
7	2.794	2.8				
8	2.262	2.36	8.1	2.24	8	2.5
9	1.981	2				2.0
10	1.651	1.6	10	1.70	10	1.6
12	1.397	1.4	12	1.40	12	1.25
14	1.168	1.18	14	1.18	14	1.00
16	0.991	1	16.3	1.00	16	0.900
20	0.833	0.8	20	0.800	20	0.800
24	0.701	0.71	25	0.600	24	0.700
28	0.589	0.6	28	0.56	28	0.630
32	0.495	0.5	31	0.50	32	0.560
35	0.417	0.4	35	0.45	34	0.500
42	0.351	0.355	44	0.355	42	0.450
48	0.295	0.30	50	0.315	48	0.355
60	0.246	0.25	62	0.25	60	0.250
65	0.208	0.20	72	0.212	70	0.200
80	0.175	0.18	83	0.180	80	0.180
100	0.147	0.15	106	0.140	110	0.140
115	0.124	0.125	118	0.125	120	0.125
150	0.104	0.1	166	0.090	160	0.100
170	0.088	0.09	187	0.080	180	0.090
200	0.074	0.075	203	0.075	200	0.071
230	0.062	0.063	220	0.056	230	0.063
325	0.043	0.04	300	0.045	320	0.040
400	0.038	0.038				

表 A-2 电厂燃料分析中常用的国家及行业标准

国标编号	标准名称
GB/T 5751—2009	中国煤炭分类
GB/T 17608—2022	煤炭产品品种和等级划分
GB/T 7562—2010	商品煤质量　发电煤粉锅炉用煤
GB/T 483—2007	煤炭分析试验方法一般规定
GB/T 475—2008	商品煤样人工采取方法
GB/T 474—2008	煤样的制备方法
GB/T 211—2017	煤中全水分的测定方法
GB/T 212—2018	煤的工业分析方法
GB/T 476—2008	煤中碳和氢的测定方法
GB/T 19227—2008	煤中氮的测定方法
GB/T 215—2003	煤中各种形态硫的测定方法
GB/T 214—2007	煤中全硫的测定方法
GB/T 213—2008	煤的发热量测定方法
JJG 672—2008	氧弹热量计检定规程
DL/T 567.8—2016	火力发电厂燃料试验方法　第 8 部分：燃油发热量的测定
GB/T 217—2008	煤的真相对密度测定方法
GB/T 6949—2010	煤的视相对密度测定方法
GB/T 18511—2017	煤的着火温度测定方法
GB/T 2565—2014	煤的可磨性指数测定方法（哈德格罗夫法）
DL/T 1038—2007	煤的可磨性指数测定方法（VTI 法）
GB/T 219—2008	煤灰熔融性的测定方法
GB/T 15458—2006	煤的磨损指数测定方法
GB/T 1572—2018	煤的结渣性测定方法
GB/T 7560—2001	煤中矿物质的测定方法
GB/T 1574—2007	煤灰成分分析方法

表 A-3 国内部分动力用煤的折算灰分、折算水分和折算含硫量

序号	煤种	S_{ar} (%)	M_{ar} (%)	A_{ar} (%)	$Q_{net,ar}$ (kJ/kg)	S_{zs} (%)	M_{zs} (%)	A_{zs} (%)	A_{zs} (%)
1	京西无烟煤	0.2	5	22.8	23 040	0.04	0.91	4.14	9.9
2	阳泉无烟煤	0.8	5	19	26 400	0.13	0.79	3.01	7.2
3	焦作无烟煤	0.4	7	21.3	22 880	0.07	1.28	3.90	9.3
4	萍乡无烟煤	0.7	7	25.1	22 625	0.13	1.30	4.65	11.1
5	金竹山无烟煤	0.6	7	22.3	22 210	0.11	1.32	4.20	10.0
6	西山贫煤	1.3	6	19.7	24 720	0.22	1.02	3.34	8.0
7	淄博贫煤	2.6	4.3	22.6	13 280	0.82	1.36	7.13	17.0

续表

序号	煤种	S_{ar} (%)	M_{ar} (%)	A_{ar} (%)	$Q_{net,ar}$ (kJ/kg)	S_{zs} (%)	M_{zs} (%)	A_{zs} (%)	A_{zs} (%)
8	芙蓉贫煤	23.8	6.5	22.8	13 090	1.22	2.08	7.29	17.4
9	抚顺烟煤	0.6	13	14.8	22 415	0.11	2.43	2.76	6.6
10	阜新烟煤	0.8	15	23	18 645	0.22	3.37	5.16	12.3
11	开滦烟煤	1	1.2	28.1	22 825	0.15	0.22	5.15	12.3
12	大同烟煤	2.2	3	11.7	27 800	0.33	0.45	1.76	4.2
13	新汶烟煤	1.9	6	18.8	25 140	0.32	1.00	3.13	7.5
14	徐州烟煤	1.2	10	13.5	24 720	0.20	1.69	2.29	5.5
15	淮南烟煤	0.7	6	19.7	24 300	0.12	1.03	3.39	8.1
16	义马烟煤	1.3	17	16.6	19 690	0.28	3.61	3.53	8.4
17	平顶山烟煤	0.5	7	25.6	22 625	0.09	1.30	4.74	11.3
18	开滦洗中煤	0.9	8	35	17 180	0.22	1.95	8.53	20.4
19	龙凤洗中煤	0.5	15	29.8	16 760	0.12	3.75	7.44	17.8
20	鹤岗洗中煤	0.2	11	34.7	17 390	0.05	2.65	8.35	20.0
21	元宝山褐煤	0.9	24	21.3	14 580	0.26	6.89	6.12	14.6
22	丰广褐煤	0.2	22	25.7	13 410	0.06	6.87	8.02	19.2

表 A-4　　流量

L/s	m^3/h	m^3/s	gal/min	gal/min	ft^3/h	ft^3/s	美 MGD	t/d
1	3.6	0.001	13.198	15.850	127.13	0.035 31	0.022 81	86.4
0.277 8	1	2.778×10^{-4}	3.666	4.403	35.31	9.810×10^{-3}	6.337×10^{-3}	24
1000	3600	1	1.320×10^{4}	1.586×10^{4}	1.271×10^{5}	35.31	22.81	86.400
0.075 78	0.272 8	7.577×10^{-5}	1	1.201 0	9.632	0.002 676	0.001 729	6.547
0.063 09	0.227 1	6.309×10^{-5}	0.832 7	1	8.021	0.002 228	0.001 439	5.451
7.866×10^{-3}	0.028 32	7.866×10^{-6}	0.103 81	0.124 68	1	2.778×10^{-4}	1.795×10^{-4}	0.679 6
28.32	101.94	0.028 32	373.7	448.8	3600	1	0.646	2.447
43.81	157.70	0.043 81	578.2	694.4	5569.6	1.547	1	3.785
0.011 57	4.167×10^{-2}	0.116×10^{-4}	0.152 8	0.183 4	1.471	4.087×10^{-4}	2.640×10^{-4}	1

表 A-5　　压力

Pa	bar	kgf/cm^2	lb/in^2	大气压力 atm（标准）	汞柱（0℃）		水柱（15℃）	
					m	in	m	in
10 000	1	1.020 4	14.504	0.986 9	0.750 6	29.55	10.213	402.1
98 066.5	0.980 6	1	14.223	0.967 2	0.735 5	28.96	10.009	394.0
6894.76	0.068 94	0.070 31	1	0.068 00	0.051 7	2.036	0.703 7	27.70
101 325	1.013 3	1.034 0	14.706	1	0.760 5	29.94	10.349	407.4
133 322	1.333 2	1.359 5	19.337	1.314 9	1	39.97	13.607	535.8

续表

Pa	bar	kgf/cm²	lb/in²	大气压力 atm（标准）	汞柱（0℃）		水柱（15℃）	
					m	in	m	in
3386.39	0.033 86	0.034 53	0.491 2	0.033 40	0.025 40	1	0.345 6	13.607
9796.85	0.097 96	0.099 91	1.421 1	0.096 63	0	2.893	1	39.37
248.700	0.002 487	0.002 538	0.036 10	0.002 45	0.073 4	0.073	0.025 4	1

注　$1Pa=1N/m^2=10^{-5}bar=1.019\ 72\times10^{-5}kgf/cm^2=9.869\ 23\times10^{-6}atm=7.500\ 62\times10^{-3}mmHg$（0℃）$=295.500\times10^{-6}inHg$（0℃）$=145.036\times10^{-6}psi=10dyn/cm^2$。

表A-6　水的物理性质

温度 t （℃）	动力黏度 η （kgf·s/cm²）	运动黏度 ν （cm²/s）	饱和蒸汽压力 p （kgf/cm²）	表面张力 T （kgf/m）	压缩率 $1/K_p$ （cm²/kgf）	体积弹性系数 K_p （kgf/cm³）	导热系数 λ （kcal/m. s. c）
	$\times10^{-3}$	$\times10^{-2}$	$\times10^{-1}$	$\times10^{-5}$	$\times10^{-5}$	$\times10^{4}$	$\times10^{-4}$
0	1.829	1.794	0.06	7.71	4.926	2.030	1.389
5	1.549	1.519	0.09	7.64	4.796	2.085	1.386
10	1.336	1.310	0.13	7.57	4.682	2.136	1.383
15	1.167	1.146	0.17	7.50	4.575	2.186	1.400
20	1.029	1.010	0.24	7.42	4.482	2.231	1.431
25	0.913	0.898	0.32	7.35	4.403	2.271	1.447
30	0.816	0.804	0.43	7.26	4.348	2.300	1.467
40	0.666	0.659	0.75	7.09	4.281	2.336	1.497
50	0.560	0.556	1.26	6.92	4.274	2.340	1.528
60	0.479	0.478	2.03	6.74	4.303	2.324	1.556
70	0.415	0.416	3.18	6.57	4.359	2.294	1.575
80	0.364	0.367	4.83	6.38	4.440	2.252	1.597
90	0.323	0.328	7.15	6.20	4.556	2.195	1.606
100	0.289	0.296	10.33	6.00	4.695	2.130	1.628

注　动力黏度、运动黏度、表面张力、压缩率、体积弹性系数均为标准大气压（1atm）下的数值。

表A-7　水的性质

名称	数值
体膨胀系数	0.207×10^{-3}（0～33℃）
溶解热（kcal/kg）	79.4
汽化热（kcal/kg）	539
临界温度（℃）	374.15
临界压力（atm）	218.39
临界密度（kg/m³）	323
折射率（水～空气）	1.334
临界角（水～空气）	48.5℃
声速（m/s）	1483（20℃）

附录B 平 时 作 业

开课单位	能源与动力工程学院	开课学期	20__—20__（Ⅰ□、Ⅱ□）
课程名称	电厂热能动力工程实验	授课教师	
对应课程目标			
上课班级		上课时间	年 月 日 节
学生姓名		学 号	
课程目标			
总分	（ ）/共100分		

课程目标	

平 时 作 业

开课单位	能源与动力工程学院	开课学期	20 —20 （Ⅰ□、Ⅱ□）
课程名称	电厂热能动力工程实验	授课教师	
对应课程目标			
上课班级		上课时间	年 月 日 节
学生姓名		学 号	
课程目标			
总分	（ ）/共 100 分		

课程目标	

平 时 作 业

开课单位	能源与动力工程学院	开课学期	20 —20 （Ⅰ□、Ⅱ□）
课程名称	电厂热能动力工程实验	授课教师	
对应课程目标			
上课班级		上课时间	年 月 日 节
学生姓名		学 号	
课程目标			
总分	（ ）/共 100 分		

课程目标	

平 时 作 业

开课单位	能源与动力工程学院	开课学期	20　—20　（Ⅰ□、Ⅱ□）
课程名称	电厂热能动力工程实验	授课教师	
对应课程目标			
上课班级		上课时间	年　月　日　节
学生姓名		学　号	
课程目标			
总分	（　　　）/共 100 分		

课程目标	

平 时 作 业

开课单位	能源与动力工程学院	开课学期	20 —20 （Ⅰ□、Ⅱ□）
课程名称	电厂热能动力工程实验	授课教师	
对应课程目标			
上课班级		上课时间	年 月 日 节
学生姓名		学 号	
课程目标			
总分	（ ）/共 100 分		

课程目标	

平 时 作 业

开课单位	能源与动力工程学院	开课学期	20 —20 （Ⅰ□、Ⅱ□）
课程名称	电厂热能动力工程实验	授课教师	
对应课程目标			
上课班级		上课时间	年 月 日 节
学生姓名		学 号	

课程目标	
总分	（ ）/共 100 分

课程目标	

平 时 作 业

开课单位	能源与动力工程学院	开课学期	20__—20__（Ⅰ□、Ⅱ□）
课程名称	电厂热能动力工程实验	授课教师	
对应课程目标			
上课班级		上课时间	年 月 日 节
学生姓名		学 号	
课程目标			
总分	（ ）/共 100 分		

课程目标	

平 时 作 业

<table>
<tr><td>开课单位</td><td>能源与动力工程学院</td><td>开课学期</td><td>20　—20　（Ⅰ□、Ⅱ□）</td></tr>
<tr><td>课程名称</td><td>电厂热能动力工程实验</td><td>授课教师</td><td></td></tr>
<tr><td>对应课程目标</td><td colspan="3"></td></tr>
<tr><td>上课班级</td><td></td><td>上课时间</td><td>年　　月　　日　　节</td></tr>
<tr><td>学生姓名</td><td></td><td>学　　号</td><td></td></tr>
<tr><td>课程目标</td><td colspan="3"></td></tr>
<tr><td>总分</td><td colspan="3">(　　　　)/共 100 分</td></tr>
</table>

课程目标	

参 考 文 献

[1] 阎庆绂．泵与风机实验．北京：水利电力出版社，1991.
[2] 张燮，罗明标．工业分析化学．2版．北京：化学工业出版社，2013.
[3] 龙彦辉．工业分析．北京：中国石化出版社，2011.
[4] 王志轩，潘荔，杨帆，等．火电厂脱硫石膏资源综合利用．北京：化学工业出版社，2017.
[5] 吴明强．泵与风机节能技术问答．北京：中国电力出版社，1998.
[6] 刘凯．汽轮机试验．北京：中国电力出版社，2005.
[7] 王文宗．火电厂烟气脱硫及脱硝实用技术．北京：中国水利水电出版社，2009.
[8] 蒋青，刘广兵．实用泵技术问答．北京：中国标准出版社，2009.
[9] 吴季兰．汽轮机试验技术．北京：中国电力出版社，1994.
[10] 王世昌．热能与动力工程专业认识实习．北京：中国电力出版社，2011.
[11] 卢洪波．电厂热力系统及设备．北京：中国电力出版社，2016.
[12] 张燮．工业分析化学实验．北京：化学工业出版社，2007.
[13] 王世昌．锅炉原理实验指导书．北京：中国水利水电出版社，2010.
[14] 樊泉桂．锅炉原理．2版．北京：中国电力出版社，2014.
[15] 叶江明．电厂锅炉原理及设备．4版．北京：中国电力出版社，2017.
[16] 翦天聪．汽轮机原理．北京：中国电力出版社，1992.
[17] 黄树红．汽轮机原理．北京：中国电力出版社，2008.
[18] 靳智平．电厂汽轮机原理及系统．2版．北京：中国电力出版社，2006.
[19] 钟秦．燃煤烟气脱硫脱硝技术及工程实例．北京：化学工业出版社，2002.
[20] 胡念苏．汽轮机设备及系统．北京：中国电力出版社，2003.
[21] 王国清．汽轮机设备运行技术问答．北京：中国电力出版社，2004.
[22] 何川，郭立君．泵与风机．5版．北京：中国电力出版社，2016.
[23] 李建新．燃烧污染物控制技术．北京：中国电力出版社，2012.
[24] 林宗虎．锅炉测试．北京：中国计量出版社，1996.
[25] 饶洪德．汽轮机实验技术．北京：中国电力出版社，2010.